Das grosse Buch vom
Schwert

Ritterschwerter
Wikingerschwerter
Samuraischwerter
Schwertkampf
Schnitt-Tests
Kaufberatung
Pflegetipps

Thomas Laible

Wieland

Thomas Laible

DAS GROSSE BUCH VOM SCHWERT

Ritterschwerter
Wikingerschwerter
Samuraischwerter
Schwertkampf
Schnitt-Tests
Kaufberatung
Pflegetipps

1. Auflage, 2019

ISBN 978-3-938711-39-2

Rosenheimer Straße 22
D-83043 Bad Aibling
Tel. 08061-389980
Fax 08061-3899820
www.wieland-verlag.com

Umschlaggestaltung und Layout: Caroline Wydeau, Patrik Nadler

Fotonachweis: Die Bildquellen sind jeweils bei den Abbildungen und Fotos genannt. Sofern keine Quellen angegeben sind, handelt es sich um Grafiken und Fotos des Autors oder um historisches Material.
Fotos Cover und Rückseite: Albion Swords, Cold Steel, Master Cutlery, Stefan Roth, Spectaculum.de, Valyrian Steel

Druck: Print Consult
Printed in EU

Inhalt

Vorwort

Als Autor hat man in der Regel eine ganz bestimmte Vorstellung von „seinem Buch“ im Kopf. Erst, wenn es dann auch Dritte gelesen haben, wird deutlich, was man hätte anders machen können. So war es auch bei „Das Schwert – Mythos und Wirklichkeit“. Die Resonanz und das Feedback der Leser waren zu meiner großen Freude durchweg mehr als positiv, und viele Verbesserungsvorschläge wurden in der zweiten Auflage umgesetzt. Aber viele Leser äußerten auch Änderungs- und vor allem Ergänzungswünsche.

Während sich „Das Schwert“ hauptsächlich auf mittelalterliche Schwerter konzentrierte, hätten einige Leser gerne mehr zu anderen Typen gewusst. Inspiriert von „Kill Bill“ beispielsweise noch mehr über die funktionalen Eigenschaften von Samuraischwertern. Dann gab es noch die vielen Leser, die aus der Fantasy-Szene kommen und weniger Wert auf historische Authentizität von Schwerttypen als auf Funktionsdesign legen.

Viele Anfragen fielen schlichtweg in die Abteilung „Kaufberatung“. Gar nicht wenige Leser hatten sich die Mühe gemacht, meine E-Mail-Adresse zu recherchieren und mir dann einige Fragen gestellt. Einige fragten nach weiteren Bezugsquellen, ein anderer nach dem besten Schwert, das für rund 300 Euro erhältlich sei. Dann gab es viele Leser, die Praxistipps brauchten. Schärfen, Pflege – was man eben so beachten muss, wenn man sich sein erstes Schwert zulegt. Andere wollten wissen, was man für das Training von historischem Schwertkampf benötigt.

Auch das Thema Schnitt-Tests wird für Schwert-Fans zunehmend wichtiger. Hier offenbart sich die Tendenz, das Schwert zu seinen Ursprüngen als Waffe zurückzuführen. Es ist oft gar nicht relevant, ob die Montierung schön verziert oder ob ein bestimmtes Design historisch korrekt ist. Es geht vielmehr darum, wie sich das Schwert gegen ein Schnitt-Ziel bewährt. Neben dem Schwertkampf-Training mit stumpfen Übungsschwertern sind Schnitt-Tests der realistischste Umgang mit Schwertern. Dementsprechend befassen sich immer mehr Menschen damit, in ihrer Freizeit mit dem Schwert zusammengerollte Strohmatten und ähnliches zu zerhauen.

Dieses Buch war ursprünglich als Ergänzung zu „Das Schwert“ gedacht. Bei der Arbeit ergaben sich aber durch die notwendigen Erklärungen so viele Überschneidungen mit diesem Werk, dass schließlich die Entscheidung fiel, „Das Schwert“ durch das neue Buch zu ersetzen. Es finden sich darin also viele Themen, die die Leser von „Das Schwert“ bereits kennen, aber auch viel Neues – vor allem im Bereich Kaufberatung, Schnitt-Tests und Pflege von Schwertern. Insgesamt unterscheidet sich dieses Buch so weit von „Das Schwert", dass es sich auch einen anderen Namen verdient hat.

In gewisser Weise ist dieses Buch also aus den Fragen der Leser entstanden – wären die Antworten im Internet zu lesen, würde es wahrscheinlich „FAQ Schwert" oder „Schwert-Wiki" heißen. Dieser Ratgeber vermittelt das nötige Basiswissen, damit der Einstieg in die Welt des Schwerts nicht zu einem frustrierenden Fehlstart wird, bei dem man für teures Geld ein nur wenig brauchbares Schwert oder – schlimmer noch – totalen Schrott kauft. Es soll auch absoluten Einsteigern einen praktischen Zugang zum Thema Schwert bieten.

Zum Schluss möchte ich mich bei allen bedanken, die helfend zu diesem Buch beigetragen haben. Da sind zu nennen:

Die Kollegen vom Wieland Verlag – für die unendliche Geduld während der zehn Jahre währenden Umsetzung dieses Projekts –, mein Schwertkampf-Lehrer Stefan Dieke – besonders für seinen Gastbeitrag über Schnitt-Tests –, Schwertschmied Stefan Roth, der seine Erfahrungen bei Schnitt-Tests mit mir geteilt hat, Alexander Westphal von „Katachi Art" für seinen ausführlichen Input aus der Sicht eines Schwerthändlers, Stefan Tang für kritisches Feedback zur Schwert-Physik, meine Freunde und „Foto-Assistenten" Georg Weber, Holger Rieth und Christian Wiemer, sowie alle mitteilungs- und diskussionsfreudigen Teilnehmer der Schwertforen im Internet.

Großer Dank gebührt auch den vielen Menschen und Firmen, die mir großzügig Fotos und Muster zur Verfügung stellten:

20th Century Fox, Agilitas.tv, Albion, AMC, Armart-Antiquanova, Arms & Armor, Patrick Barta, Battle Merchant, Cas Hanwei, Citadel, Cold Steel, Concorde, Jim Cooper Darksword Armory, Del Tin Armi Antiche, Disney, Vince Evans, Christian Fletcher, Delia Gyger, Haller Stahlwaren, HBO, Kai Corporation, Oliver Lang, Lansky, Master Cutlery, Messer Magazin, Messerundschwertshop.de, Miramax, Mittelalterlich Phantasie Spectaculum, Pavel Moc, New Line Cinema, Panzer / Davis, J. T. Pälikkö, Paramount, Rainer Peeck, Karlheinz Peuker, Pieces of History, Stefan Roth, Herbert Schmidt, Sony Pictures, Stage Entertainment, Studios USA, Swords & more, United Cutlery, Universal Pictures, Valyrian Steel, Warner Bros., Windlass Steelcrafts.

Thomas Laible
im August 2019

Ritterschwert aus der Schmiede von Matt Parkinson: Die Klinge besteht aus Damaszenerstahl.

Foto: Sharp by Coop

Die Welt der echten Schwerter

Sie wollten schon immer ein „richtiges" Schwert besitzen? Nur zu – ein funktionstüchtiges Schwert ist heutzutage für jeden erschwinglich. Aber was macht eigentlich ein richtiges, funktionstüchtiges Schwert aus? Was bedeuten die Stahlbezeichnungen? Was heißt „differenziell gehärtet"? Was ist Damaszenerstahl? Wie viel Geld muss man anlegen? Wo kann man ein echtes Schwert kaufen? Braucht man für echte Schwerter einen „Waffenschein"? Sind die Schwerter aus Film und TV überhaupt „echt"? Braucht man „Nelkenöl" zur Schwertpflege? Wie kriegt man ein Schwert scharf? Diese Fragen und viele mehr sollen in diesem Buch beantwortet werden.

Es geht hier um echte, funktionstaugliche Schwerter – denn reine Dekoschwerter, wie toll sie auch aussehen mögen, sind nicht praxistauglich. Und diese bittere Pille müssen viele Einsteiger erst einmal schlucken.

„Natürlich ist das ein echtes Schwert! Das besteht doch aus Stahl und nicht aus Plastik!" Ich weiß nicht, wie oft ich schon ähnlich lautende Kommentare über reine Dekoschwerter gehört habe. Die Antwort lautet immer: Dass so ein Objekt aus Stahl besteht, bedeutet noch lange nicht, dass es ein echtes Schwert ist.

„Wo ist denn der Unterschied zwischen einem Dekoschwert und einem echten Schwert? Die sehen doch ziemlich gleich aus", wurde ich einmal gefragt. Und genau da liegt für Einsteiger das Problem. Wenn es sich nicht gerade um ein vollkommen absurdes Fantasyschwert handelt, kann auf Katalogfotos, im Internet und je nach Blickwinkel sogar im Schaufenster nur ein geschultes Auge das echte Schwert von einem gut gemachten Dekostück unterscheiden. Ausschlaggebend sind nämlich die „inneren Werte": Gewicht, Balance, Klingengeometrie, Verarbeitung im Griff und natürlich der Stahl.

Um den Unterschied im wahrsten Sinne des Wortes zu begreifen, muss man ein Schwert in die Hand nehmen, schwingen und fühlen. Und wenn man bisher nur reine Deko- oder schwere, schlecht ausbalancierte Schaukampfschwerter in der Hand hatte, fehlt einem natürlich der Vergleich. Ein guter Freund von mir (hallo Holger!) war einmal Besitzer eines Dekoschwerts im Stil eines schottischen Zweihänders (laut Angabe des Händlers war es auch „schaukampftauglich", was ich persönlich aber immer bezweifelt habe). Dieses „Schwert" war sein ganzer Stolz und prangte im Wohnzimmer an prominenter Stelle an der Wand – bis er zum ersten Mal ein echtes Schwert in die Hand nehmen konnte.

Dekoschwerter (und auch viele Schaukampfschwerter) sind stumpfe „Prügel" – wie stählerne Hanteln in Schwertform. Ein echtes Schwert ist dagegen leicht, flexibel und ausbalanciert. Es wird zu einer Verlängerung des Arms – ein echtes Schwert wird in der Hand lebendig!

Nachdem mein Freund diese Erfahrung gemacht hatte, dauerte es nicht lange, und er hatte das Dekostück wieder verkauft und sich sein erstes echtes Schwert angeschafft.

Die meisten Menschen kommen zum ersten Mal über Unterhaltungsmedien in Kontakt mit Schwertern. Je nach Jahrgang kann das ganz unterschiedlich sein: Ob man nun im Kino oder auf DVD „Kill Bill", „Highlander", „Game of Thrones" oder alte Klassiker wie „Ivanhoe" sieht, am Computer „World of Warcraft" oder „Assassin's Creed" spielt, den „Herrn der Ringe" als Roman oder „Conan" als Comic liest – die Abenteuer der Schwertkämpfer wecken in uns Sehnsüchte. Wir wollen selber ein solcher Schwertkämpfer sein und ein Schwert besitzen – was überhaupt nicht schwierig ist, denn das im Handel verfügbare Angebot an Schwertern ist gigantisch.

Und genau dieses Überangebot führt uns wieder zum genannten Problem: Nämlich die Spreu vom Weizen zu trennen – echte Schwerter von reiner Deko-Ware zu unterscheiden.

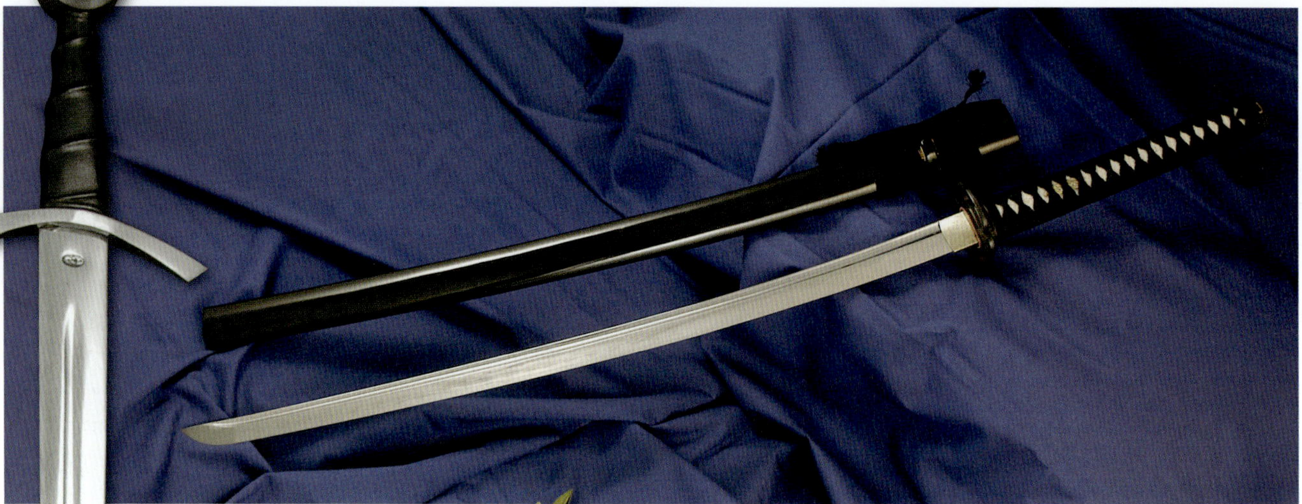

Es ist heutzutage nicht mehr nötig, ein reines Dekoschwert zu kaufen. Wenn man nur ein wenig mehr Geld investiert, erhält man ein funktionelles, praxistaugliches Schwert – das sich natürlich ebenfalls zur Deko eignet (Bild oben).

Foto: Messer Magazin

Viele funktionstüchtige Schwerter sind schon für rund 300 Euro erhältlich.

Foto: Messer Magazin

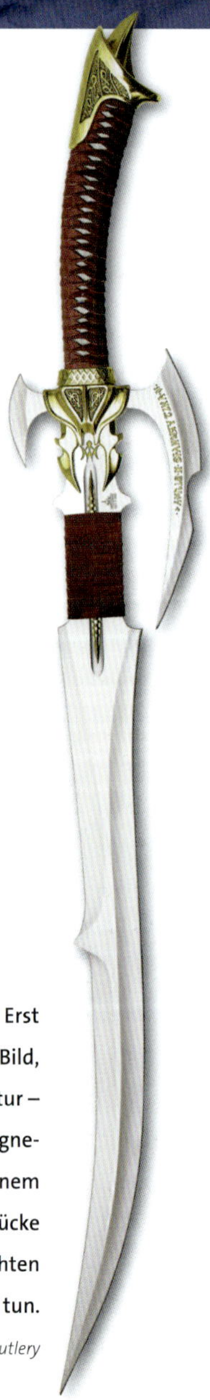

„Fleischgewordener Traum": Erst schafft Künstler Kit Rae ein Bild, dann folgt eine Metallskulptur – ein nur zur Dekoration geeignetes Fantasy-Schwert. Bei einem Kampf würden nur Bruchstücke übrigbleiben – mit einem echten Schwert hat das nichts zu tun.

Foto: United Cutlery

Schaukampf ist beliebte Unterhaltung auf Mittelaltermärkten und mittlerweile auch als Freizeitsport verbreitet. Aber weder Kampftechniken noch Schaukampfschwerter sind tatsächlich so wie im Mittelalter – es handelt sich hier um eine reine Stunt-Show.

Foto: spectaculum.de / Herrmann Kunz

In den letzten 20 Jahren hat das Schwert eine unglaubliche Renaissance erlebt. Dafür ist ganz wesentlich das Internet verantwortlich. Mit einem Mal konnten sich die Schwert-Fans auf der ganzen Welt koordinieren. All diejenigen, die mit reinen Dekoschwertern – „Wandhängern", die nach dem ersten Schlag schrottreif sind – nicht zufrieden waren, die historischen Schwertkampf trainieren und mit echten Schwertern Schnitt-Tests versuchen wollten, können sich heute über das Internet austauschen und Gleichgesinnte suchen.

Diese neue Community ist enorm gewachsen und hat eine riesige Nachfrage nach funktionstüchtigen Schwertern erzeugt. Und die Nachfrage bestimmt bekanntlich das Angebot, so dass heute Schwerter für jeden Zweck, jeden Geschmack und jeden Geldbeutel zu haben sind.

Reine Theorie lässt sich durchaus in verkaufsträchtige Produkte umwandeln. Die Sehnsüchte vieler Fantasy-Fans geradezu perfekt erfüllend, gibt es beispielsweise immer noch jede Menge Dekorations-Schwerter. Sie sehen aus, als wären sie direkt Fantasy-Covern aus den 1980er Jahren oder Gemälden von Boris Vallejo entsprungen. Tatsächlich ist der Marktführer auch kein Schwert-Experte, sondern Künstler: Kit Rae erschafft zuerst ein Fantasy-Gemälde, dann modelliert er nach diesem Gemälde eine Schwert-Skulptur, die anschließend vom Hersteller United Cutlery in Serie produziert wird.

Viele dieser Dekoschwerter haben ein ziemlich absurdes Design. In der Community spricht man dann von einem SLO (Sword Like Object). Versucht man mit Dekoschwertern zu kämpfen, dann sind unweigerlich Splitter und Bruchstücke das Resultat – sie sind auf keinen Fall funktionstüchtig (mehr dazu im Kapitel über Film- und Fantasyschwerter).

Aus dem Fantasy-Bereich stammen auch die Schwerter für Live Action Role Play (LARP). Sie bestehen aus einem harten Kunststoff-Kern mit einer dicken Schicht aus relativ weichem Latex darüber. Diese Schwerter kann man sich beim Live-Rollenspiel im wahrsten Sinne des Wortes gefahrlos „um die Ohren hauen". Da LARP-Schwerter zudem sehr leicht sind, kann man hier auch „spacige" Formen und Größen verwirklichen, wie man sie aus der klassischen Fantasy-Kunst kennt – Formen, die bei einem echten Kampfschwert physikalisch niemals funktionieren würden.

Wenn man ein funktionstüchtiges Fantasyschwert sucht, aber bisher nur Eindrücke aus Filmen, Videospielen oder Fantasy-Kunst gewonnen hat, ist folgende Faustregel sinnvoll: Je stärker verziert das Schwert ist, desto wahrscheinlicher handelt es sich um ein reines Deko-Objekt.

Spannende Schwertkämpfe in Film und Fernsehen sind für die meisten unter uns der erste Berührungspunkt mit Schwertern (Szene aus „Game of Thrones"). *Foto: HBO*

Eine gute Gelegenheit, mit Schaukampfschwertern in Berührung zu kommen, sind die vielen Mittelaltermärkte, die während der Sommermonate stattfinden. Zum einen bieten die meisten „Ritterspiele" unterhaltsame Stunt-Shows, bei der man einen Schaukampf live erleben kann. Zum anderen gibt es bei vielen Mittelaltermärkten auch ein „Heerlager", in dem man Waffen und Ausrüstung der Freizeit-Ritter begutachten und Fragen stellen kann.

Zu guter Letzt bieten auf den Mittelaltermärkten auch Händler und Hersteller ihre Schaukampfschwerter an. Man kann sie vor Ort meistens auch „probeschwingen". Der Schaukampf ist mittlerweile ein beliebter Freizeitsport geworden, den nicht nur ambitionierte Hobby-Ritter betreiben, die nahezu jedes Wochenende auf einem Mittelaltermarkt präsent sind.

Wenn man sich selbst im Schaukampf versuchen will oder ein stumpfes Schwert zur Dekoration sucht, ist ein Mittelaltermarkt eine gute Einkaufsgelegenheit. Eine Sache muss aber klargestellt werden: Schaukampf ist kein authentischer Schwertkampf – und auch gute Schaukampfschwerter sind keine „echten" Schwerter!

Es gibt Freizeit-Ritter, die hartnäckig behaupten, sie führen „richtigen" mittelalterlichen Schwertkampf vor – aber tatsächlich ist Schaukampf eben hauptsächlich eine Show: Die gezeigten Techniken sollen das Publikum unterhalten und dürfen den „Gegner" auf keinen Fall verletzen. Ganz im Gegensatz dazu zielt der authentische

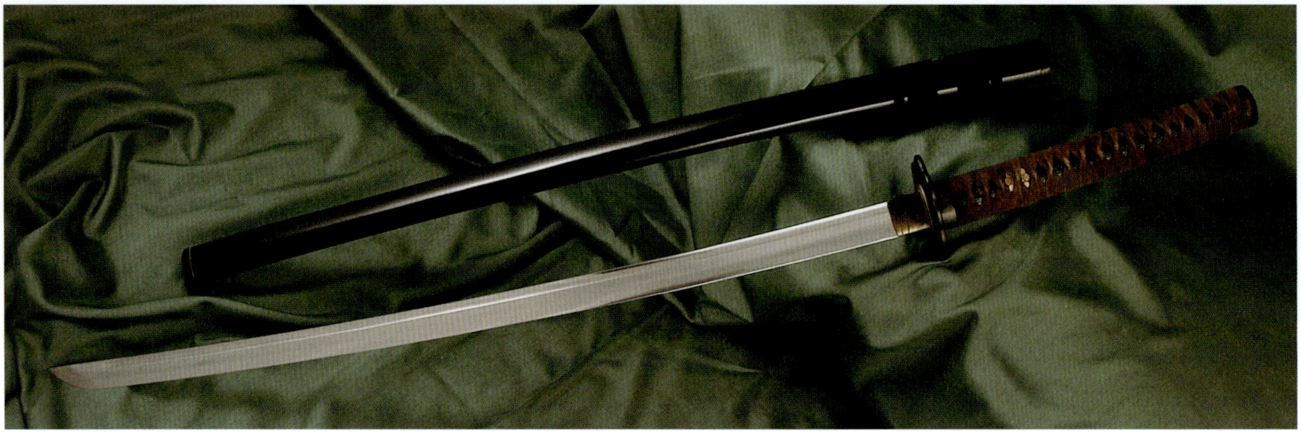

Ein scharfes, schnitttaugliches Schwert aus moderner Produktion.

Foto: Messer Magazin

Historisches Fechten: Das Training authentischer Schwertkampf-Techniken ist nur mit passender Schutzausrüstung und sicheren, richtig ausbalancierten Trainingsschwertern möglich.

Schnitt-Test mit einem scharfen Schwert – mittlerweile ein sehr beliebtes Hobby für Schwert-Fans.

Das Angebot an Schwertern ist groß: Es gibt Modelle für jeden Geschmack, Bedarf und Geldbeutel.

Foto: Christian Fletcher

Schwertkampf darauf ab, den Gegner möglichst schnell umzubringen.

Schaukampfschwerter sind stumpfe Sportgeräte, die auf den Einsatz bei choreographierten Stuntkämpfen ausgerichtet sind. Mit scharfen Schwertern sind sie weder im Gewicht noch in der Balance zu vergleichen. Während japanische Schwert-Sportarten wie Kendo auch in Europa schon seit Jahrzehnten gut bekannt sind, kannte man im Bereich des europäischen Schwerts lange Jahre nur den Schaukampf. Aber seit den 1990er Jahren wächst die Szene derjenigen, die „Historical European Martial Arts" (HEMA, auch: Western Martial Arts) praktizieren, recht rasant. Die Aktiven trainieren historisches Fechten, die authentische Schwertkampfkunst der Vergangenheit – inklusive der Techniken, die für Schaukämpfe viel zu gefährlich sind. Früher noch selten, gibt es heute jede Menge Trainingsmöglichkeiten in Form von Schulen, Vereinen und informellen Gruppen.

Das sichere, möglichst ungefährliche Training von historischem Fechten stellt besondere Anforderungen an die Schutzausrüstung und die Trainingsschwerter. Auch in diesem speziellen Bereich ist das Angebot stetig gewachsen: Die Bandbreite reicht von selbst gebastelten „Simulatoren" aus Holz oder Bambus bis hin zu teuren Trainingsschwertern aus Stahl.

Auch das Training der asiatischen Schwertkampfkünste hat sich deutlich verändert. Neben „Trockenübungen" mit diversen Schwert-Simulatoren sind Schnitt-Tests mit scharfen Schwertern fester Bestandteil geworden. Der Markt bietet inzwischen jede Menge funktionstüchtiger, scharf geschliffener Schwerter aus moderner Produktion, so dass niemand mehr bei Tests auf ein wertvolles historisches Original zurückgreifen muss.

Und so gehören Schnitt-Tests an zusammengerollten Strohmatten mittlerweile zu jedem ernsthaften Schwerttraining dazu – sie sind aber auch außerhalb des Trainings eine schöne Sache für Schwert-Fans und Sammler, die ihre Waffen einfach einmal ausprobieren wollen. „Backyard Cutting" ist ein Freizeit-Vergnügen für alle, die Spaß am Schwert haben.

Mittlerweile haben sich viele Firmen auf die Herstellung von Kostümen, Ausrüstung und Waffen spezialisiert.

Foto: Windlass

Vorsicht, Verdummung!

Kino, TV und andere Unterhaltungsmedien inspirieren Schwert-Fans. Schon allein deshalb muss man sich damit auseinandersetzen. Es stimmt aber auch, dass in Kino und TV in vielen Fällen falsche Darstellungen zu sehen sind – zum Beispiel, wenn Schwertklingen gegossen statt geschmiedet werden, ein Schwert mit einem einzigen Hieb einen massiven Holzschild inklusive Eisenverstärkung spaltet und so weiter...

Vor allem über die „Superschwerter" der Samurai kursieren jede Menge Märchen, die in Filmen ihren Ursprung haben und dann im Internet munter weiterverbreitet werden. Eines der am meisten zitierten Märchen ist, dass ein Samuraischwert ein europäisches Schwert einfach in Stücke zerschneiden könne. Dass so etwas auf keinen Fall funktioniert, hat der bekannte Schwertschmied Stefan Roth (www.seelenschmiede.de) im Test bewiesen.

Roth, der selbst seit Jahrzehnten Schwertkampf trainiert, versuchte mit einem differenziell gehärteten Samuraischwert die Replik eines Ritterschwerts zu zerschneiden. Während das mittelalterliche Schwert nur wenig Schaden davon trug, wurde das Samuraischwert schwer beschädigt: Die scharfe Schneide zeigte einen großen Ausbruch, der weiche Klingenrücken hatte sich komplett verbogen. Das Schwert war so beschädigt, dass es für einen Kampf nicht mehr verwendbar gewesen wäre.

Die Gegenprobe mit einem Langschwert aus gehärtetem Federstahl ließ das Ritterschwert dagegen zerbrechen. An der Kontaktstelle wurde das Langschwert zwar tief eingekerbt, aber die Klinge selbst federte die immense Energie des Hiebs ab und verzog sich nicht – sie war danach noch einsatzbereit. Die Tests wurden für eine Dokumentation der TV-Serie „Welt der Wunder" gefilmt. Diese Sendung war eine löbliche Ausnahme. Ansonsten werden im Fernsehen sehr oft Falschinformationen verbreitet. Ein berüchtigtes Beispiel wollen wir uns im Folgenden näher ansehen.

Anlässlich der Ausstrahlung des Spielfilms „Last Samurai" zeigte einer der großen deutschen Privatsender eine selbst produzierte Infotainment-Sendung zum Thema „Samurai" (sie wird immer wieder einmal wiederholt). In dieser Sendung gab es keine brauchbaren Informationen, statt dessen sehr viel fragwürdiges „Entertainment". In der Werbung dazu war in reißerischen Tönen zu vernehmen:

„Die Samurai: Die gefürchtetste Kriegerkaste ihrer Zeit – das besagen Legenden. Doch worauf beruht ihr Geheimnis? ... Als Vergleich dienen Rüstung und Schwert eines europäischen Ritters ... Auch das Katana – das tödliche Schwert der Samurai – muss sich einem Test stellen. Und zwar an einem besondern Ort: an einem Schießstand. Angeblich soll die Klinge enormen Belastungen standhalten. Doch wird sie auch dem Aufprall einer Kugel aus einer modernen Schusswaffe trotzen?"

Um zu beweisen, wie überlegen das Samuraischwert ist, wird es mit einer Pistole beschossen: In Zeitlupenaufnahmen ist dann zu sehen, wie die Kugel im Kaliber .45 durch die Schwertschneide in der Mitte gespalten wird. Das sieht spektakulär aus

Film und TV inspirieren Schwert-Fans auf der ganzen Welt – aber leider werden oft auch Falschinformationen über Schwerter verbreitet (Filmszene aus „Kill Bill").

Foto: Miramax

Mittelalterliche Schwerter und japanische Katana werden oft verglichen – meistens allerdings mit sehr fragwürdigen Aussagen zugunsten des Samuraischwerts. In der Realität sind sie einander durchaus ebenbürtig.

Fotos: Cas Hanwei

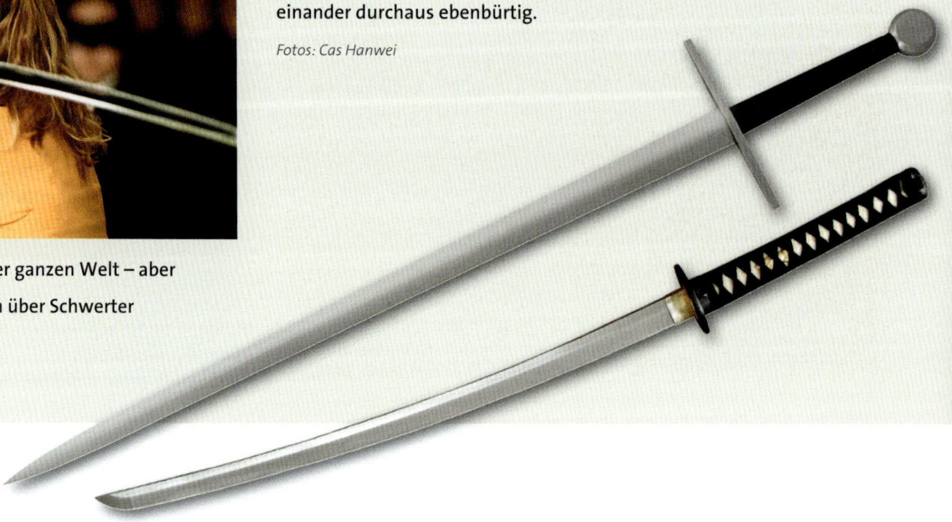

Dass ein Samuraischwert ein europäisches Schwert einfach zerschneiden kann, ist ein Märchen. Der Test: Das Ritterschwert bleibt ganz, das Samuraischwert wird schwer beschädigt – die Klinge verbiegt sich beim Aufprall total, die Schneide trägt grobe Scharten davon.

Das Ergebnis der Gegenprobe mit einem Langschwert im spätmittelalterlichen Stil: Die Klinge des Testobjekts ist zerbrochen – das Langschwert ist beschädigt, aber noch einsatzfähig.

Detail des getesteten Langschwerts: Die Schneide ist durch den Hieb stark eingekerbt, aber die Klinge hat den Aufprall ansonsten abgefedert.

Fotos: Stefan Roth

– aber was sagt es über die Fähigkeit einer Klinge aus, „enormen Belastungen" standzuhalten? Gar nichts!

Ein modernes Pistolengeschoss im Kaliber .45 hat einen Durchmesser von 0,45 Zoll (11,4 Millimeter), besteht innen aus Blei und besitzt außen meist noch einen sehr dünnen Mantel aus einer Kupferlegierung. Dass Blei viel weicher ist als Stahl, sollte sonnenklar sein. Wenn ein Hieb mit einer ordentlich gehärteten Schwertklinge nicht in der Lage sein sollte, ein Stückchen weiches Blei zu spalten – na dann, gute Nacht!

Die Krönung der TV-Sendung war dann ein „vergleichender" Schnitt-Test zwischen Katana und „Ritterschwert". Als Testmethode wurde der bekannte Schnitt an einer feuchten Strohmattenrolle (*Tatami omote*) gewählt. Während das Samuraischwert die Rolle glatt durchschnitt, schlug das „Ritterschwert" sie vom Ständer herunter, ohne auch nur minimal einzudringen. Der Kommentar in der Sendung: „Das Ritterschwert war jedoch nicht scharf genug." Kein Wunder – denn wie das geschulte Auge sehen konnte, handelte es sich um ein stumpfes (!) Schaukampfschwert.

Hätte man für den Versuch ein funktionstüchtiges scharfes Schwert benutzt, wäre das Resultat ein anderes gewesen. Das wurde inzwischen durch unzählige Tests bewiesen, die zeigen, dass man mit einem europäischen Schwert eine Strohmatte genau so gut durchtrennen kann wie mit einem Katana.

Wie Schwertschmied Stefan Roth hier beweist, ist ein europäisches Schwert ebenso in der Lage, eine Strohmattenrolle zu spalten wie ein japanisches Katana.

Foto: Stefan Roth

Das japanische Schwert ist durch Kino, Computerspiele, Comics und TV bekannt wie der sprichwörtliche bunte Hund. (Filmszene aus „The Walking Dead")

Foto: AMC

Das Samuraischwert

Ob Film, Comic oder Computerspiel: Es gibt fast kein populäres Medium, in dem nicht regelmäßig Samuraischwerter auftauchen. Aber entgegen aller Mediendarstellungen ist auch ein japanisches Original kein „Superschwert". Letztlich handelt es sich auch „nur" um geschmiedeten und geschliffenen Stahl. Und auch japanischer Stahl kann stumpf werden, sich verbiegen und sogar brechen.

Was ist ein Katana?

Gewöhnlich ist mit „Samuraischwert" das Katana gemeint: ein zweihändiges Schwert mit leicht gekrümmter, einschneidiger Klinge. Die Klinge ist per Definition mehr als zwei Shaku (1 Shaku = 30,3 Zentimeter) lang, meist zwischen gut 60 und 75 Zentimetern. Die Griffmontierung kann – im Gegensatz zu dauerhaft vernieteten europäischen Waffen – mit einigen Handgriffen abgenommen werden. Das hat den Vorteil, dass sie leicht ausgetauscht werden kann. Die wichtigsten Unterschiede zum europäischen Schwert: Es gibt zum einen keinen Knauf. Das Katana wird stattdessen durch einen längeren Griff ausbalanciert. Zudem findet man statt einer großen kreuzförmigen Parierstange nur ein relativ kleines Stichblatt (Tsuba).

Welche andere Typen gibt es noch?

Das Katana ist der bekannteste Typ, es gibt aber noch weitere japanische Schwerter.

Wakizashi: Das Wakizashi ist ein Kurzschwert mit rund 45 Zentimeter Klingenlänge (zwischen ein und zwei Shaku). Es war neben dem Katana die zweite Hälfte des berühmten Schwertpaars der Samurai.

Tachi: Das Tachi ist ein Langschwert, das ursprünglich vor allem von Reitern eingesetzt wurde. Im Gegensatz zum Katana wurde es in einer an Ringen befestigten Scheide mit der Klinge nach unten getragen. Mit rund 120 bis 150 Zentimetern Gesamtlänge ist das Tachi deutlich länger als das Katana. Während das Katana das Tachi im praktischen Einsatz ablöste, blieb das Tachi noch jahrhundertelang als zeremonielles, besonders verziertes Hofschwert in Gebrauch.

Nodachi: Das Nodachi (auch Odachi genannt) ist die japanische Variante des Schlachtschwerts. Die Gesamtlänge liegt zwischen 165 und 180 Zentimetern. Das Odachi wurde mit einer Spezialschlinge über dem Rücken getragen (zum Ziehen musste man die Scheide erst ablegen).

Chisa-Katana: Das Chisa-Katana liegt in der Größe zwischen Wakizashi und Katana. Die Klinge ist deutlich kürzer als beim Katana, der Griff ist aber lang genug für das zweihändige Führen. Die meisten Exemplare wurden ab dem 17. Jahrhundert geschmiedet, weil die nicht-adligen Kaufleute nur Klingen unter zwei Shaku Länge führen durften.

Tanto: Das Tanto ist eigentlich ein Dolch, wird aber in Japan als kleinstes der Schwerter gezählt. Die Klingenlänge liegt unter einem Shaku. Das Tanto wurde häufig ergänzend zum Tachi für den Nahkampf getragen. Die meisten der heute unter der Bezeichnung Tanto verbreiteten Messertypen haben allerdings mit den historischen Tanto so gut wie nichts gemeinsam.

Wie unterscheidet man die Klingen?

Ein Fachmann kann die Klinge anhand von verschiedenen Aspekten einordnen. Dabei sind nur die funktionalen Details wichtig. Bei den Klingenquerschnitten unterscheidet man hauptsächlich die beiden Kategorien Shinogi-Zukuri (mit Grat) und Hira-Zukuri (ohne Grat). Die meisten Katana haben eine Shinogi-Zukuri-Klinge.

Die Klingenlänge (Nagasa) wird nicht entlang der Schneide gemessen. Stattdessen misst man in einer gera-

Eine kurze Geschichte des Samuraischwerts

Beim japanischen Schwert kann man verschiedene geschichtliche Perioden unterscheiden:

Die Zeit der alten Schwerter (Koto): bis 1596

Vor dem 10. Jahrhundert hatten sich die typischen japanischen Schwerter noch nicht entwickelt, die Waffen vom Typ Chokuto oder Ken stellten Kopien oder gar Importe von chinesischen und koreanischen Schwertern dar. Die Offiziere sahen chinesische Schwerter sogar als höherwertig an. Charakteristischerweise hatten die meisten Schwerter gerade, teilweise auch zweischneidige Klingen.

Während der Heian-Periode (794 bis 1191) zerfiel die Verwaltung des Reichs, es kam zu unzähligen Kriegen, und die Kaste der Samurai entwickelte sich. Der Kampf wurde hauptsächlich zu Pferde ausgetragen. Die geraden Schwerter wurden deshalb langsam von gekrümmten Langschwertern (mit Klingenlängen von zum Teil 120 Zentimetern) abgelöst. Die Qualität der Klingenschmiedekunst verbesserte sich deutlich.

Der um 900 wirkende Schmied Yasatsuna gilt als Ahnvater der „typisch japanischen" Schwerter: Er stellte erstklassig geschmiedete, einschneidige Klingen mit leichter Krümmung her. In der Koto-Periode arbeiteten die besten Schwertschmiede der japanischen Geschichte. Die berühmten „fünf Schulen" der Schwertschmiedekunst – Bizen, Yamashiro, Yamato, Soshu und Mino – entwickelten sich. Die Soshu-Schwerter aus der Kamakura-Periode (1192 bis 1336) gelten bis heute als unerreicht.

Während der Muromachi-Periode (1337 bis 1573) begannen die endlosen Kleinkriege der regionalen Adligen, und das führte zu einer großen Nachfrage nach Schwertern, so dass die Schmiede zur Massenproduktion übergingen und den Stahl nicht mehr selber raffinierten.

Die Zeit der neuen Schwerter (Shinto): 1597 bis 1876

In Japan begann eine Zeit des relativen Friedens: In der Azuchi-Momoyama-Periode beendete Toyotomi Hideyoshi die ewigen Kleinkriege. Tokugawa Ieyasu leitete die Edo-Periode (1603 bis 1867, die Zeit des Shogunats) ein. Japan wurde wieder zentral von den Shogunen mit fester Hand regiert, der Kaiser war nur noch ein Aushängeschild für die Regierung. Durch den Frieden verlor das Schwert einen Großteil seiner ursprünglichen Bedeutung, es entwickelte sich mehr zum Status-Symbol. Das schlägt sich in bestimmten Aspekten nieder:

• Die Daito wurden kürzer, ihre Klingenlänge lag jetzt durchschnittlich ziemlich genau bei zwei Shaku.

• Das Aussehen der Waffe wurde als Statussymbol wichtig. So legten die Schwertschmiede immer mehr Wert auf aufwändige Verzierungen. Das betrifft nicht nur die Montierung, auch die Klingen wurden nun oft graviert.

Das Aussehen war wichtiger als die Schmiedekunst. Das führte dazu, dass sich auch die Qualität der Schwerter deutlich verringerte. Die Tradition der fünf Schulen ging zu Ende, und es wurden in allen größeren Städten Schwerter geschmiedet. Das Zentrum der Schwertherstellung war Edo (das heutige Tokio). Leider stammt der Löwenanteil der heute noch erhaltenen historischen Schwerter aus der Shinto-Periode. In dieser Zeit entwickelte sich die Mode, das Katana zusammen mit dem Kurzschwert Wakizashi als Paar zu tragen.

Zeit der modernen Schwerter (Gendaito): seit 1876

1868 entriss Kaiser Meiji dem Shogun die Regierungsgewalt und begann wieder selber zu regieren. Innerhalb kurzer Zeit führte er wesentliche Neuerungen ein, die sich an der westlichen Kultur orientierten. Als einer der gravierendsten Schritte wurden der Samurai-Kaste ihre Privilegien entzogen: 1876 wurde das Tragen von Schwertern verboten. Viele Schwertschmiede verloren ihre Arbeit, eine große Zahl von Schwerter wurde ins Ausland verkauft.

Am Anfang der Showa-Periode (1926 bis 1989) begann man sich wieder auf traditionelle Werte und die Samurai-Kultur zu besinnen, die Schwertschmiedekunst lebte wieder auf. In den letzten Jahren erlebt das Schmiedehandwerk eine neue Blüte. Auch in Europa und in den USA werden vermehrt Schwerter auf japanische Art geschmiedet. Die zeitgenössischen Schwerter werden als Gendaito (moderne Schwerter) bezeichnet, für die Schwerter seit 1955 wird manchmal auch der Ausdruck Shinsakuto (neu gefertigte Schwerter) benutzt.

den Linie den Abstand von der Klingenspitze zum Beginn der Klingenzwinge (Habaki).

Achtung: Bei den meisten Katalogangaben moderner Anbieter findet sich nicht diese klassische Angabe der Nagasa. Hier wird stattdessen die Klingenlänge von der Spitze bis zum Stichblatt (Tsuba) gemessen. Das kann rund drei Zentimeter Unterschied ausmachen. Im Zweifel sollte man beim Anbieter nach den genauen Daten fragen.

Um die Klingenkrümmung zu messen, wird von der geraden Nagasa-Linie aus im 90-Grad-Winkel der weiteste Abstand zum Klingenrücken gemessen. Das ist die so genannte Pfeilhöhe (Sori). Obwohl man auch bei Katana unterschiedliche Pfeilhöhen feststellen kann, so ist die Krümmung verglichen mit türkischen oder persischen Säbeln nur leicht ausgeprägt.

Wie wichtig ist die gekrümmte Form?

Bei den meisten Katana liegt der Schwerpunkt der Krümmung ziemlich genau in der Mitte der Klinge, so dass die Klinge über ihre ganze Länge gleichmäßig gekrümmt ist – das gesamte Schwert einschließlich Griff folgt komplett einer leicht gebogenen Linie. Wie der Schwertschmied Michael Bell ausführt, folgt diese Kurve einer gedachten, großen Kreislinie.

Die Krümmung des Katana hat nach den Erfahrungen moderner Schwertkampfpraktiker noch einen weiteren Effekt: Die Klinge behält während des gesamten Schwerthiebs den gleichen Winkel zum Ziel. Die „Flugbahn" eines Schwerthiebs ist nicht gerade, sondern gekrümmt – ein linearer Schwerthieb ist aufgrund der Körpermechanik prinzipiell nicht möglich. Bei einer geraden Schwertklinge ergeben sich so verschiedene Auftreffwinkel auf das Ziel. Diesem Effekt wird durch eine gekrümmte Klinge entgegen gewirkt. Dieser Theorie zufolge hat das Katana – die korrekte Handhabung durch den Schwertkämpfer vorausgesetzt – genau die richtige Krümmung, um während des Hiebs immer den gleichen Winkel zum Ziel zu halten.

Gibt es auch zweischneidige Katana?

Ja, die gibt es. Abgesehen von den frühen Vorformen der geraden Klingen im Ken-Stil gibt es auch zweischneidige Katana in der Blütephase des Samuraischwerts. Sie besitzen fast symmetrische, zweischneidige Spitzen bei einer gekrümmten, einschneidigen Klinge. Diese Form wird Kissaki-Moroha-Mukuri (mit zweischneidiger Spitze) genannt. Eine andere Bezeichnung ist Kogarasu-Zukuri –

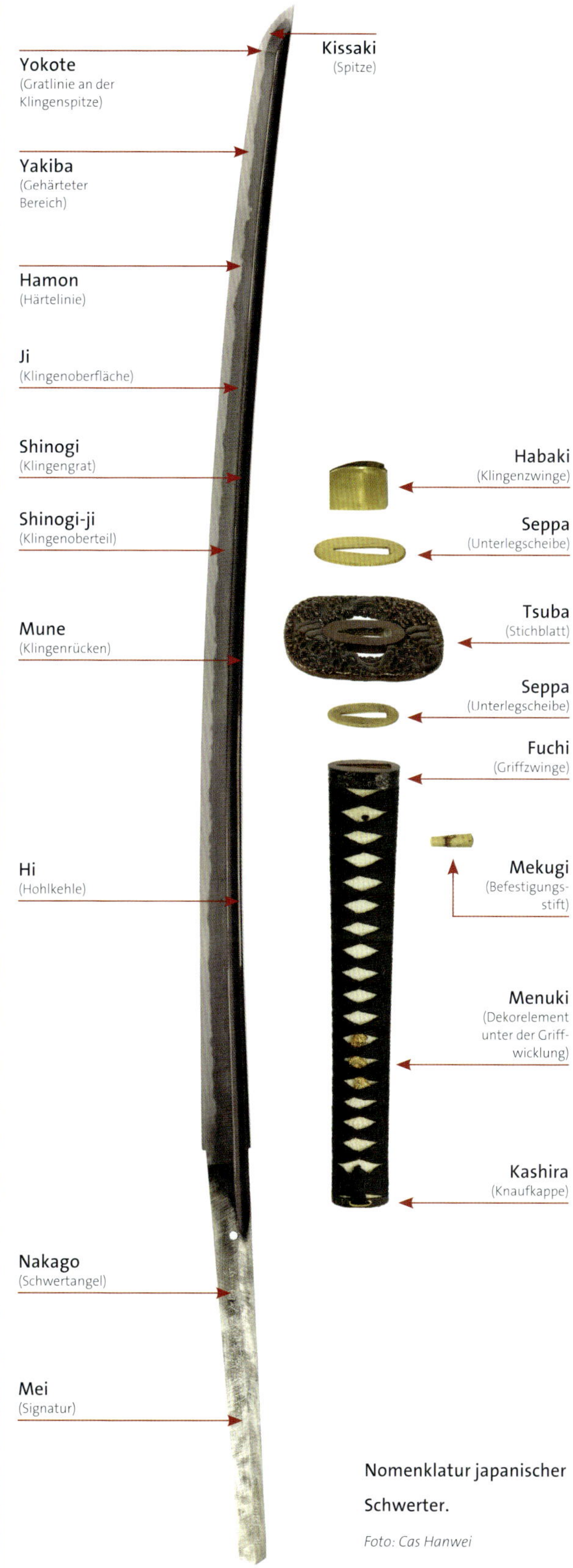

Nomenklatur japanischer Schwerter.

Foto: Cas Hanwei

So werden Klingenlänge (rot) und Pfeilhöhe (grün) traditionell gemessen.

Foto: Cold Steel

Die meisten modernen Hersteller und Anbieter geben die Klingenlänge bis zum Stichblatt an.

Foto: Cold Steel

Bevor sich das „typisch" japanische Schwert entwickelte, existierten auch verschiedene andere Klingenformen. Die Form Kogarasu-Zukuri stammt aus der Übergangszeit.

Foto: Cold Steel

Größenvergleich japanischer Schwerter (von oben nach unten): Tanto, Wakizashi, Katana, O-Katana (Großes Katana) und Chisa-Katana.

Foto: Cold Steel

nach Kogarasu-Maru (= kleine Krähe), dem berühmten Familienschwert des Taira-Clans.

Was hat es mit dem „Schwert-Paar" auf sich?

Samurai trugen gewöhnlich zwei Schwerter, am bekanntesten ist die Kombination von Katana und Wakizashi. Während das Katana nur außer Haus getragen wurde, blieb das Wakizashi immer am Mann, nachts lag es neben dem Bett. Dieses Schwertpaar wurde Dai-Sho (lang-kurz) genannt. Die Montierungen des Dai-Sho waren meist als zueinander passende Garnitur ausgeführt. Oft wurde nicht nur die Montierung beider Schwerter vom selben Handwerker angefertigt, sondern auch beide Klingen vom selben Schmied. Ein antikes, zusammen passendes Dai-Sho ist eine große Kostbarkeit für jeden Sammler.

Warum sind japanische Schwertklingen so dick?

Vergleicht man den Klingenquerschnitt eines mittelalterlichen Schwerts mit dem eines Katana, sind japanische Klingen meist deutlich dicker – statt flexibel sind sie verwindungssteif. Ein wichtiger Aspekt des Klingenquerschnitts ist Niku – wörtlich übersetzt „Fleisch": das stählerne Fleisch der Schneide. Niku ist das Volumen, die Wölbung der konvex geformten Schneide (in der deutschen Schmiedefachsprache redet man von einem stark balligen Schliff). Zum einen wirkt sich das auf den Keilwinkel der Schneide aus. Klingen mit wenig Niku lassen sich zwar unglaublich scharf schleifen, aber die Schneiden sind auch deutlich empfindlicher. Klingen mit viel Niku sind etwas weniger schneidfreudig, dafür ist die Schneide deutlich stabiler.

Im Lauf der japanischen Geschichte waren verschiedene Ausprägungen von Niku im Einsatz – je nachdem, wie die Gegner gepanzert waren. Für das Lederwams der Mongolen war eine extrem scharfe Klinge mit weniger Niku vorzuziehen. Schwerter mit viel Niku wurden vor allem gegen Gegner mit voller Panzerung aus eisernen Lamellen eingesetzt.

Niku ist auch aus anderen Gründen wichtig: Zum einen kann es passieren, dass man beim Hieb die Klinge leicht verkantet. In diesem Fall wirken enorme Kräfte auf die Klinge, und im ungünstigsten Fall kann es zu Ausbrüchen in der sehr harten Schneide kommen. Eine Klinge mit viel Niku verkraftet auch mehr. In der heutigen Zeit, in der einem Hersteller die besten Stähle aus aller Welt zur Verfügung stehen, ist dieser Faktor allerdings nicht mehr

Ein Schwerter-Paar Dai-sho: Die Montierung von Katana und Wakizashi ist als zueinander passendes Set ausgeführt.

Foto: Cas Hanwei

Meistens hatte die Klinge des Katana einen Grat (Shinogi-Zukuri), aber es kamen auch Hira-Zukuri-Klingen ohne Grat (rechts) vor.

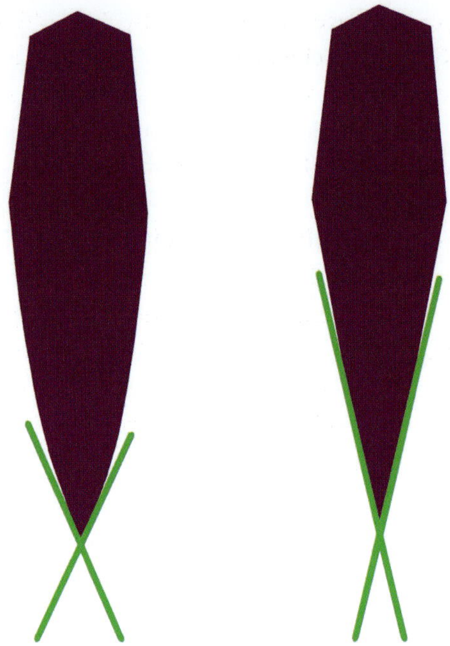

Die Klinge mit viel Niku (links) hat einen größeren Keilwinkel und ist widerstandsfähiger gegen seitliche Krafteinwirkung.

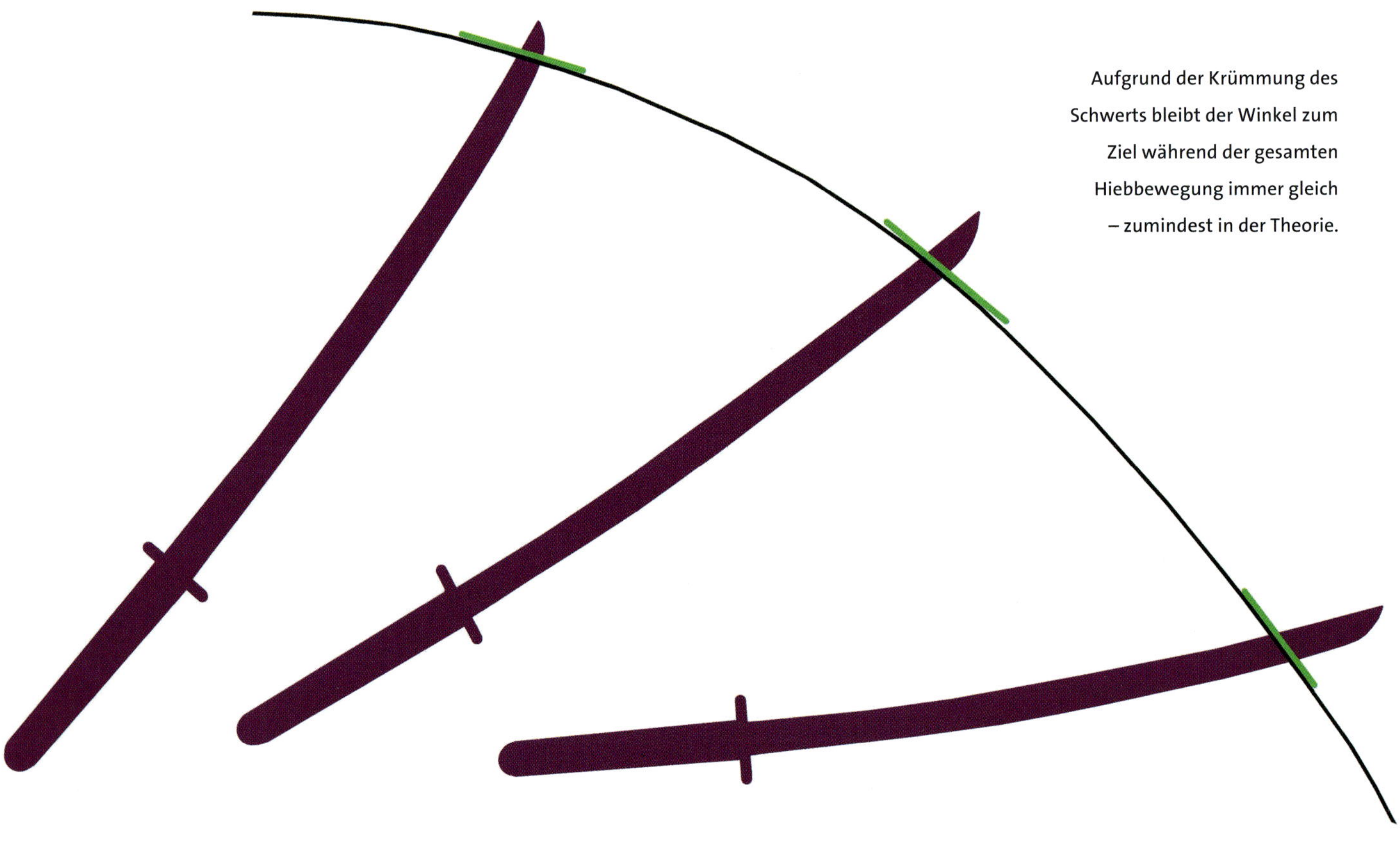

Aufgrund der Krümmung des Schwerts bleibt der Winkel zum Ziel während der gesamten Hiebbewegung immer gleich – zumindest in der Theorie.

ganz so wichtig wie vor 500 Jahren. Eine dünne Hira-Zukuri-Klinge aus einem modernen, richtig gehärteten Hochleistungsstahl kann durchaus widerstandsfähiger sein als eine historische Shinogi-Zukuri-Klinge mit viel Niku (die Betonung liegt hier auf „kann").

Worin liegt das Geheimnis des japanischem Stahls?

Die etwas enttäuschende Antwort lautet: Es gibt kein Geheimnis. Das eigentlich Besondere der japanischen Schwertherstellung liegt vor allem in der differenziellen Härtung, weniger im Ausgangsmaterial.

Mangels hochwertiger Eisenerzvorkommen auf den japanischen Inseln musste Rohstahl (Tamahagane) für Schwertklingen in einem aufwändigen, tagelangen Verfahren aus eisenhaltigem Sand und Holzkohle erschmolzen werden. Dabei wird der Eisensand mit Kohlenstoff angereichert und so zu Stahl umgewandelt.

Der Tamahagane wird dann vom Schwertschmied weiter raffiniert. Die stark kohlenstoffhaltigen, harten Anteile werden für die äußeren Teile der Klinge – den Mantel – verwendet, die weicheren für den Kern. Je nach Bedarf musste der Schmied jetzt noch den Kohlenstoffgehalt in seinem Schmiedeofen mit einem Spezialverfahren erhöhen oder reduzieren.

Ab dem 16. Jahrhundert verwendeten die japanischen Schmiede häufiger aus dem Ausland importierten Stahl, der als Ausgangsmaterial deutlich besser als Tamahagane war. Außerdem hat nicht jedes historische Samuraischwert exzellente Qualität. Das Können der Schmiede unterschied sich durchaus. Es gab in der japanischen Geschichte ganze Perioden, in denen größtenteils nur durchschnittliche Schwerter hergestellt wurden.

Was bedeutet „Falten"?

Das Falten ist ein Veredelungsprozess beim Schmieden, um den Klingenstahl qualitativ zu verbessern. Der Schmied nimmt eine Eisenplatte und belegt sie mit sehr harten Stahlstücken. Wenn dieses Paket hell glüht, wird es mit Hammerschlägen feuerverschweißt. Dieser Block wird nun nach der Längs- und / oder der Querachse gefaltet, wieder zusammengeschweißt und dann in die Länge geschmiedet („ausgereckt"), wieder gefaltet und so weiter.

Durch das wiederholte Falten werden die Unregelmäßigkeiten – wie Schlackerückstände oder Lufteinschlüsse – im Stahl reduziert, er wird „gereinigt". Im Gegensatz zum europäischen Damaszenerstahl besteht der Sinn des

Die Rüstung des Samurai bestand aus einem System von miteinander verschnürten Lamellen und Platten. Zum Einsatz gegen sie waren Klingen mit viel Niku besser geeignet.

Foto: Cas Hanwei

Das Schmieden des Samuraischwerts

Foto: Japanische Schwertgalerie

Tamahagane – der Rohstahl für ein japanisches Schwert.

Foto: Haller

Der Kern wird in den Mantel der Klinge eingelegt, anschließend wird beides im Feuer zusammengeschweißt.

Foto: Cas Hanwei

Feinarbeit am Klingenrohling mit einem speziellen Zieheisen.

Foto: Cas Hanwei

Für die Härtung wird die Klinge in Lehm gehüllt – am Rücken sehr dick, an der Schneide nur ganz dünn. Die feinen Querlinien sorgen für weiche Streifen in der gehärteten Schneide – sie dienen später als „Sicherheitsschotten" gegen Klingenbruch.

Foto: Haller

Die glühende Klinge im Lehmmantel. Beim Abschrecken kühlt der Teil im dicken Mantel nur langsam ab, er bleibt relativ weich.

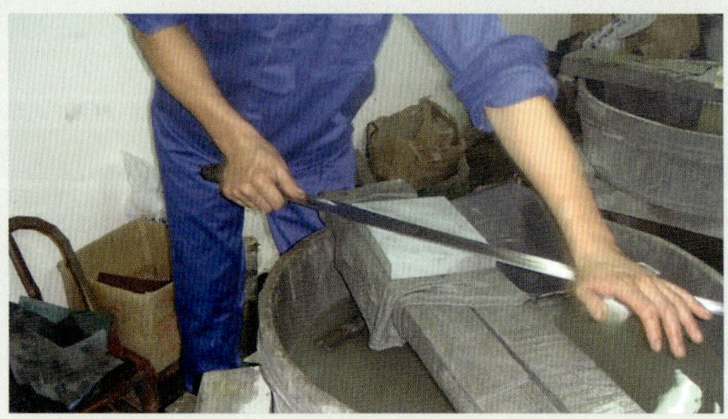
Foto: Haller

Die Klinge wird nach dem Härten und Anlassen auf Wassersteinen geschliffen.

Faltens hier nicht in einer Verschweißung unterschiedlicher Stähle, sondern in der Homogenisierung der Stahlschichten – der Schwertschmied Stefan Roth vergleicht das gerne mit dem Durchkneten von Brotteig.

Spätestens seit dem Film „Highlander" kursiert in der Gerüchteküche der Wert „200 Mal gefaltet". In der Realität wird dagegen nur rund zwölf bis 15 Mal gefaltet. Das hört sich nach sehr wenig an, aber selbst wenn das Ausgangspaket nur sechs Lagen hatte, sind nach 13 Faltungen durch die ständige Lagenverdopplung daraus 49.150 Lagen geworden.

Der Stahl wird nur so lange gefaltet, bis er „fertig" ist: wenn durch den Einschlag des Spalthammers im Stahlpaket keine Risse zwischen den Lagen mehr entstehen. Nach dem Falten ist allerdings immer noch ein gewisser Anteil nicht-homogener Teilchen vorhanden – eine Ursache für die Muster im Stahl. Je nach Methode des Faltens unterscheiden sich die Muster auf der fertigen Klinge.

Wie ist die Klinge aufgebaut?

Häufig ist die Klinge aus einem Kern und einem Mantel aufgebaut. Der Kern besteht entweder aus reinem Eisen oder aus weicherem Stahl, der mehrfach gefaltet wird, um die Verunreinigungen im Rohstahl zu reduzieren. Dann wird der Mantel um den Kern geschweißt.

Es gibt viele Methoden für den Klingenaufbau. Kobuse ist eines der am weitesten verbreiteten Verfahren, das auch bei einigen Katana aus moderner Serienherstellung verwendet wird: Der Kern wird in den V-förmig aufgeklappten Mantel eingelegt, dann wird beides zusammengeschweißt. Aus dieser zusammengeschweißten Stahlstange wird nun der Klingenrohling geformt. Erst wird die Grundform der Klinge geschmiedet, dann die Form mit Feilen und Spezialwerkzeugen herausgearbeitet.

Was ist eine differenzielle Härtung?

Der erste Teil der Wärmebehandlung ist das Härten. Dazu wird der Klingenrohling in eine Mischung aus Lehm oder Ton, Sand und Holzkohle eingehüllt. An der zukünftigen Schneide wird der Lehm nur ganz dünn aufgetragen, der Klingenkörper und der Rücken werden dagegen etwa einen halben Zentimeter dick eingepackt. An der Spitze wird auch ein kleines Stück des Rückens freigelegt, um dieses ebenfalls zu härten. Wichtig sind auch dünne, dicht beieinander liegende Querlinien, die nach der Härtung als sogenannte Ashi auftauchen. Die Klinge wird zum Glü-

Schmiedevorführung der Kai Europe Corporation: Meisterschmied Kanetusa demonstriert das Falten des Stahls.

Foto: Kai Europe

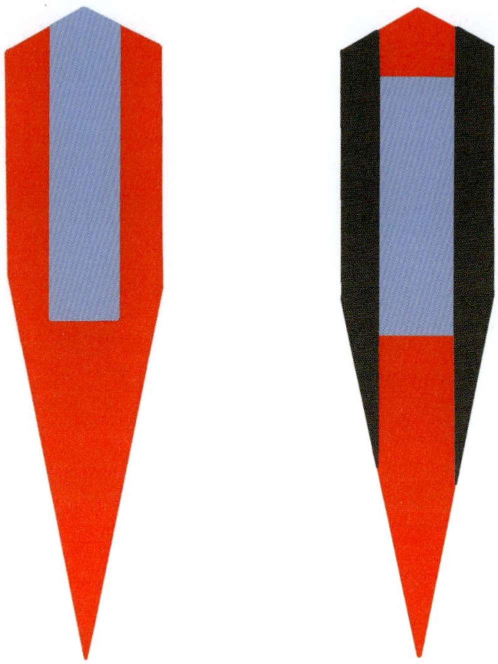

Unterschiedliche Methoden für den Klingenaufbau: links Kobuse, rechts Shihozume.
Blau = weicher Kernstahl, rot = harter Mantelstahl, grau = mittelharter Stahl

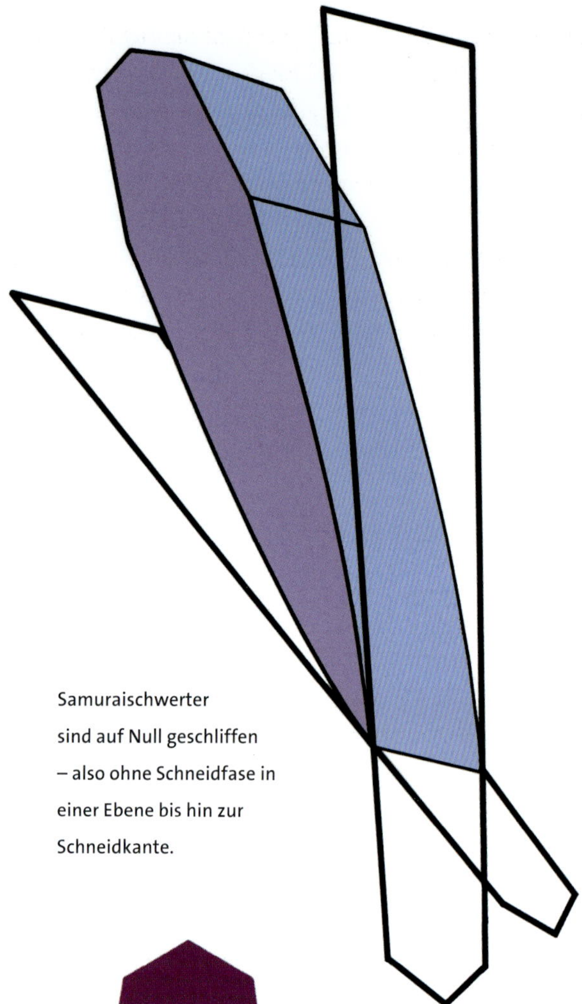

Samuraischwerter sind auf Null geschliffen – also ohne Schneidfase in einer Ebene bis hin zur Schneidkante.

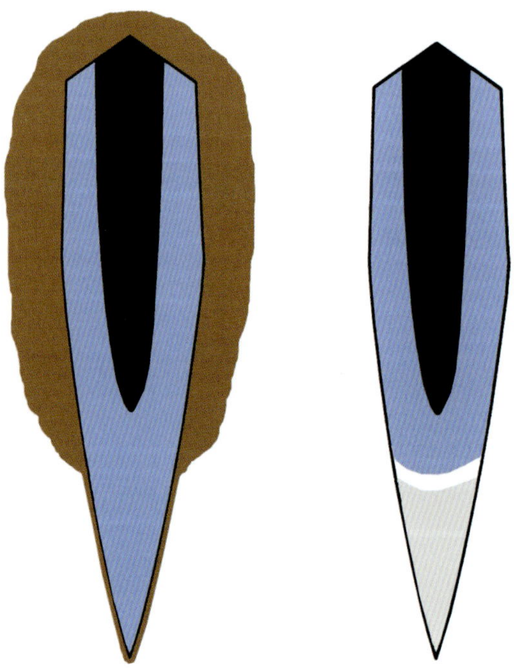

Die differenzielle Härtung: Der Klingenrücken wird vor der Härtung in einer dicken Lehmschicht isoliert, an der Schneide ist sie nur ganz dünn. Nach der Härtung besteht die Klinge aus Kern, Mantel, gehärteter Schneide und abgrenzender Härtelinie (Hamon).

Bei alten, häufig benutzten und geschärften Klingen ist das ursprüngliche Niku oft stark abgeschliffen.

hen gebracht, der Schmied erkennt die richtige Temperatur an der Glühfarbe. Zu diesem Zeitpunkt wird die Klinge dann in den Wassertrog getaucht. Der Teil unter der dicken Lehmschicht kühlt langsamer ab und bleibt daher weicher als die Schneide.

Durch die Härtung verändert sich die Kristallstruktur des Stahls sehr stark. Die freigelegte Schneide dehnt sich beim Abschrecken schneller aus als der Klingenrücken in seiner Lehmhülle. Beim Härten kann es deshalb zu rund einem Zentimeter zusätzlicher Krümmung kommen. Daher muss der Rohling in einer geringeren Krümmung geschmiedet werden.

Nach dem Abschrecken folgt das Anlassen, um die Sprödigkeit nach dem Härten zu reduzieren. Dazu wird die Klinge auf etwa 160 Grad Celsius erhitzt, einige Zeit bei dieser Temperatur gehalten und dann langsam abgekühlt. Das Anlassen kann nach Bedarf mehrmals wiederholt werden. Die Klinge besteht also jetzt aus einem relativ weichen Mantel, einem sehr weichen Kern und einer sehr harten Schneide. Durch den weichen Rücken verbiegt sich der Klingenkörper anstatt zu brechen. Er kann daher im Kampfeinsatz relativ schnell wieder gerichtet werden. Innerhalb der harten Schneide liegen die weicheren Ashi-Linien. Sie dienen gewissermaßen als „Schotten": Bei einer Beschädigung der Schneide läuft der Schaden in der Regel nicht weiter als bis zum nächsten Ashi. So wird der Schaden auf den kleinstmöglichen Bereich der Klinge begrenzt.

Der Rücken besitzt eine durchschnittliche Härte von 40 HRC (= Hardness Rockwell Cone), die Schneide liegt dagegen bei sehr hohen 60 bis 65 HRC – sie bleibt dadurch relativ lange scharf. Zum Vergleich: Die Schneide eines handelsüblichen Gebrauchsmessers liegt durchschnittlich bei 54 bis 58 HRC. Ein europäisches Schwert ist durchschnittlich auf nur 50 HRC gehärtet, dafür aber flexibler. Die Klinge verbiegt sich nicht dauerhaft, sondern federt die Hiebe ab.

Wo liegt der Unterschied zwischen Schleifen und Polieren?

Das ist in der Tat etwas verwirrend: Schleifen und Polieren gehört bei japanischen Schwertern zusammen und wird unter Polieren zusammengefasst. Das ist auch durch die Klingengeometrie bedingt: Die meisten Messerklingen und auch einige europäische Schwertklingen weisen eine schmale sekundäre Schneidfase auf, die im stumpferen

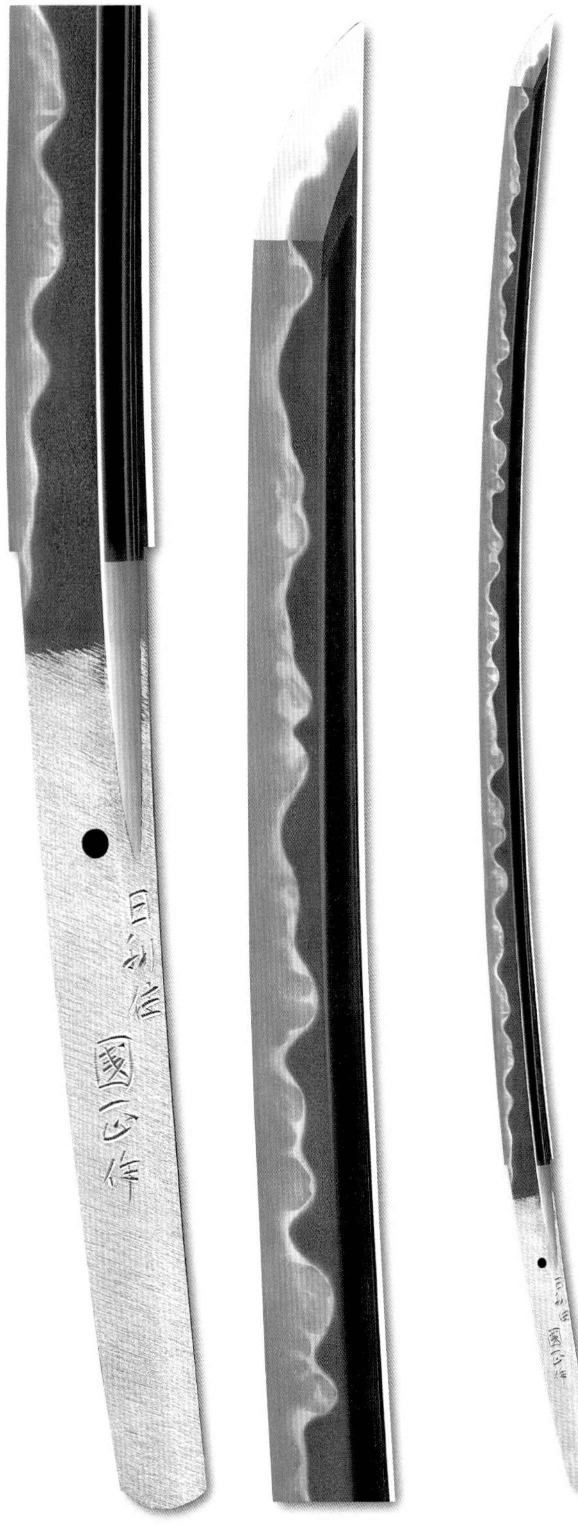

An einer fertig polierten Klinge ist die Abgrenzung von gehärteter Schneide und Klingenkörper duch die Härtelinie (Hamon) deutlich zu erkennen.

Foto: Japanische Schwertgalerie

Vorder- und Rückseite einer Tsuba sind häufig verschieden, aber zueinander passend gearbeitet.

Foto: Cas Hanweiy

Die Klinge wird poliert, so dass die Schmiedemuster zum Vorschein kommen.

Foto: Haller

Schneide nach oben: Beim Ziehen des Katana gleitet die Klinge auf ihrem Rücken aus der Scheide – die scharf geschliffene Schneide wird so geschont.

Schmiedemuster bei einem modernen Katana.

Foto: Oliver Lang-Geffroy

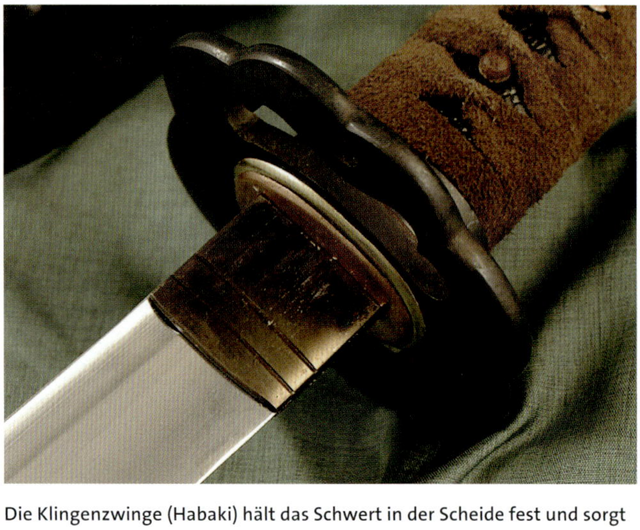

Die Klingenzwinge (Habaki) hält das Schwert in der Scheide fest und sorgt dafür, dass die Klinge nicht darin herumwackelt.

Foto: Oliver Lang-Geffroy

Winkel an die Klinge geschliffen wird. Dagegen sind japanische Schwertklingen „auf Null" geschliffen – in einer einzigen Fase bis hinunter zur äußersten Schneidkante durch. Deshalb wird die gesamte Seitenfläche mit einer Abriebpolitur in immer feineren Stufen behandelt und damit auch geschärft.

Einerseits wird die Klinge so sehr scharf, andererseits wird bei jedem Polieren relativ viel Stahl entfernt: Das Niku wird mit der Zeit abgeschliffen, die Klingen werden immer dünner (man sagt, das Schwert wird „müde"). Bei einigen sehr alten Schwertern wurde der Mantel im Laufe der Jahre ganz weggeschliffen, so dass an manchen Stellen der Kern zum Vorschein kommt.

Der Schwertschmied selbst erledigt nur die Grundpolitur, danach wird die Klinge einem besonders ausgebildeten – und sehr gut bezahlten – Polierer übergeben. Beim Polieren kommen bis zu 15 verschiedene Schleifsteine zum Einsatz. Bei jeder Stufe wird die ganze Klinge behandelt und die gröberen Spuren der vorhergehenden Stufe mit einem feineren Stein wegpoliert. Meist poliert man so, dass folgende Schmiededetails zu erkennen sind: die Härtelinie Hamon (die Begrenzungslinie zwischen der harten Schneide und dem weicheren Bereich der Klinge, die durch die Lehmhülle entstanden ist), Kornmuster im Stahl (Hada) und die Form der gehärteten Partie des Rückens an der Spitze (Boshi).

Aus der rein praktischen Sicht eines Schwertkämpfers ist die Hälfte der Politurstufen unnötig: Für die Performance der Klinge reichen etwa sechs Politurstufen aus – dann ist die Schneide scharf und die Oberfläche der Klinge glatt genug. Alle weiteren Politurstufen werden aus ästhetischen Gründen durchgeführt, um die Schmiedemuster zum Vorschein zu bringen und zu betonen.

Wieso wird das Katana mit der Schneide nach oben getragen?

Charakteristischerweise wird ein Katana in der Holz-Scheide (Saya) mit der Schneide nach oben getragen. Zum einen ist so körpermechanisch ein leichteres Ziehen möglich. Zum anderen gleitet die Klinge beim Ziehvorgang auf ihrem Rücken aus der Scheide heraus. So wird verhindert, dass die Schneide womöglich schon bei Ziehen durch Kontakt mit der Scheiden-Innenwand abstumpft oder die Politur verkratzt.

Auch im ruhenden Zustand hat nur der Klingenrücken Kontakt mit der Scheide. Die Klingenzwinge (Habaki) an der Basis der Klinge hält das Schwert fest im Scheidenmund verkeilt und sorgt dafür, dass die Klinge nicht in der Scheide herumwackelt. Zudem verstärkt sie auch die potenzielle Schwachstelle am Übergang von Klinge und Griff.

Das Habaki ist nur aufgeschoben und kann nach dem Abnehmen des Griffs zur Reinigung leicht entfernt werden. Je nach Vorliebe des Besitzers kann die Zwinge entweder sehr schlicht gehalten oder mit feinen Gravuren kostbar verziert sein. In Japan verwendet man für Habaki Kupferlegierungen, die versilbert oder vergoldet werden. Bei Katana aus moderner chinesischer Fertigung wird gewöhnlich schlichtes Messing ohne besondere Verzierung benutzt.

Wie ist die Montierung aufgebaut?

Hinter der Klinge folgt eine kleine Unterlegscheibe (Seppa) und dann das Stichblatt (Tsuba): Eine meistens ovale Scheibe von rund acht Zentimeter Durchmesser. Im Gegensatz zur europäischen Parierstange diente sie hauptsächlich als Handschutz. Historische Tsuba bestehen entweder aus weichem Eisen, das durchbrochen gearbeitet ist, oder aus einer Legierung mit Edelmetallen (beispielsweise Gold und Kupfer). Hier sind die Platten aus dem vollen Material gearbeitet und kunstvoll graviert.

Die frühen Samurai bevorzugten die relativ schlichten eisernen Tsuba. Diese Einstellung zeigt sich auch in einem Zitat aus dem berühmten „Buch der fünf Ringe" des legendären Schwertmeisters Myamoto Musashi (1584–1645): „Schwert und Kurzschwert sollten, statt allerlei Zierat zu tragen, vor allem schneiden." Später wurden vor allem bei Adel und Kaufleuten die prunkvollen, üppig dekorierten Ausführungen Mode.

Der Griff (Tsuka) besteht aus Holz, das mit Rochenhaut bezogen wird. Darüber erfolgt noch einmal eine komplizierte Wicklung aus geflochtenem Baumwollband, Seide oder manchmal auch Leder. Zwischen Rochenhaut und Wicklung befinden sich zwei kleine Zierfiguren (Menuki), die mit eingewickelt werden und den Händen zusätzlichen Halt verleihen. Der Griff sitzt passgenau und fest auf der Angel, ein oder zwei Querstifte (Mekugi) aus rauchgehärtetem Bambus sorgen dafür, dass die Klinge beim Hieb nicht nach vorne herausrutschen kann.

Der untere Teil des Griffs wird von einer metallenen Griffzwinge (Fuchi) gesichert, den Abschluss bildet eine Griffkappe (Kashira), die mit der Wicklung verknotet

Stichblatt, Griffzwinge und Griffkappe sind einheitlich gestaltet – hier wählte Schwertschmied Stefan Roth ein Kirschblütenmotiv. *Fotos: Stefan Roth*

Katana von Rick Barrett und Louis Mills: Wegen der vielfältigen Gestaltungsmöglichkeiten stellen moderne Schwertschmiede gerne Katana her.
Foto: Sharp by Coop

wird. Fuchi und Kashira werden vom Handwerker in einheitlicher Verzierung hergestellt. Oft ist das Motiv an die Gestaltung der Tsuba angelehnt.

Wie sieht ein Ninjaschwert aus?

Die landläufigen Vorstellungen zum Thema Ninjaschwert stammen vor allem aus Filmen der 1980er Jahre und sind seitdem stereotyp festgelegt: ein zweihändiges Schwert mit kurzer und vollkommen gerader Klinge und großer, quadratischer Tsuba. Über Ninjaschwerter streiten sich jedoch die Gelehrten: Es gab tatsächlich gerade Klingenformen (Chokuto) im japanischen Mittelalter, aber es kann ausgeschlossen werden, dass alle Ninja ausschließlich „uniforme" gerade Schwerter benutzt haben. In der wichtigsten Phase ihrer Geschichte wurden Ninja von den Fürsten als Söldner für Spezialaufgaben eingesetzt: Spionage, Mordanschläge und ähnliche, wenig ruhmreiche Einsätze. Wenn die Ninja undercover operierten, benutzten sie natürlich Waffen, die zu ihrer Verkleidung passten.

Wahrscheinlich haben die Ninja einfach Samuraischwerter für ihre Zwecke umgearbeitet, die Klingen nach Bedarf gekürzt oder die kürzeren Chisa-Katana verwendet. Diese kurze Klinge war für spezielle Schwerttechniken gedacht und zeigte sich auch im „Häuserkampf" – in engen Korridoren, bei niedrigen Decken – im Vorteil. Für Einsätze in der Nacht wurde die Montierung vermutlich geschwärzt.

Eine typische Hollywood-Erfindung ist auch, dass die Ninja ihre Schwerter immer auf dem Rücken getragen hätten. Das Ziehen aus dieser Position ist unpraktikabel (und das Zurückstecken erst recht). Ninja trugen ihr Schwert normalerweise wie ein Samurai seitlich im Gürtel. Nur in bestimmten Situationen – beispielsweise beim Klettern – wurde die Scheide auf den Rücken geschoben.

Natürlich werden heute jede Menge stereotypische Ninjaschwerter mit gerader Klinge angeboten. Einige Hersteller bieten funktionstüchtige Modelle an, die preislich nur wenig über reinen Dekoschwertern liegen. Andere Firmen haben Modelle entwickelt, die nicht dem Stereotyp, sondern eher den tatsächlichen Anforderungen eines mittelalterlichen Guerilla-Kämpfers entsprechen.

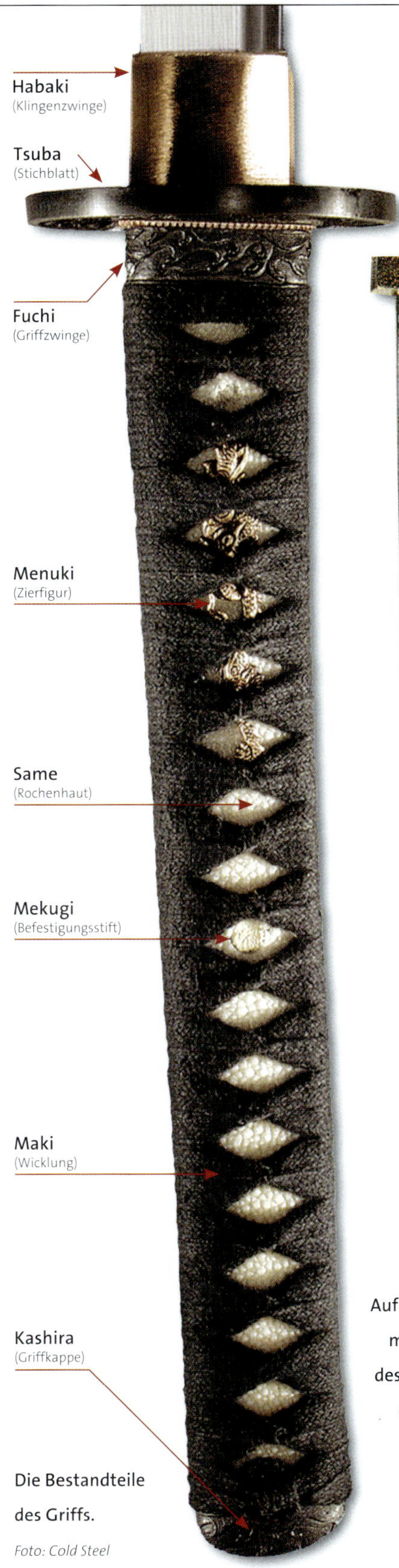

Die Bestandteile des Griffs.

Foto: Cold Steel

Auf der Angel erkennt man die Signaturen des Schmieds und die charakteristischen Spuren der Feile.

Foto: Japanische Schwertgalerie

In fast allen Ninja-Filmen wird ein Schwert mit kurzer und vollkommen gerader Klinge gezeigt (Filmszene aus „Revenge of the Ninja").

Foto: MGM

„Ninja-to" von John Lee: Kürzere Klinge mit längerem Griff, so dass das Schwert sehr schnell geführt werden kann.

Foto: Haller

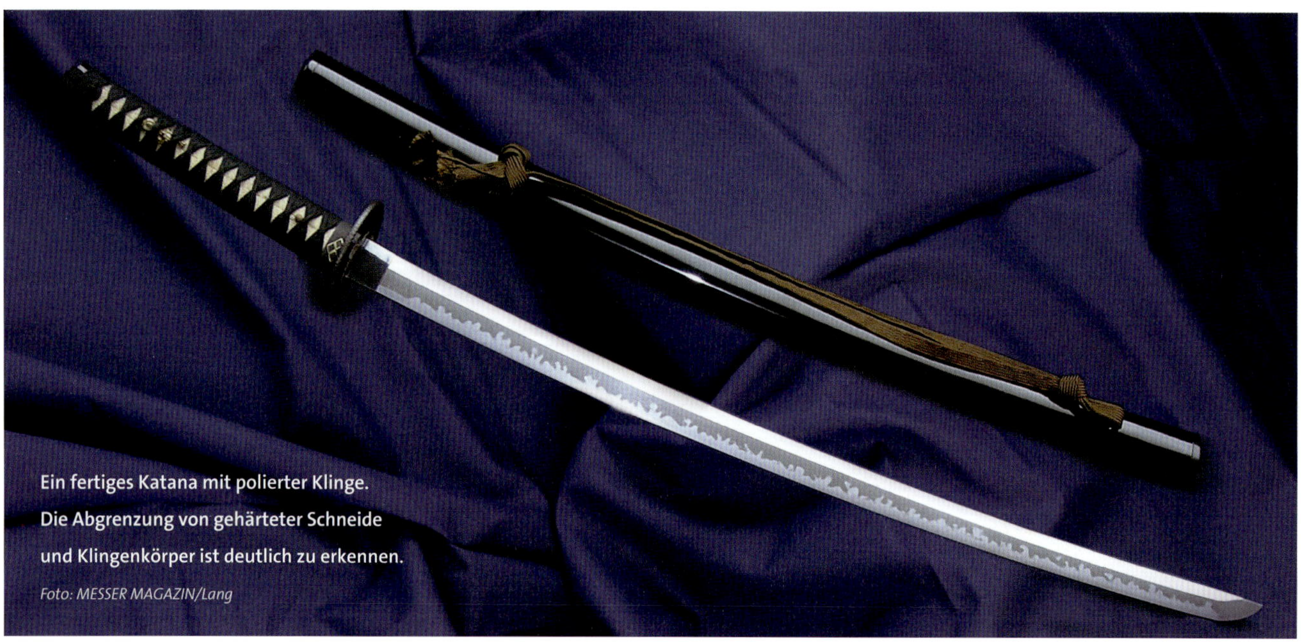

Ein fertiges Katana mit polierter Klinge. Die Abgrenzung von gehärteter Schneide und Klingenkörper ist deutlich zu erkennen.

Foto: MESSER MAGAZIN/Lang

Fantasy-Katana von Matt Parkinson: Er hat hier die japanische Klingenform mit dem Ledergriff eines Ritterschwerts kombiniert.

Foto: Sharp by Coop

Vorteil für Handwerker und Filmrequisiteure: Aufgrund der Konstruktion kann die Klinge sehr einfach mit einer besonderen, optisch auffälligen Montierung versehen werden, ohne die funtionalen Eigenschaften eines Katana zu beeinträchtigen.

Foto: Sharp by Coop

Schmied: Tom Ward
Foto: Sharp by Coop

Ritter- und Wikinger-Schwerter

Ritterschwerter sind wie Katana größtenteils aus Filmen und Fernsehen bekannt. Und noch viel stärker ist die landläufige Vorstellung von Mythen, Gerüchten und schlichtweg auch Fehlinformationen geprägt.

Wie sind mittelalterliche Schwerter aufgebaut?

Ein Schwert besteht aus zwei Bereichen:

- **Klinge** (Englisch: blade) und
- **Griff** (auch: Montierung, Gefäß; Englisch: handle, hilt)

Montiert man das Gefäß ab, unterteilt man die Klinge wiederum in zwei Bereiche:

- **Blatt** (Englisch: blade), die eigentliche Klinge, und
- **Erl** (auch Angel; Englisch: tang) – der Teil, der durch den Griff führt.

Des weiteren gibt es noch folgende Bereiche am Schwert:

- **Knaufniet** (Englisch: pommel-nut)
- **Knauf** (Englisch: pommel)
- **Griff** (Englisch: handle, hilt)
- **Parierstange** (auch Kreuz, Englisch: crossguard)
- **Ricasso** (die ungeschliffene Basis der Klinge)
- **Schneide** (Englisch: edge)
- **Hohlkehle** (Englisch: fuller)
- **Spitze** (auch Ort, Englisch: point)

Der Knauf hat viele Formen und Funktionen:

- Er bildet ein Gegengewicht zur Klinge und verbessert so die Balance.
- Man führt mit dem Knauf Rückhandstöße aus.
- Mit der Hand am Knauf verleiht man dem Stoß mehr Druck.

Die Parierstange erfüllt ebenfalls mehrere Funktionen:

- Man benutzt sie zum Parieren, Einfangen und Blockieren der gegnerischen Klinge.
- Sie schützt die Schwerthand vor der gegnerischen Klinge und verhindert auch, dass die Schwerthand nach vorne auf die Klinge rutscht, und

Die verschiedenartige Körperpanzerung, beispielsweise Helm und Kettenhemd, wirkte sich auf die Form der Schwerter aus.

Foto: Museum Replicas

Schwertkampf im Mittelalter

Der Held in schimmernder Rüstung liegt vermeintlich wehrlos auf dem Boden, während der Bösewicht mit dem Schwert weit hinter seinem Rücken ausholt, um dem Helden endgültig den Garaus zu machen. Da rollt der „weiße Ritter" blitzschnell zur Seite – der Hieb des schwarzen Ritters geht fehl, und in diesem Moment versetzt ihm der Held einen ebenso weit ausholenden Hieb, der den Kampf beendet. Und nach dieser Show gehen dann die Besucher des „Ritterspiels" mit dem Eindruck nach Hause, im Mittelalter hätte man wirklich so gekämpft.

Bei solchen Schaukämpfen geht es darum, Zuschauern gute Unterhaltung zu bieten – und nicht darum, einen Kampf auf Leben und Tod zu bestehen. Im mittelalterlichen Schwertkampf waren endlos weit ausholende Hiebe ebenso fehl am Platz wie Techniken, die auf reiner Kraft beruhen. Mittelalterlicher Schwertkampf beinhaltete kunstvolle, elegante Techniken, die darauf abzielen, den Gegner möglichst schnell kampfunfähig zu machen oder zu töten.

Woher wir das wissen? Nun, die alten Meister erzählen es uns selbst – in den „Fechtbüchern", die sie verfasst haben. Wir kennen aus Spätmittelalter und Renaissance etliche dieser Fechtbücher, in denen uns die damaligen Experten ihre Strategien und Methoden verraten. Zum Thema der weit ausholenden Hiebe führt beispielsweise in einem anonymen Manuskript von 1389 ein Schwertmeister aus: „Denn der Hieb oder Stoß sollte auf dem allerkürzesten und nahesten Weg erfolgen, wie man ihn nur bringen kann. Das rechtfertige Fechten will kein hübsches und weites Parieren haben und auch kein weites Herumfechten. Weite und lange Hiebe sind langsam und träge."

Ein weiteres populäres Vorurteil ist, dass mittelalterlicher Schwertkampf eine reine Kraftangelegenheit gewesen sei. Auch dafür hat unser anonymer Schwertmeister den passenden Kommentar parat: „Wenn soll stark wider stark sein, so siegt allemal der Stärkere. Darum geht Liechtenauers Fechten nach Recht und wahrhaftiger Kunst so, dass ein Schwacher mit seiner Kunst eher siegt als ein Starker – warum wäre es sonst wohl Kunst?" Die Fechthandbücher der alten Meister zeigen uns eine ausgefeilte, trickreiche und strategieorientierte Schwertkampfkunst, die weit über bloße Kraft hinausgeht.

Mittelalterliche Schwertkampfkunst wird auch als Fechten bezeichnet. Allerdings ist „Fechten" hier ein etwas missverständlicher Ausdruck. Man nutzte alle Arten von Blankwaffen – vom Dolch über das „lange Messer" bis zu Hellebarde und Lanze. Die Königsdisziplin war aber das Langschwert. Wenn man heute historische Schwertkunst lernen will, kann man sich einer der zahlreichen Trainingsgruppen anschließen (siehe Anhang). Desweiteren gibt es inzwischen ein großes Angebot an Lehrbüchern und -filmen.

Schaukampf ist kein echtes Schwertfechten, sondern eben eine unterhaltsame Show.

Foto: spectaculum.de

Während des Mittelalters existierten zwei große Schulen der Schwertkampfkunst – der italienische und der deutsche Stil. Von diesen beiden Stilen war der deutsche anscheinend wesentlich bedeutender. Während der italienische Stil eigentlich nur durch zwei Manuskripte und Meister vertreten wird – Fiori de Liberis „Flos Duellatorum" (1409) und Filippo Vadis „De Arte Gladiatora Dimicandi" (etwa 1482 bis 1487) – stammen alle anderen erhaltenen mittelalterlichen Fechtbücher aus der Feder von deutschen Meistern: Johannes Liechtenauer, Hans Talhoffer, Hanko Döbringer, Sigmund Ringeck, Peter von Danzig, der Jude Ott und Paulus Kal sind nur die bekanntesten unter vielen.

Im frühen Mittelalter wurde das „Schirmen" innerhalb der Familie weitergegeben, der Sohn lernte es vom Vater. An größeren Fürstenhöfen übernahmen gewöhnlich besonders talentierte Kämpfer die Ausbildung der übrigen Krieger, obwohl auch schon vereinzelt von spezialisierten Schirm-Meistern berichtet wird. Dagegen wird das Schirmen im Hoch- und Spätmittelalter ein echter Beruf, und in dieser Zeit wurden auch die Fechtbücher geschrieben.

Ein Schirm-Meister verdiente sich damals als zeitweise verpflichteter Lehrer seinen Unterhalt. So wurden die Schwertmeister angeheuert, um die Truppen der Adligen oder Bürgerwehren an der Waffe auszubilden. Aber auch Zivilisten hatten Interesse an der Fechtkunst. Zum einen musste man sich gegen Banditen und Wegelagerer verteidigen können, zum anderen war es ein weit verbreiteter Brauch, Rechtsstreitigkeiten im wahrsten Sinne des Wortes vor Gericht „auszufechten". Vor einem solchen Gerichtstermin nahmen die Kontrahenten gern Unterricht bei einem Schwertmeister. In bestimmten Fällen durften sich die Kontrahenten im gerichtlichen Zweikampf auch von einem bezahlten Kämpfer vertreten lassen. Das galt unter anderem für Alte und Gebrechliche, Frauen, Kinder und Geistliche. Im Gegensatz zu den ehrbaren Schirm-Meistern galten die fahrenden Kämpen, die solche Aufgaben übernahmen, im Hochmittelalter als rechtlos, sie konnten keinerlei Schadensansprüche geltend machen.

Diese Situation ändert sich während des 14. Jahrhunderts, denn das Gottesurteil kommt zusehends aus der Mode. Das Leben der Kämpen verändert sich dadurch zum besseren. Sie ziehen durch die Lande und präsentieren ihre Kunst als „Klopffechten" – Schaukampf. Der Klopffechter wird zu einem anerkannten Beruf, und im 15. Jahrhundert kommt es sogar

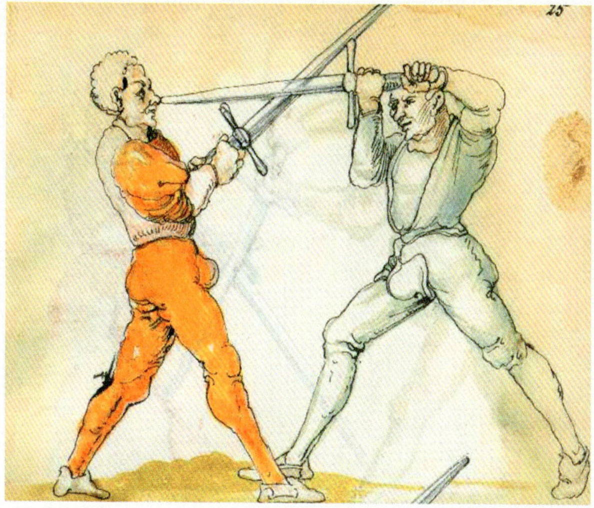

Aus den historischen „Fechtbüchern" kennen wir Strategie und Technik der alten Meister.

Illustration aus einem anonymen Fechtbuch um 1500

zu vereinzelten Vermischungen mit den „ernsthaften" Schirm-Meistern, die sich streng von den Klopffechtern abgrenzen.

Der Schirm-Meister war längst ein richtiger Beruf. Dementsprechend versuchten die Meister auch ihre Berufsgeheimnisse zu wahren. Ihr Wissen gaben sie in Form von sich reimenden Sprüchen – den „Merkeversen" – weiter. Diese Tradition geht bis auf Meister Liechtenauer zurück. Diese Verschwiegenheit spiegelt sich auch in den späteren Fechtbüchern wider. Die Merkeverse sind nicht als Lehrbuch im heutigen Sinne gedacht, sondern als geheime Gedächtnisstütze, die Tricks und Taktiken enthielt. Nur derjenige konnte sie richtig interpretieren oder entschlüsseln, der vorher eine Fecht-Ausbildung bei einem Meister erhalten hatte, wie Meister Sigmund Ringeck sagt: „... geschrieben mit verborgen und verdeckte Worten, darum dass die Kunst nicht gemein sollt werde."

Im 15. Jahrhundert entwickelte sich in Deutschland das freie Bürgertum weiter. Die Städte und ihre Bürger waren eine zunehmende Konkurrenz für den Adel und mussten sich häufig gegen Raubritter verteidigen. Die freien Bürger wurden vom Kaiser mit einer Reihe von Privilegien ausgestattet, zu denen auch das Tragen von Schwertern gehörte. Aufgrund dieses neuen Bewusstseins als freie

Bürger sowie der Notwendigkeit, ihre Rechte verteidigen zu müssen, entstand eine bislang nie gekannte Nachfrage nach Schwertkampf-Unterricht und Fechtmeistern. Deshalb erlebte die mittelalterliche Fechtkunst speziell in Deutschland eine neue Blüte. Im Gegensatz zur Fechtkunst der Renaissance und Neuzeit ist dementsprechend auch ein großer Teil der mittelalterlichen Fechtbücher in deutscher Sprache entstanden.

Um sich vor Scharlatanen und Missbrauch zu schützen, begannen sich die Schirm-Meister in Gilden zu organisieren, die „Fechter-Gesellschaften" genannt wurden. Diese Gesellschaften waren entsprechend den Gilden der Handwerker aufgebaut. Die älteste und mächtigste der Fechter-Gesellschaften war die in Nürnberg gegründete „Bruderschaft von St. Markus vom Löwenberg". Im Jahre 1487 erhielten die „Marxbrüder" von Kaiser Friedrich III. einen Schutzbrief und durften sich „Meister des langen Schwerts" nennen.

Wenn ein Schwertkämpfer Mitglied in der Bruderschaft werden wollte, musste er bei einem Meister in die Lehre gehen und sich später wie ein Handwerksgeselle auf Wanderschaft begeben, um an fremden Orten seine Kunst weiterzuentwickeln. Abschließend wurde er von den Meistern am Hauptsitz der Marxbrüder (auch: Marksbrüder) einer umfangreichen Prüfung unterzogen. Meistens wurden diese Prüfungen im Rahmen eines großen Schau- und Preisfechtens während der Herbstmesse öffentlich abgehalten. Wer die Prüfung bestanden hatte, bekam die „Heimlichkeit" – das waren die Merkeverse – und durfte fortan auch den Titel „Meister des langen Schwerts" tragen und selber Schüler annehmen und unterrichten. Es war üblich, das Fechten nur als „Nebenberuf" zu betreiben. So sind beispielsweise Lehrer bekannt, die ihre Schüler sowohl im Schreiben und Lesen als auch im Schwertkampf unterrichteten.

Die Marxbrüder waren etwa 80 Jahre lang die herrschende Gesellschaft, gewissermaßen die „Hanse der Fechtkunst". Dann bekamen sie langsam Konkurrenz durch unabhängige „Freifechter" und andere Bruderschaften. Die Fechter-Gesellschaften sorgten im 16. Jahrhundert für einen Boom in der Schwertkampfkunst.

Eine besondere Attraktion waren die so genannten Fechtschulen. Neben den ständigen Fechtschulen war vor allem die fahrende Kategorie von Bedeutung. Obwohl die fahrenden Fechter den Bürgern natürlich auch Unterricht erteilten, handelte es sich hier hauptsächlich um eine große Schaukampf-Veranstaltung, eine Art Schützenfest mit Schwertern. Wie bei einem Jahrmarkt zogen die Fechter dabei von Ort zu Ort, um gegen Eintrittsgeld ihr Können mit allen Arten von Waffen zu präsentieren. Natürlich konnten sich alle Fechter am Wettkampf beteiligen. Die Bruderschaft, die die meisten Siegerkränze errang, teilte sich das Preisgeld. Gekämpft wurde ohne Körperschutz, vielfach auch mit bloßem Oberkörper – die Waffe bildete also auch den einzigen Schutz. Ein Kampf während einer Fechtschule endete gewöhnlich mit dem Aufblühen der „roten Blume", dem ersten Blut.

Die Regeln während der Fechtschule waren klar definiert: Trotzdem arteten die Fechtschulen aber häufig in Krawall aus und waren von der Obrigkeit oft nicht gern gesehen und auch verboten.

Historische Schwertkampfkunst zielt darauf, den Gegner zu überwinden – und das möglichst schnell und direkt.

Foto: agilitas.tv

Im historischen Fechten wurden früher zahlreiche Waffen verwendet – beispielsweise das „lange Messer".

Foto: agilitas.tv

Die Atmosphäre bei einer Fechtschule scheint ähnlich wie bei einem heutigen Fußballspiel gewesen zu sein: Die Mannschaften zogen mit einer großen Schau ein, begleitet von ihren Fans. Oft geschah es, dass der Schiedsrichter die Kontrahenten mit einer langen Stange trennen musste, und manchmal griffen auch die Fans auf den Zuschauerplätzen in den Kampf mit ein, so dass die „Platzwärtel" mit einem ledernen Dussack für Ordnung sorgen müssen.

Wegen des Show-Charakters der Fechtschulen wurde von den Schirm-Meistern dementsprechend auch strikt zwischen „ernstem Fechten" und „Schulfechten" unterschieden, wobei einige Schirm-Meister dem Schulfechten großmütig zugestehen, dass es durch fleißiges Üben wohl zu etwas gut sein möge. Allerdings waren sich auch die meisten Gildemitglieder nicht zu schade, des öfteren an Fechtschulen teilzunehmen. Insgesamt gesehen achteten aber die Schwertmeister darauf, sich als „Schirm-Meister" von gewöhnlichen „Schirmern" und Schulfechtern, auch Leicht-Meister genannt, abzuheben.

Neben dem Unterhaltungscharakter des Schaukampfs bot eine Fechtschule den Bürgern eine der wenigen Gelegenheiten, einfach nur Sport zu treiben. Die Fechtschule war also auch eine Art spätmittelalterliches Fitness-Center. Wegen des Schweißes der körperlichen Anstrengung entwickelte sich die Redensart „Hier stinkt's nach Fechtschule".

Wollte ein fahrender Fechtmeister in einer Stadt eine Fechtschule aufschlagen, brauchte er gewöhnlich die Erlaubnis des Rates. Desweiteren musste er sich jeder Herausforderung stellen. Vielfach mussten zwei Konkurrenten im Kampf gegeneinander antreten, der Unterlegene hatte die Stadt zu verlassen.

Der Niedergang der bürgerlichen Schwertkampf- und Fechtkunst beginnt mit dem Dreißigjährigen Krieg (1618 bis 1648), der die deutschsprachigen Länder in den Abgrund trieb. Auch nach Kriegsende verloren die Städte und freien Bürger immer mehr an Einfluss. Dementsprechend sank auch die Nachfrage nach Fechtmeistern. Die Fechter-Gesellschaften verloren ihre Privilegien: 1688 wurde der Schutzbrief zum letzten Mal verlängert, und die Fechter konnten mit ihrer Kunst nicht mehr ihren Lebensunterhalt finanzieren. Die einzige Möglichkeit, die vielen noch blieb, war die einstmals tödliche Kunst zur reinen Show zu degradieren und als fahrende „Klopffechter" ihr Leben zu fristen.

Zu dieser Zeit hatte das Degenfechten schon lange Einzug in die Schwertkampfkunst gefunden. Die Innovationen dieser Fechtkunst kamen nicht mehr aus Deutschland, sondern aus Italien und Spanien. Mit dieser Entwicklung begann auch die Veränderung der Fechtkunst – vom Kennzeichen des freien Bürgers zum Ausdruck aristokratischer Lebensweise. Diese Entwicklung kennzeichnet auch den Niedergang des Langschwerts – der Degen tritt seinen endgültigen Siegeszug an.

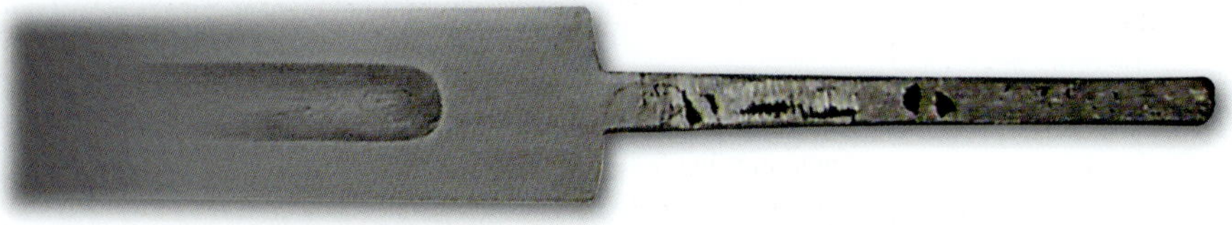

Die Angel ist die Verlängerung der Klinge, die durch den Griff hindurchführt.

Foto: Cas Hanwei

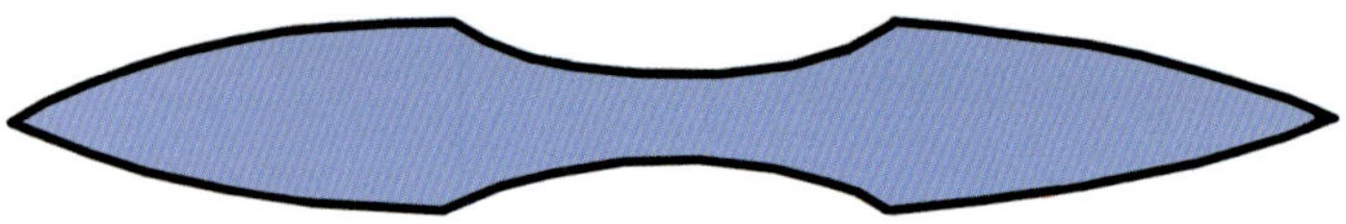

Eine Hohlkehle ist keine „Blutrinne“, sondern verringert das Gewicht der Klinge und macht sie geichzeitig stabiler.

Die Klingen verjüngen sich nicht nur im Profil, sondern auch distal – sie werden dünner. Zudem weisen sie oft unterschiedliche Querschnitts-Formen auf.

Foto: Albion

Die Scheide besteht aus einem Holzkörper, der mit Leder bezogen ist. Mund und Spitze sind oft noch besonders verstärkt.

Foto: Albion

• sie wird für Würge-, Reiß und Hebeltechniken benutzt. Die Scheide eines Schwerts bestand im Mittelalter aus einem hölzernen Hohlkörper, der innen häufig mit Fell gefüttert und außen mit Leder bezogen war. Metallene Verstärkungen an den Enden bezeichnet man als Mundblech und Ortblech.

Warum haben Schwerter eine „Blutrinne"?

Viele Schwerter sind mit Hohlkehlen versehen – geschmiedete oder geschliffene Vertiefungen längs in der Klinge. Sie sind vor allem dazu da, das Gewicht der Klinge zu verringern.

Leider wird ständig das Ammenmärchen von der „Blutrinne" erzählt: Eine Stichwunde werde oft durch die Klinge verstopft, und die Blutrinne sei erfunden worden, damit das Blut aus der Stichwunde ablaufen und der Gegner verbluten könne. Das ist blanker Unsinn. Zum einen sind Stichwunden vor allem durch innere Blutungen sehr gefährlich. Zudem erklärt es nicht, wieso gerade Hiebschwerter – die nur bedingt für den Stoß gedacht sind – ausgeprägte Hohlkehlen aufweisen.

Es gibt also keine „Blutrinnen", sondern nur Hohlkehlen. Gewöhnlich sind diese symmetrisch auf beiden Seiten der Klinge angebracht. Bei frühmittelalterlichen Schwertern sind die Hohlkehlen meistens breit und flach, später werden sie deutlich schmaler. Oft finden sich auf einer Klingenseite auch zwei bis drei Hohlkehlen.

Was bedeutet distale Verjüngung?

Die Schwertklinge ist ein dreidimensionaler Gegenstand, sie verjüngt sich zur Spitze hin nicht nur im seitlichen Profil, sondern auch distal, also von hinten nach vorne – sie wird dünner. Die distale Verjüngung darf bei der Balance nicht außer Acht gelassen werden. Das ist einer der wichtigsten Kritikpunkte bei modernen Repliken, die sich oft nicht ausreichend verjüngen.

Was bedeutet „Stärke" und „Schwäche"?

Die Begriffe Stärke und Schwäche sind hier nicht wörtlich zu verstehen, sondern beschreiben funktionale Bereiche des Schwerts. Wenn man die Klinge in zwei Hälften teilt, bildet die Stärke die untere Hälfte (näher am Griff). Die gegnerischen Hiebe wurden nach Möglichkeit mit der Stärke abgefangen, die Schwäche ist dafür nicht so gut geeignet – die Hebelwirkung ist hier so groß, dass die eigene Klinge umgelenkt oder weggedrückt wird. Mit der

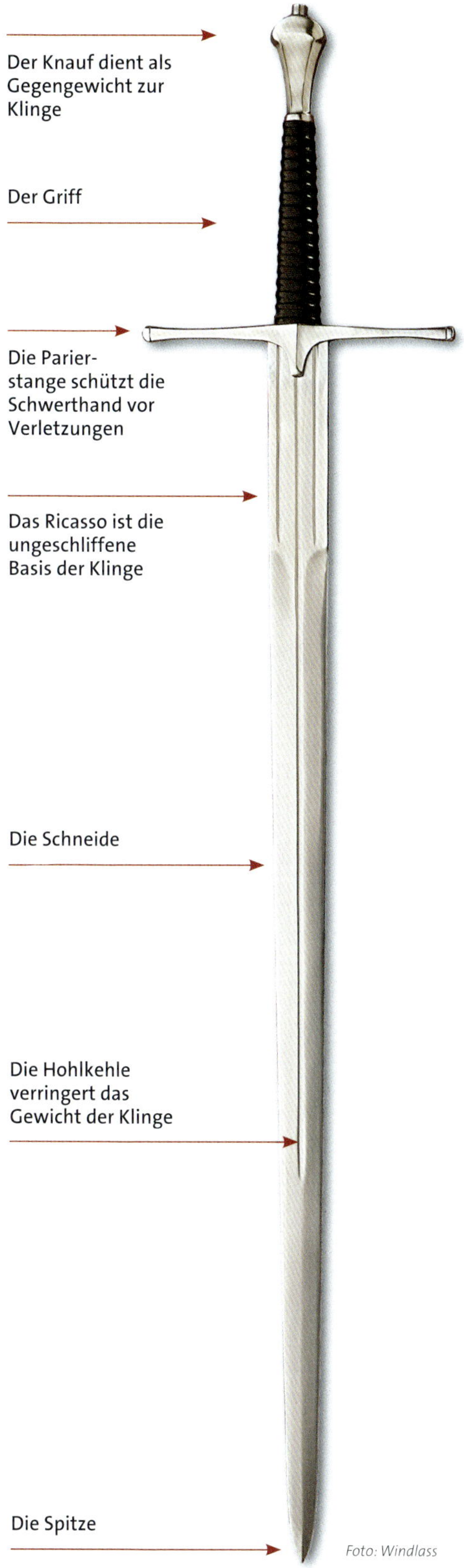

Foto: Windlass

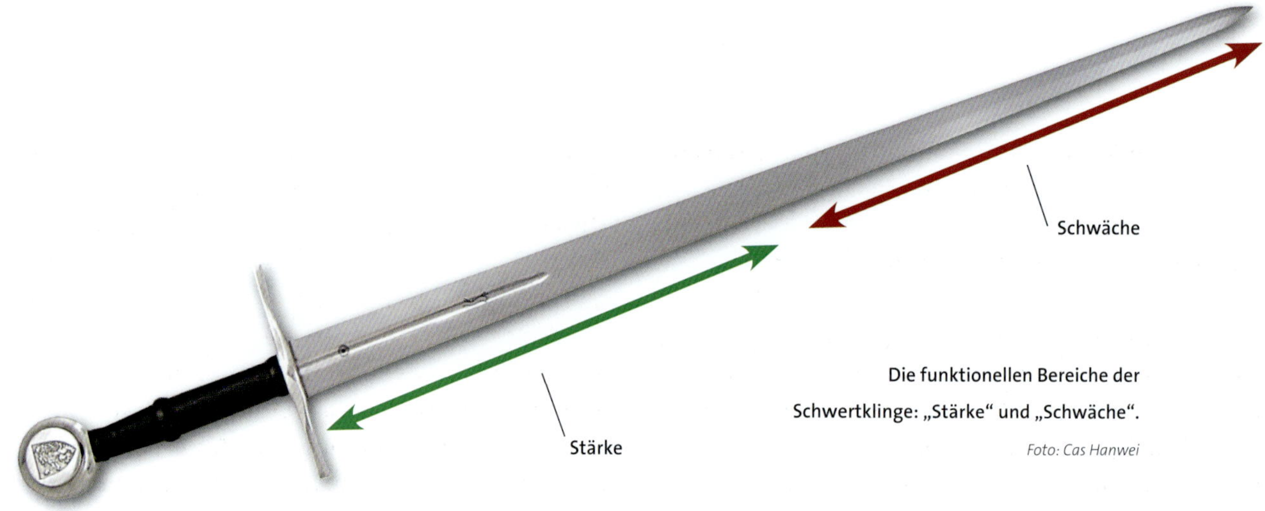

Die funktionellen Bereiche der Schwertklinge: „Stärke“ und „Schwäche“.

Foto: Cas Hanwei

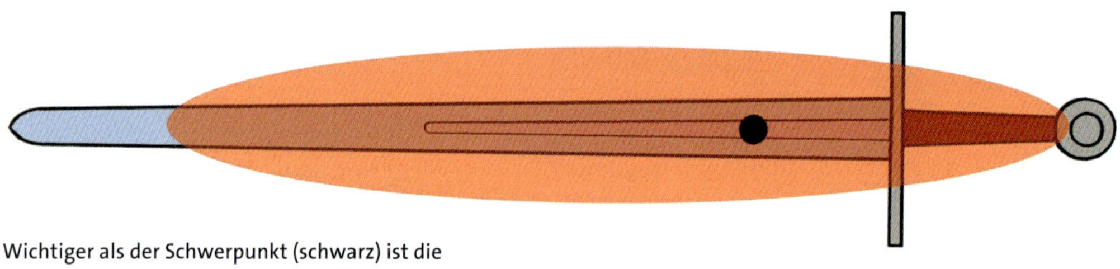

Wichtiger als der Schwerpunkt (schwarz) ist die Verteilung der Masse. Bei einem Hiebschwert ist sie relativ gleichmäßig.

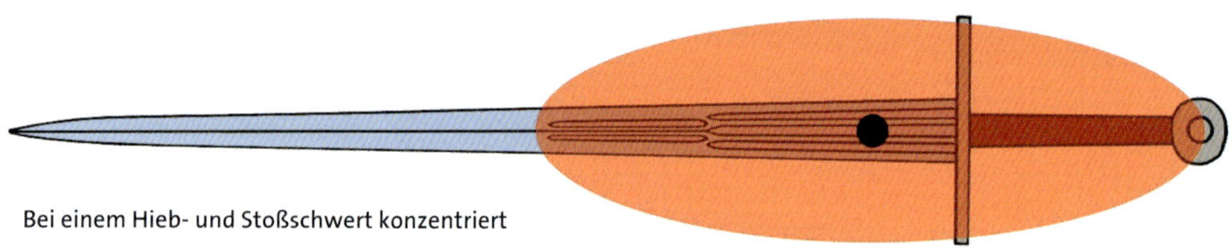

Bei einem Hieb- und Stoßschwert konzentriert sich die Masse stärker um den Griffbereich.

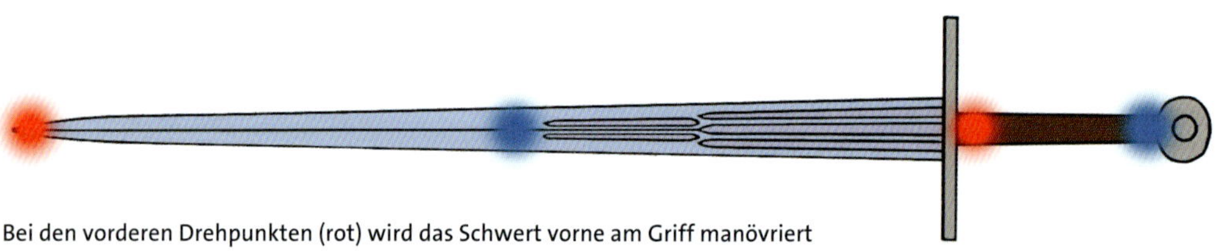

Bei den vorderen Drehpunkten (rot) wird das Schwert vorne am Griff manövriert und dreht sich nah an der Spitze – sie bleibt auf den Gegner ausgerichtet. Bei den hinteren Drehpunkten (blau) wird das Schwert mit dem Griffende manövriert und dreht sich mitten in der Klinge – schnelle Richtungsänderungen sind möglich.

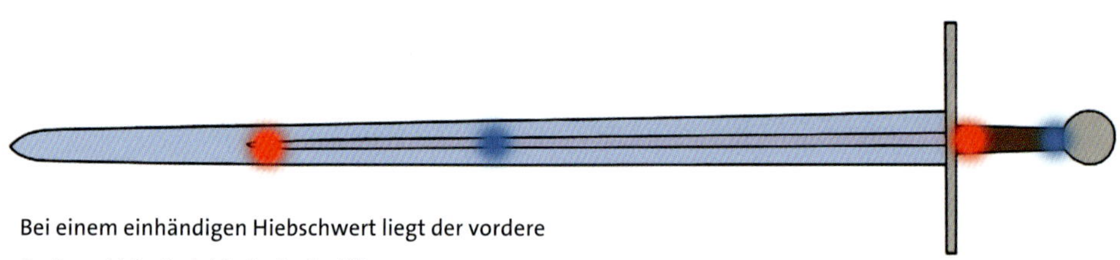

Bei einem einhändigen Hiebschwert liegt der vordere Drehpunkt (rot) viel tiefer in der Klinge.

Schwäche werden die eigenen Hiebe ausgeführt, da damit auch die eigene Reichweite größer ist.

Wie schwer ist ein Schwert wirklich?

Es ist ein Märchen, dass Schwerter zehn bis 15 Kilogramm wogen. Ist das Schwert zu leicht, lassen sich damit die Hiebe des Gegners nicht richtig parieren, ist es aber zu schwer, kann man es nicht schnell genug handhaben. In Wirklichkeit liegt das Gewicht bei:

- Einhändige Schwerter: etwa 1,0 Kilogramm
- Langschwerter: rund 1,5 bis 1,8 Kilogramm

Was bedeutet „ausbalanciert"?

Die richtige Balance eines Schwerts hängt von verschiedenen Faktoren ab:

- Gesamtgewicht
- Schwerpunkt
- Drehpunkte / Verteilung der Masse

Der Schwerpunkt eines Schwerts liegt im unteren Klingenbereich – je nach Schwerttyp etwa sieben bis 15 Zentimeter von der Parierstange entfernt. Ein vielbenutzter Richtwert ist „eine Handbreit". Wenn der Schwerpunkt zu weit vorn in der Klinge liegt, erreicht der Schwerthieb zwar eine große Wucht, aber die Klinge lässt sich nur schwer handhaben. Liegt der Schwerpunkt zu nah am Griff, so lässt sich das Schwert zwar leichter führen, allerdings verliert der Hieb deutlich an Wucht. Zudem lässt sich dann das Schwert von der gegnerischen Klinge viel leichter parieren, also aus der Bahn schlagen.

Je nach Schwerttyp muss die Masse unterschiedlich über die Länge verteilt sein. Bei einem reinen Hiebschwert ist die Masse relativ gleichmäßig über die gesamte Länge der Waffe verteilt. Bei einem Schwert, das auch für den Stoß gedacht ist, konzentriert sich die Masse stärker um den Griffbereich. Das Schwert muss sich durch die Hand gut steuern lassen. Erkennen lässt sich das an den Drehpunkten in Klinge und Griff.

Am Beispiel eines auf Hieb und Stoß ausgerichteten Langschwerts zeigt sich das so: Bei den vorderen Drehpunkten wird das Schwert vorne am Griff manövriert und dreht sich an der Spitze – sie bleibt auf den Gegner ausgerichtet. Bei den hinteren Drehpunkten wird das Schwert

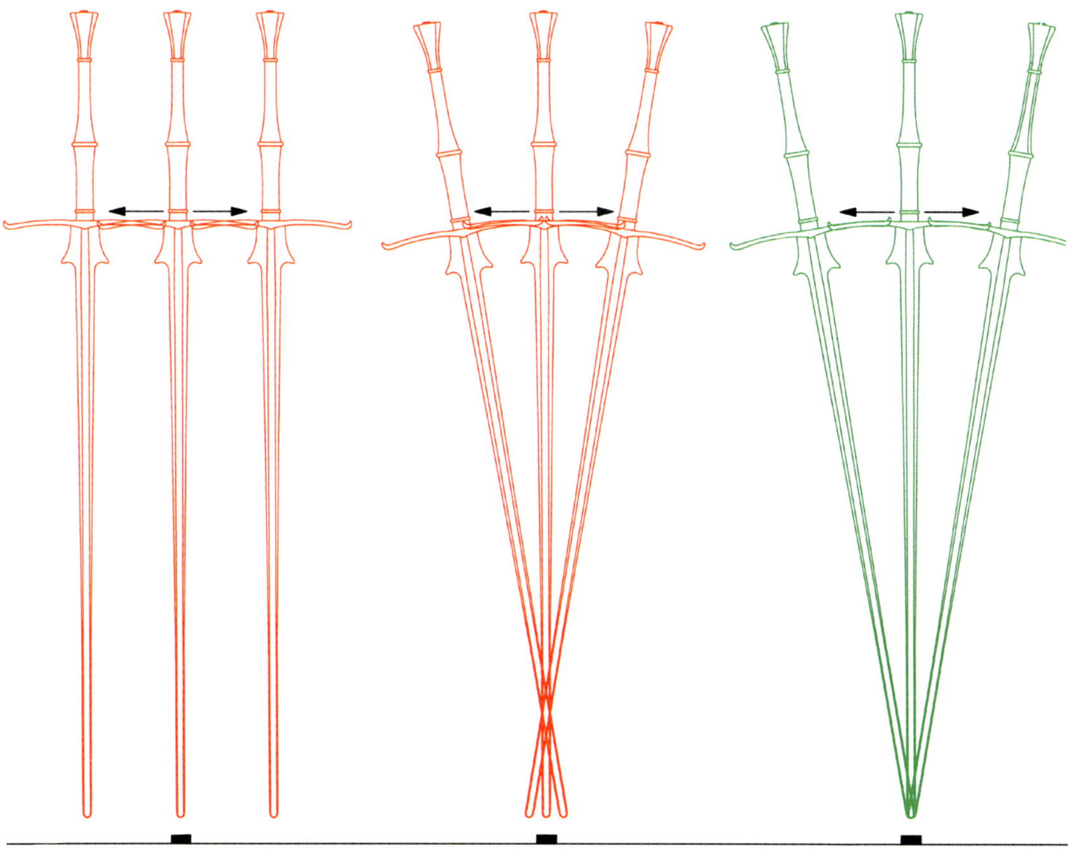

Beim Pendel-Test wird ein Hieb-/Stoßschwert waagerecht hin und her bewegt.
Links: Das Schwert pendelt nicht, der Knauf ist zu schwer.
Mitte: Die Spitze pendelt hin und her, der Knauf ist zu leicht.
Rechts: Das Schwert pendelt, die Spitze bleibt stehen, das Schwert ist gut ausbalanciert.

Grafik: Stefan Tang

Der erfahrene Schmied erkennt die richtige Temperatur an der Farbe des glühenden Stahls.

Foto: Windlass

Härten: Die glühende Klinge wird in kaltem Wasser abgeschreckt.

Foto: Cas Hanwei

Eine fertig geschmiedete Klinge mit langer und breiter Hohlkehle.

Foto: Cas Hanwei

Nach der Wärmebehandlung muss die Schwertklinge hart, aber gleichzeitig auch flexibel sein.

mit dem Griffende manövriert und dreht sich mitten in der Klinge – schnelle Richtungsänderungen sind möglich. Je nach Schwerttyp und Fechtmethode liegen die Drehpunkte an ganz unterschiedlichen Stellen.

Um zu prüfen, ob die Drehpunkte eines Langschwerts im richtigen Bereich liegen und der Knauf das Schwert richtig ausbalanciert, wird gern ein „Pendel-Test" durchgeführt. Man fasst das Schwert zwischen Daumen und Zeigefinger in der Mitte der Parierstange oder ganz vorne am Griff, die Klingenspitze zeigt zu Boden. Dann bewegt man das Schwert waagerecht zur Seite hin und her. Wenn das Schwert dabei senkrecht bleibt und nur wenig pendelt, ist der Knauf zu schwer. Pendelt die Klingenspitze stärker seitwärts über den Boden, ist der Knauf zu leicht – das Schwert ist kopflastig. In beiden Fällen lässt sich das Schwert nicht gut schwingen. Wenn das Schwert pendelt und die Spitze dabei mehr oder weniger an einem Punkt stehen bleibt, ist das Schwert gut ausbalanciert.

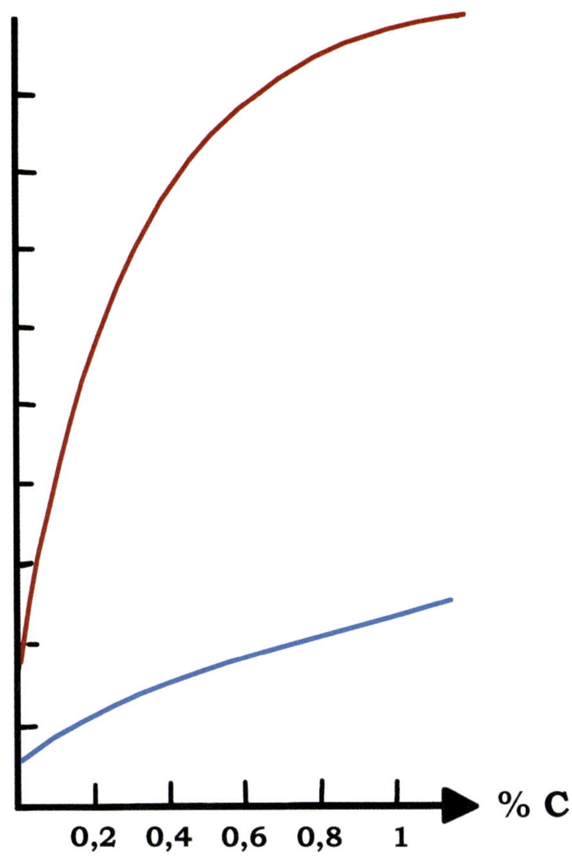

Der Härteunterschied zwischen gehärtetem (abgeschrecktem) Stahl (rot) und Stahl, der langsam an der Luft abkühlt (blau).

Was heißt Center of Percussion?

Der Begriff Center of Percussion (CoP) bezeichnet die Zone beim Schwert, die den größten Effekt beim Einschlag in das Ziel hat. Sobald die Klinge auf ein Ziel trifft, vibriert das Schwert, und man spürt mehr oder weniger stark einen Rückschlag in der Hand – je nachdem, welche Zone der Klinge auftrifft. Wie Fechtmeister des 19. Jahrhunderts in ihren Schriften ausführen, erzielt man besonders bei Schnitt-Tests („Schwertkunststücken") das beste Resultat, wenn man den Hieb so ausführt, dass der CoP mit hoher Geschwindigkeit auf das Ziel trifft: Die Energie des Hiebs wird besser übertragen, und man spürt nur sehr wenig Rückschlag. Dieser Effekt zeigt sich vor allem bei sehr flexiblen Klingen, die schon beim Hieb in der Luft stärker schwingen. Wenn man mit CoP trifft, schneidet man einfacher und glatter durch das Ziel.

Es hat in den letzten Jahren einige sehr kontroverse Diskussionen darüber gegeben, ob der von den historischen Fechtmeistern gemeinte CoP wirklich mit dem physikalischen Schwingungsknoten in der Klinge identisch ist, oder ob es sich hier eher um den Drehpunkt handelt. Einige Schwert-Enthusiasten haben dazu bereits umfangreiche Texte über Schwerter und Pendelphysik zusammen mit vielen mathematischen Formeln geschrieben. Glücklicherweise muss man sich zur Bestimmung des CoP nicht mit theoretischer Physik oder komplizierten mathematischen Berechnungen auseinandersetzen, denn die aus der Praxis kommenden Schwert-Experten und Fechtmeister des 19. Jahrhunderts – die mit Degen und Säbel ja noch wirklich in den Kampf ziehen mussten – haben dazu eine recht einfache Methode überliefert.

Man nimmt das Schwert und schlägt damit leicht gegen einem festen Gegenstand. Den Auftreffpunkt in der Klinge variiert man dabei, wandert praktisch in kleineren Abständen (vier bis fünf Zentimeter) von der Spitze bis zur Basis der Klinge. Man beobachtet dabei ganz genau das Verhalten des Schwerts und wird so eine Zone der Klinge erkennen, bei der der Hieb wesentlich weniger Vibrationen auslöst, einen stärkeren Impuls auf das Ziel abgibt, und sich das Schwert auch besser in der Hand anfühlt: den CoP.

Ein wirklich genaues Zielen mit dem CoP ist allerdings nur in der „akademischen" Situation eines Schnitt-Tests möglich. In der Praxis, im Kampf auf Leben und Tod, kann man sich um den CoP keine Gedanken machen.

Der Griff ist aus drei Schichten aufgebaut: Zuerst kommt der Griffkern aus Hartholz, dann eine Schnurwicklung und zum Schluss eine Lederhülle.

Die rutschfeste Struktur, die durch die Lederwicklung erzeugt wird, erkennt man hier besonders gut.

Foto: Albion

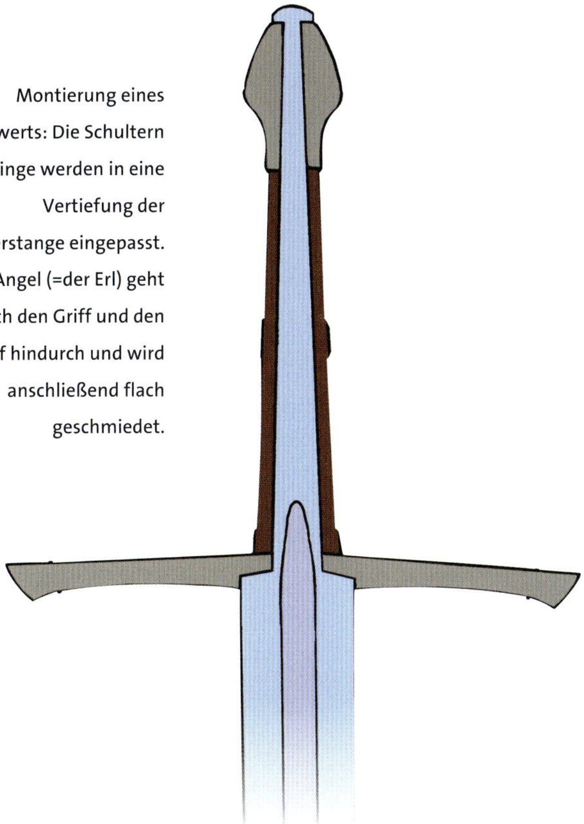

Montierung eines Schwerts: Die Schultern der Klinge werden in eine Vertiefung der Parierstange eingepasst. Die Angel (=der Erl) geht durch den Griff und den Knauf hindurch und wird anschließend flach geschmiedet.

Das oberste Stück des Erls wird über dem Knauf flachgeschmiedet und bildet so eine sichere Vernietung des Griffs.

Foto: Messer Magazin

Man hält den Gegner auf Distanz und nutzt dabei die Länge des eigenen Schwerts so gut wie möglich aus.

Wie wurde ein Ritterschwert geschmiedet?

Wie beim japanischen Katana konnte die Klinge eines Ritterschwerts aus verschiedenen Lagen Eisen und Stahl aufgebaut sein. Der Schmied brachte den Stahl zum Glühen. An der Glühfarbe erkannte er die richtige Temperatur und begann dann mit dem Schmieden der Klinge. Dabei wird zuerst der Stahlblock zu einem langen und flachen Stück ausgereckt. Danach werden der Erl, die seitliche Form der Klinge und die ungefähre Klingenstärke herausgearbeitet. So entsteht der Klingenrohling.

Danach folgt das Schmieden der Hohlkehle. In späteren Jahrhunderten wurde die Hohlkehle geschliffen – das spart Zeit, Mühe und Kosten, weist aber nicht mehr die gleiche Qualität auf (weil sich beim Schleifen das Stahlgefüge nicht mehr der Klingenform anpasst). Anschließend erfolgt das Feinschmieden, bei dem die endgültige Form der Klinge entsteht. Je exakter man hier arbeitet, je näher die Klinge also an ihr endgültiges Aussehen herankommt, desto besser ist das Stahlgefüge (spätere Korrekturen mit der Feile sollten nur erfolgen, wenn absolut notwendig).

Nun folgt der wichtigste Teil: Die Wärmebehandlung, die die Molekularstruktur des Stahls verändert. Es reicht nicht aus, eine gute Stahlsorte als Ausgangsmaterial zu verwenden. Nur durch die korrekte Wärmebehandlung lässt sich aus einer Stahlsorte das Optimum, die benötigte Kombination von Härte und Elastizität, herausholen. Zur Wärmebehandlung gehören

- Glühen (Aufheizen)
- Abschrecken (das eigentliche Härten)
- Anlassen

Durch die verschiedenen Glühprozesse werden die Spannungen verringert, die das Schmieden hervorgerufen hat, gleichzeitig verfeinert sich das sogenannte Korn, das Stahlgefüge. Beim Härten wird die Klinge auf etwa 800 Grad erhitzt. Die Klinge glüht kirschrot und wird dann in Wasser oder Öl abgeschreckt. Vereinfacht gesagt, wird beim Abschrecken die erreichte Stahlstruktur gewissermaßen „eingefroren".

Bei so einem komplizierten Prozess kann der Schmied natürlich jede Menge Fehler machen. So kann sich die Klinge verziehen, es können Risse auftreten. Noch schlimmer ist es, wenn der Fehler nicht bemerkt wurde und sich erst beim Kampf durch eine zerbrochene Klinge zeigt.

Der legendäre Damaszenerstahl besteht aus verschiedenen Stahlsorten und -schichten, wie man sehr gut an diesem modernen Wikingerschwert von Jamie Lundell erkennt.

Foto: Sharp by Coop

Ein Paket aus verschiedenen Stahlschichten wird im Feuer verschweißt, gefaltet, zu einem dünnen Stab geschmiedet und anschließend verdrillt (tordiert).

Fotos: Cas Hanwei

Ein Damaststab mit sieben Schichten wird tordiert, was ein charakteristisches Muster erzeugt.

Schema einer tordierten Schwertklinge.

Links: Abwechselnd tordierte und gerade geschmiedete Damaststäbe werden angeordnet, um den Kern zu formen. Rechts: An den Damastkern werden Schneidleisten aus reinem Stahl angeschweißt.

Foto: Patrick Bárta

Schwertklinge aus „wurmbuntem" Damaszenerstahl.

Foto: Stefan Roth

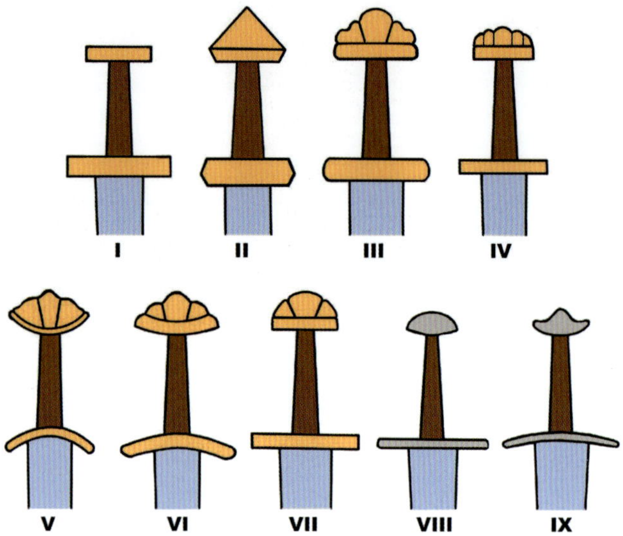

Die wichtigsten Schwerttypen der Wikingerzeit nach Wheeler/Oakeshott.

Im Gegensatz zu spätmittelalterlichen Schwertern waren die Griffe von Wikingerschwertern oft üppig verziert.

Foto: Albion

Nach dem Abschrecken ist die Klinge äußerst hart, aber gleichzeitig auch spröde. Mit dem Anlassen wird diese Sprödigkeit reduziert und die Härte etwas verringert. Zum Anlassen wird die Klinge auf etwa 200 bis 300 Grad erhitzt. Man hält sie eine bestimmte Zeit auf dieser Temperatur und lässt sie dann langsam abkühlen. Durch das Anlassen wird die Klinge elastischer.

Nach der Wärmebehandlung wird die Klinge geschliffen. Der letzte Arbeitsschritt am Schwert ist die Montierung: Das Anbringen von Parierstange, Griff und Knauf. Dafür war meist nicht der Schwertschmied selbst zuständig, der „nur" die Klinge schmiedete, sondern ein „Schwertfeger" genannter Handwerker, der die Klinge montierte, sauber schliff und polierte. Oft wurden Rohklingen von Meisterschmieden auch in weit entfernte Gegenden exportiert, wo sie dann vom örtlichen Schwertfeger im regionalen Stil montiert wurden.

Beim Schmieden der Parierstange ist darauf zu achten, an der Unterseite eine Vertiefung für die Schultern der Klinge einzuschlagen. Diese Vertiefung muss den Schultern möglichst genau angepasst sein, sonst kann es durch die gewaltigen Beanspruchungen beim Schwertkampf passieren, dass die Parierstange zu wackeln beginnt. Der Knauf wiurd vernietet. Dazu wird ein kleines überstehendes Stück des Erls erhitzt und flach geschmiedet.

Zum Abschluss der Montierung wird das Griffholz bespannt. Bei frühmittelalterlichen Schwertern findet man hier eine verleimte Wicklung aus Stoff- oder Lederstreifen. Bei hoch- und spätmittelalterlichen Schwertern wurde der Holzgriff mit einer Schnur fest umwickelt. Die Schnurhülle wird mit Leim bestrichen, dann lässt man sie einen Tag lang trocknen. Danach schneidet man für den Griff eine exakt passende Lederhülle zurecht. Sie wird in Wasser eingeweicht und im nassen Zustand an den Griff geleimt. Die Konstruktion wird noch einmal fest mit Schnur umwickelt. Beim Trocknen zieht sich das Leder fest um den Griff zusammen. Danach wird die oberste Schnurschicht wieder abgewickelt, und die Eindrücke bleiben als rutschfeste Struktur im Leder zurück.

Was ist Damaszenerstahl?

Immer wieder ist von sagenumwobenen Damaszener-Schwertern zu hören. Der Begriff bezeichnet allerdings zwei verschiedene Arten von Klingen, die technisch nicht viel miteinander zu tun haben: Schweißdamast und Tiegeldamast, auch Wootz genannt. Meistens ist damit aber der mustergeschweißte Stahl gemeint. Der Name Damaszenerstahl ist von der syrischen Stadt Damaskus abgeleitet – im Mittelalter ein Hauptumschlagplatz für Waffen und vor allem Schwerter.

Schon vor der Völkerwanderungszeit kam irgendein europäischer Waffenschmied auf die geniale Idee, abwechselnd mehrere Schichten von weichem Eisen und hartem Stahl (beziehungsweise weicherem und härterem Stahl) im Feuer mit Hammerschlägen zusammenzuschweißen, um so eine elastische und zugleich harte Klinge zu erhalten. Wenn blank geschliffener Damaszenerstahl mit Säure geätzt wird, zeigen sich die Schichten als Muster, da die kohlenstoffreicheren Partien stärker angegriffen werden und sich dunkel färben.

Je nach Schmiedetechnik kann man bestimmte Muster erzeugen, die im Frühmittelalter vermutlich auch noch magische Bedeutung hatten. Tordierte Klingen (mit mehreren in sich verdrehten Bahnen) waren als „wurmbunt" bekannt. In einer Zeit, in der schon vernünftig durchgeschmiedeter Stahl fast unerschwinglich war, stellte Damast einen Höhepunkt der Technik dar, der den reinen Eisenschwertern natürlich haushoch überlegen war. Als guter Stahl preiswerter wurde, war auch der Schweißdamast technisch überholt.

Wootz ist ein Stahl mit besonders hohem Kohlenstoffgehalt, der in kleinen Tiegeln erschmolzen wird. Das Verfahren stammt vermutlich aus Indien. Das Resultat sieht Schweißdamast durchaus ähnlich, aber der technische Herstellungsprozess ist völlig anders. Mittlerweile haben Forscher nachgewiesen, dass die legendären Ulfberth-Schwerter der Wikinger-Zeit ebenfalls aus sehr reinem und hartem, Wootz-ähnlichem Stahl bestanden. Es ist denkbar, dass Wootz als Rohstahl über die Handelsroute entlang der Wolga von Indien nach Europa gelangte und hier von Schmieden wie Ulfberth verarbeitet wurde.

Viele moderne Schmiede bieten heutzutage Schwerter mit Klingen aus feuergeschweißtem Damast an. Es handelt sich um reine Sammlerobjekte mit ästhetischem Wert. Zum Benutzen sind sie viel zu schade und zudem Monostahl-Klingen in der Leistung häufig unterlegen.

Wie unterscheiden sich Wikinger- und Ritterschwerter?

Das Wikingerschwert ist der direkte Vorfahre des Ritterschwerts. Im Gegensatz zu den Schwertern der Ritterzeit werden die völkerwanderungszeitlichen Typen und die

Typisches Wikingerschwert mit breiter Klinge, die sich kaum verjüngt. Der wurmbunte Stahl in der Hohlkehle ist gut zu erkennen.

Schmied: Patrick Bárta

Foto: Bárta/ Tomáš Man

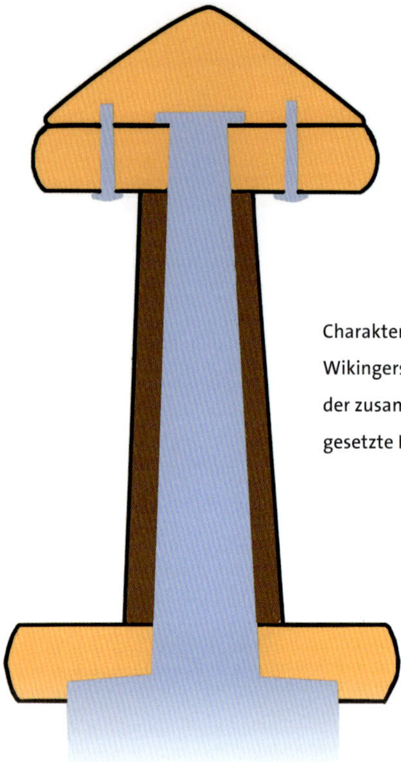

Charakteristisch für Wikingerschwerter ist der zusammengesetzte Knauf.

Aus diesem Blickwinkel erkennt man die Verstiftung des Knaufs.

Foto: Albion

Ritterschwerter unterscheiden sich zunächst vor allem durch Knauf und Parierstange.

Schmied: Kevin Cashen

Foto: Sharp By Coop

fasst die linke Hand die Mitte der Schwertklinge und hilft beim Zielen, während die rechte am Griff dem Stoß richtig kräftigen Schwung gibt.

Meister Filippo Vadi führt hierzu aus, dass ein Schwert, das gegen Rüstungen eingesetzt wird, nur an der Spitzenpartie – auf einer Länge von vier Fingern – schneidend scharf sein darf. Der Rest der Klinge ist etwas stumpfer, so dass die Halbschwerttechniken mit einem Handschuh relativ gefahrlos ausgeführt werden können.

Der Kampf im vollen Plattenpanzer ist Gegenstand von Vorurteilen. In Wahrheit waren diese Rüstungen viel beweglicher als man denkt. Dabei wird der Kampfharnisch vielfach mit dem „Stechzeug", dem Spezialharnisch für das Tjosten (das Lanzenturnier), verwechselt. Das Stechzeug wiegt zwischen 40 und 50 Kilogramm, ein Kampfharnisch dagegen „nur" 25 bis 30 Kilogramm.

Man kann also bei einem Plattenpanzer von einem Gewicht von durchschnittlich etwa 27 Kilogramm ausgehen. Dieses Gewicht ist über den ganzen Körper verteilt, Einzelteile wiegen nur wenige Kilogramm. Mit einem solchen Harnisch kann man laufen und turnen, sich abrollen – kurzum, man kann alle wichtigen Kampftechniken mit dem Schwert ausführen. Das Harnischfechten ist genauso wie das Bloßfechten ohne Panzerung eine Frage der Technik und nicht etwa eine der reinen Kraft.

Die Langschwerter der Gruppe 2 können den verschiedensten Charakter haben. Wir finden sowohl Bastardschwerter als auch richtige Zweihänder: Die meisten Schwerter sind kleiner, leichter und schlanker als die alten Schlachtschwerter. Bei den „modernen" Bastardschwertern findet sich nun auch zunehmend der taillierte Griff, der deutlich zeigt, dass das Schwert für anderthalb Hände gedacht ist. Das Bastardschwert wird ab dem 14. Jahrhundert immer beliebter und ist im 15. Jahrhundert die beliebteste Schwertgröße überhaupt. Im 16. Jahrhundert kam es auch als repräsentative Waffe in Mode.

Langschwerter können sowohl eher „zivilen" Charakter haben, als auch schlichte, für den Krieg bestimmte Modelle sein. Auch das Schlachtschwert taucht im Spätmittelalter wieder auf – allerdings sieht es nun anders aus als in den früheren Jahrhunderten. Ab dem 15. Jahrhundert werden die Klingen zunehmend schlanker, dafür werden die Schwerter größer. Die Gesamtlänge liegt jetzt häufig bei 130 bis 145 Zentimetern, die Klingenlänge bei 100 bis 110 Zentimetern. Charakteristisch sind die besonders langen Griffe (teilweise 40 Zentimeter). Schlachtschwerter gehören sehr oft zu den Typen XVa, XVIa, XVII und XVIIIa – im Gegensatz zu den Schlachtschwertern des Hochmittelalters mit ihren breiten Hiebklingen finden wir also ausgesprochene Stoßklingen. Das lässt darauf schließen, dass man zunehmend häufiger mit vollständiger Plattenpanzerung konfrontiert wurde.

Typ XVa: Dieses schlanke Bastardschwert ist der vielleicht markanteste Langschwert-Typ der Gruppe 2. Die Klinge verjüngt sich stark – die Schneiden verlaufen fast gerade – und besitzt einen diamantförmigen Querschnitt ohne Hohlkehle: Es handelt sich also um eine hauptsächlich für den Stoß ausgelegte Klinge. Durch den anderthalb- beziehungsweise zweihändigen Griff konnte die zweite Hand mit Kraft schieben, man konnte richtiggehend bohren. Deshalb wird dieser Schwert-Typ manchmal auch Bohrschwert genannt. Die Klingenlänge liegt durchschnittlich bei 80 bis 90 Zentimetern, die Grifflänge bei 18 bis 23 Zentimetern. Typ XVa war hauptsächlich vom 13. bis ins 15. Jahrhundert verbreitet, kommt aber auch Anfang des 16. Jahrhunderts noch relativ häufig vor.

Typ XVI: Dieses Schwert ähnelt Typ XIV sehr, da die Klinge recht breit und flach ist und die Hohlkehle meistens auch nur über die Hälfte, maximal über zwei Drittel der Klinge reicht. Allerdings finden wir im unteren Bereich eine charakteristische Gratklinge, die zu einer scharfen Spitze ausläuft. Die Klingenlänge liegt bei 70 bis 80 Zentimetern, die Grifflänge bei zehn Zentimetern. XVIer-Schwerter kamen zu Anfang des 14. Jahrhunderts auf, als die Kettenhemden zunehmend mit Panzerplatten verstärkt wurden. Sie sind einerseits breit genug für einen kräftigen Hieb, andererseits spitz genug für einen Stoß in die Lücken der Panzerung.

Typ XVIa: Dieses Bastardschwert besitzt eine Klinge, die sowohl für den Hieb als auch für den Stoß ausgelegt ist. Die Hohlkehle reicht gewöhnlich über ein Drittel bis zur Hälfte der Klinge: Dieser Teil der Klinge besitzt den Querschnitt eines Hiebschwerts. Der andere Teil ist eine flache Gratklinge. Im Gegensatz zum einhändigen Typ XVI kommen häufig auch sechskantige Klingen vor. Im unteren Bereich verjüngt sich die Klinge wesentlich stärker als im oberen Bereich. Die Klinge ist durchschnittlich 80 bis 85 Zentimeter, der Griff 15 bis 23 Zentimeter lang. XVIa-Schwerter kommen meist im 14. Jahrhundert vor.

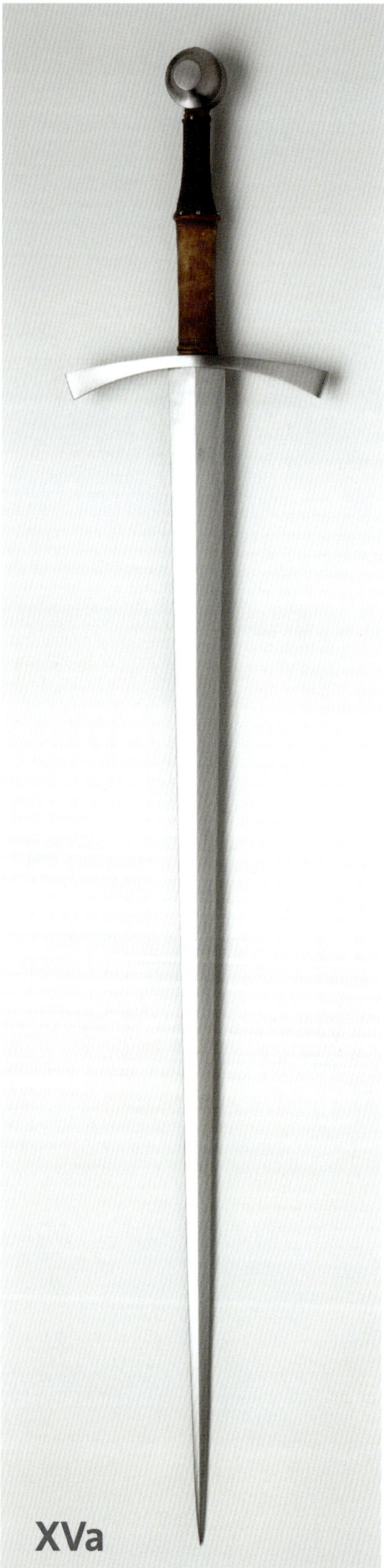
XVa

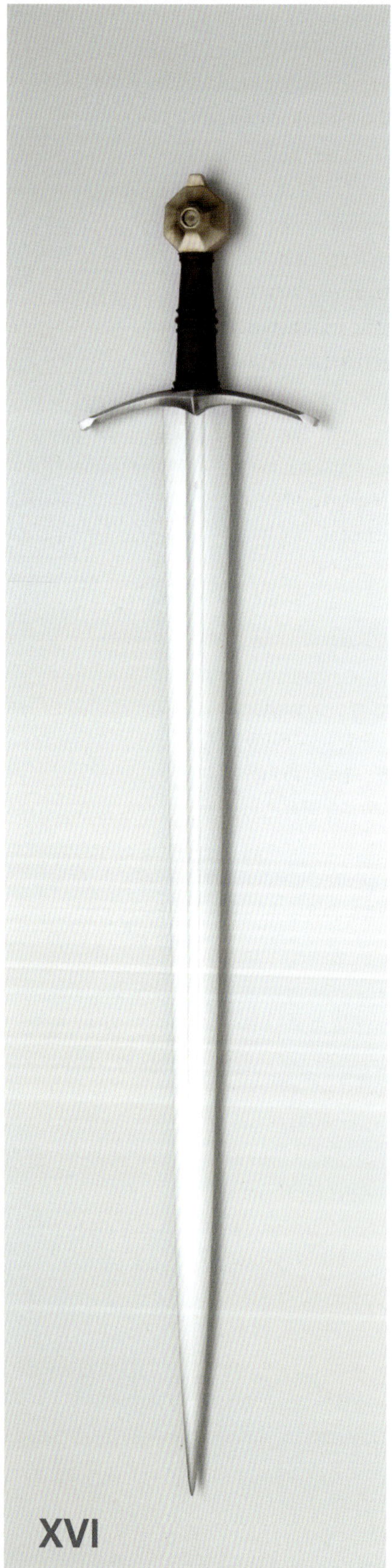
XVI

XVII

Typ XVII: Hier handelt es sich um Bastard- oder Zweihandschwerter mit schlanker, sich stark verjüngender Klinge. Der Klingenquerschnitt ist sehr stark und fast immer sechskantig, oft findet sich auch eine flache Hohlkehle im oberen Teil der Klinge. Die Klingenlänge liegt bei 80 bis 95 Zentimetern, aber es kommen auch längere Exemplare vor. Durch die massive Klinge sind XVIIer-Schwerter sehr schwer, einige große Exemplare wiegen um 2,5 Kilogramm. Durch das Gewicht in Kombination mit der steifen und massiven Klinge ist das Schwert für einen wuchtigen Stoß in die gegnerische Rüstung gedacht. Insofern sind die meisten XVIIer-Schwerter reine Schlachtschwerter. Typ XVII kommt von der Mitte des 14. bis in die Mitte des 15. Jahrhunderts vor.

Das links abgebildete XVIIer-Schwert gehört zur sogenannten Sempach-Familie. Der Sempach-Typ zeichnet sich durch facettierte, dreieckige Knäufe aus. Er ist nach Funden in den Gräbern österreichischer Ritter benannt, die 1386 in der Schlacht bei Sempach fielen.

Typ XVIII: Die Klingen dieser Waffen sind gleichermaßen für den Hieb als auch für den Stoß geeignet. Sie sind breit (vier bis fünf Zentimeter an der Basis) und flach und verjüngen sich elegant, um dann in einer scharfen Spitze auszulaufen. Die Klingenlängen variieren von 70 bis 80 Zentimetern, der Griff ist etwa zehn Zentimeter lang. Typ XVIII kommt hauptsächlich von der Mitte des 14. bis zum Anfang des 15. Jahrhunderts vor.

Typ XVIIIa: Die Klingen des Typs XVIIIa sind sowohl für den Hieb als auch für den Stoß sehr gut geeignet und waren sehr beliebt und weit verbreitet. XVIIIa ist gewöhnlich ein Bastardschwert mit einer Klinge von durchschnittlich 80 bis 85 Zentimetern und einem Griff von über 13 Zentimetern Länge. Der Querschnitt ist flach diamantförmig, viele Exemplare haben eine kurze Hohlkehle im oberen Drittel. Typ XVIIIa kommt hauptsächlich von der Mitte des 14. bis zur Hälfte des 15. Jahrhunderts vor.

Neben XVIIIa kann man auch noch die Unterkategorien XVIIIb und XVIIIc unterscheiden. In den Büchern aus den 1960er Jahren hatte Oakeshott als weitere Typen auch noch XVIIId und XVIIIe aufgeführt, aber in seiner überarbeiteten Typologie kamen sie nicht mehr vor.

Typ XVIIIb: Die Grifflänge liegt etwa bei 25 bis 28 Zentimetern, die Klingenlänge zwischen 90 und 105 Zentimetern.

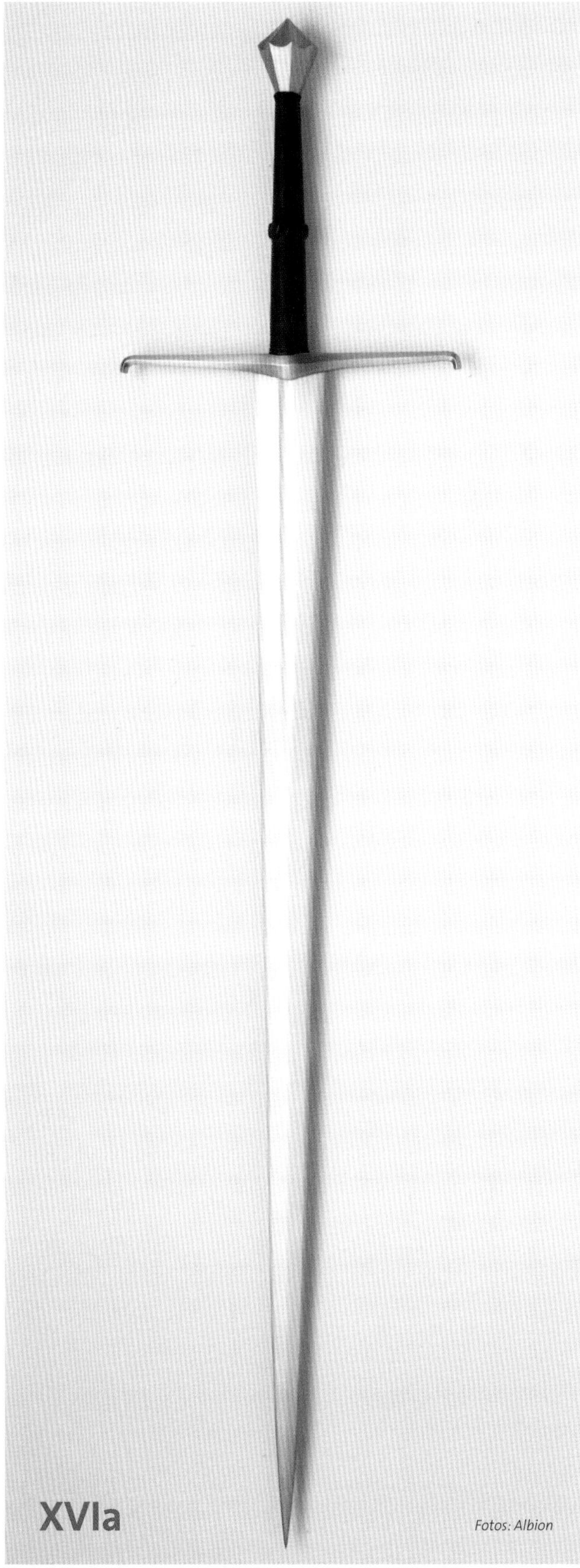

Fotos: Albion

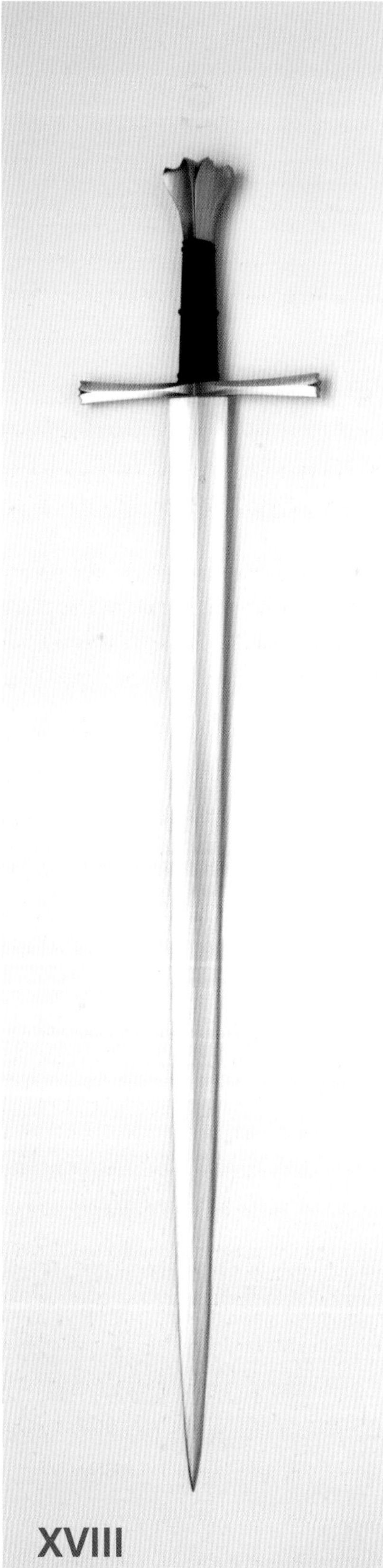

XVIII

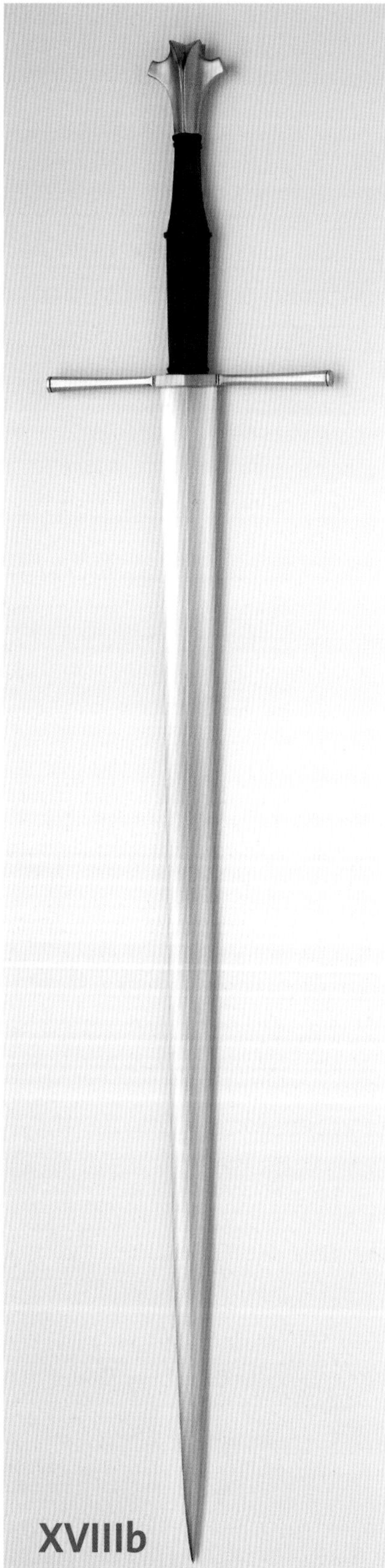

XVIIIb

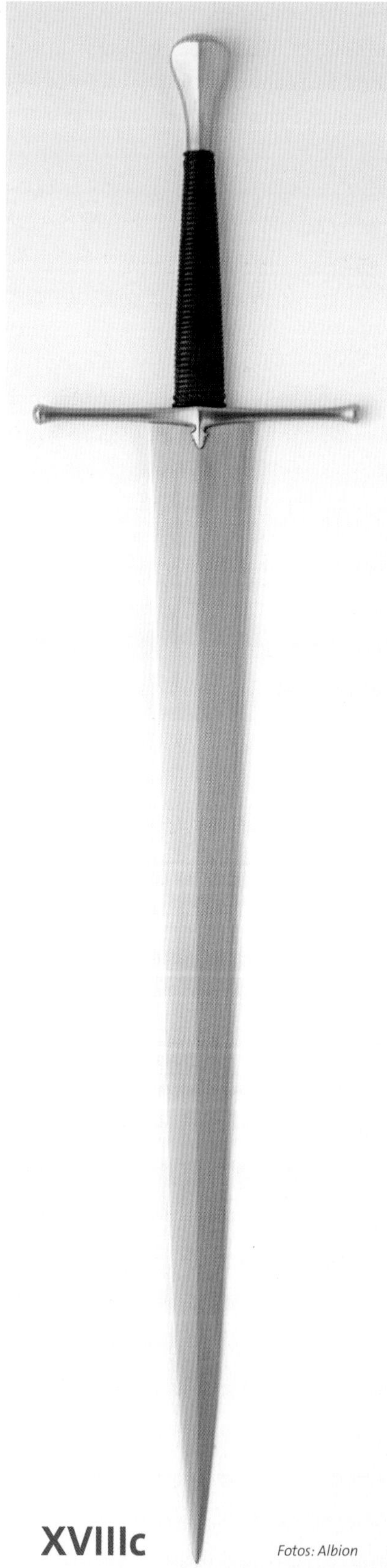

XVIIIc

Fotos: Albion

Die Klinge ist sehr schlank und weist generell keine Hohlkehle auf. XVIIIb-Schwerter kommen in der Übergangszeit vom 15. zum 16. Jahrhundert vor.

Typ XVIIIc: Er besitzt eine durchschnittlich 86 Zentimeter lange Klinge, der Griff ist 15 bis 20 Zentimeter lang.

Typ XIX: Die Klingen der XIXer-Schwerter sind sich alle so ähnlich, dass der Großteil von ihnen vermutlich aus derselben Schmiede stammt. Die Klinge ist etwa 80 bis 85 Zentimeter lang, die Schneiden laufen fast parallel, um dann plötzlich in eine scharfe Spitze auszulaufen. Der Klingenquerschnitt ist sechskantig, und über die Hälfte der Klinge läuft eine schmale, tiefe Hohlkehle. Alle Klingen besitzen einen stark ausgeprägten, fünf bis sieben Zentimeter langen Ricasso mit zwei eingravierten Rinnen, die die Hohlkehle flankieren. Die meisten dieser Klingen scheinen arabischer Herkunft zu sein und lassen sich in einen Zeitraum von etwa 1350 bis 1450 datieren.

Viele XIXer-Schwerter sind mit Fingerringen an der Parierstange ausgestattet, die den Übergang zur Fechtweise der Renaissance kennzeichnen. XIXer-Langschwerter gehören zu den seltensten Typen überhaupt. Lange Zeit ist sogar Oakeshott selbst davon ausgegangen, dass nur einhändige Schwerter dieses Typs existieren.

Typ XX: Es handelt sich hier um ein großes Bastardschwert, es kommen aber auch richtige Zweihänder vor. Die Grifflänge liegt gewöhnlich zwischen 20 und 25 Zentimetern, die Klinge zwischen 90 und 100 Zentimetern. Die Klinge ist breit, verläuft relativ gerade und endet in einer scharfen Spitze. Sie besitzt meistens zwei kurze, parallele Hohlkehlen oder drei gestaffelte Hohlkehlen, bei denen die dritte unter den beiden anderen liegt oder von diesen flankiert wird. XXer-Schwerter kommen hauptsächlich im 14. und 15. Jahrhundert vor.

Typ XXa: Die Schwerter haben eine sehr breite Klinge, die sich stark zu einer scharfen Spitze verjüngt. Die Klinge besitzt meist drei Hohlkehlen, bei denen die dritte, längere unter zwei kurzen liegt oder von diesen flankiert wird. Typ XXa kommt meist im 14. und 15. Jahrhundert vor.

Spätmittelalterliche Langschwerter besitzen oft elegante, kunstvoll verzierte Gefäße.
Schmied: Peter Johnsson
Foto: Herbert Schmidt

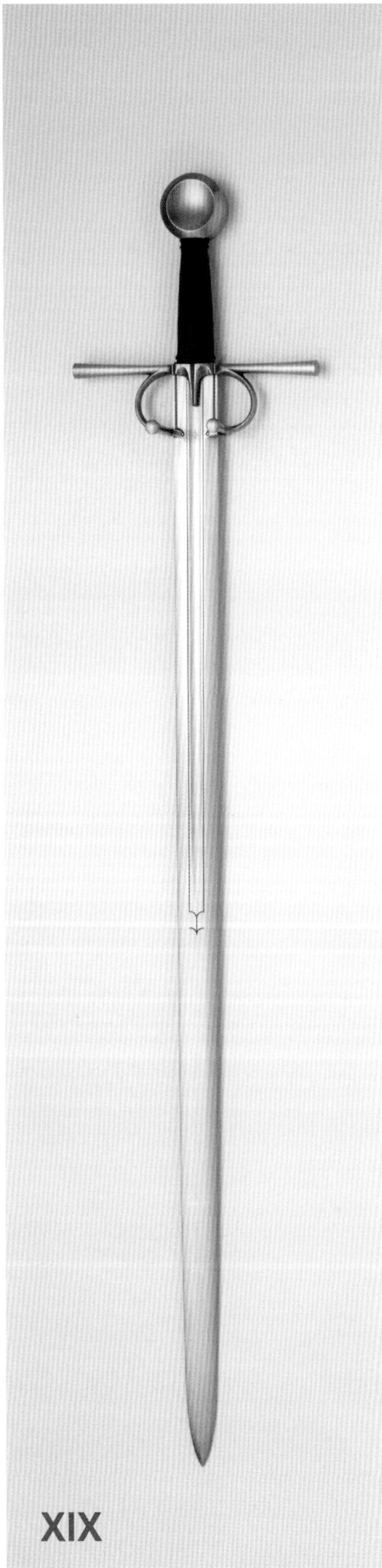

XIX

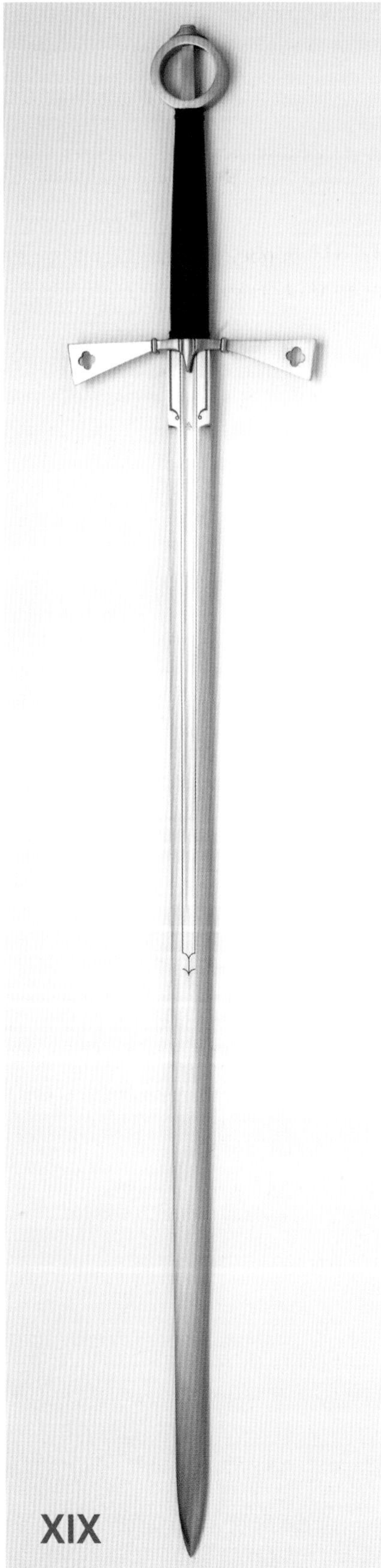

XIX

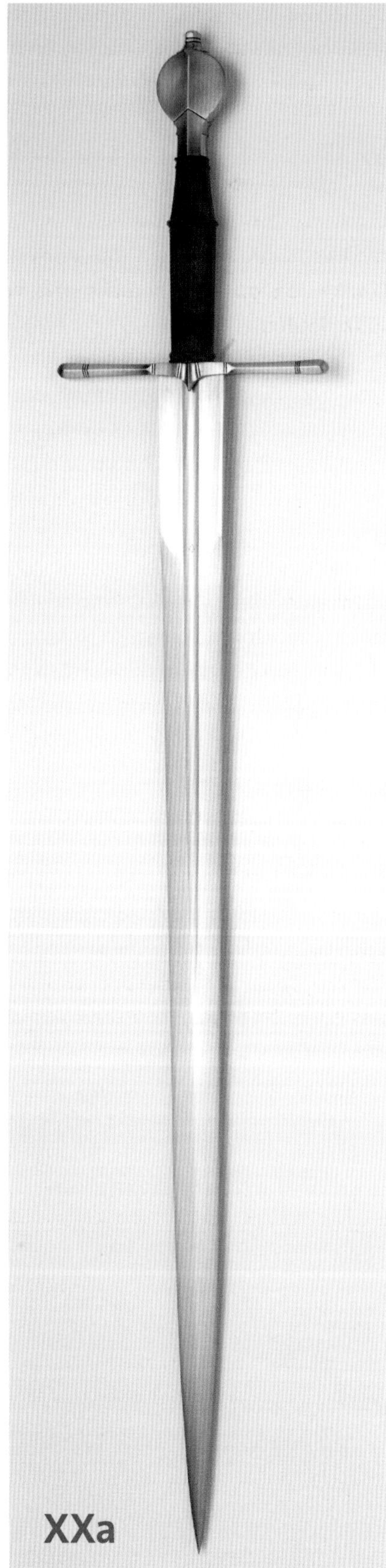

XXa

Bei den langen Versionen von Typ XXa haben wir dieselbe Anordnung der Hohlkehlen wie bei Typ XX. Allerdings laufen die Klingen bei XXa wesentlich spitzer zu.

Typ XXI: Typ XXI kommt hauptsächlich gegen Ende des 15. Jahrhunderts vor. Charakteristisch ist eine durchschnittlich etwa 75 Zentimeter lange, sehr breite Klinge, die sich stark verjüngt. Meistens finden wir doppelte Hohlkehlen, die sich ebenfalls stark verjüngen und bis zur Spitze laufen.

Typ XXII: Diese Schwerter unterscheiden sich nicht sehr von Typ XXI – auch hier ist die Klinge breit und flach, allerdings verjüngt sich die Klinge nicht so stark und abrupt, sondern eher gemäßigt, um dann in einer sanften Kurve in die Spitze auszulaufen. Die Hohlkehlen sind kurz und schmal und liegen paarweise an der Basis der Klinge. Schwerter vom Typ XXII kommen hauptsächlich im 14. und 15. Jahrhundert vor.

Langschwerter von diesem Typ sind äußerst selten, es handelt sich meistens um symbolische Paradeschwerter zum Beginn der Renaissance. Die Klinge ist breit und flach, verjüngt sich nur mäßig und läuft dann in einer sanften Kurve in die Spitze aus. Die Hohlkehlen sind kurz und schmal und liegen paarweise an der Basis der Klinge.

Die beiden letzten Typen der Oakeshott-Systematik – Typ XXI und XXII – spielen eine Sonderrolle. Es handelt sich eigentlich nicht mehr um rein mittelalterliche Schwerter, sondern um seltene Übergangstypen zur Renaissance. Im Prinzip entsprechen sie dem italienischen Schwerttyp Cinqueda. Der Name kommt daher, dass die Klinge an der Basis etwa fünf Finger (cinque dita) breit war. Die Cinqueda ist eine Modewaffe aus der zweiten Hälfte des 15. Jahrhunderts. Im Gegensatz zu den Übergangstypen XXI und XXII findet man bei der echten Renaissance-Cinqueda meistens nicht die üblichen Hohlkehlen vor, sondern eine Vielzahl von sehr kurzen und flachen Hohlkehlen, die pyramidenförmig angeordnet sind.

Wie man sich denken kann, sind mittelalterliche Schmiede keinen festgelegten Normen gefolgt. Obwohl man die Grundtypen und einige genauer definierte Familien unterscheiden kann, sind Schwerter letztlich immer Eizelstücke. Deshlab findet man auch immer Exemplare, die sich nicht exakt in einen Typ einordnen lassen und Elemente verschiedener Typen vereinen.

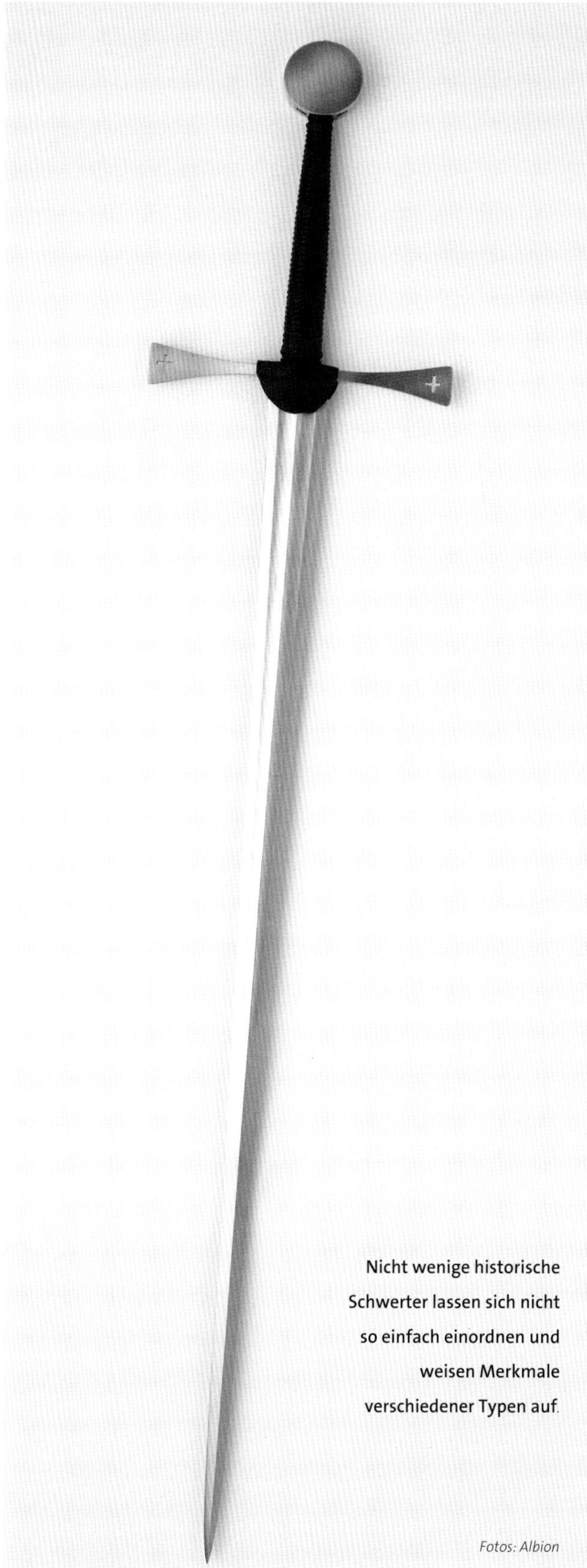

Nicht wenige historische Schwerter lassen sich nicht so einfach einordnen und weisen Merkmale verschiedener Typen auf.

Fotos: Albion

Das Schwert als kulturelles Symbol

Das Schwert ist viel mehr als nur eine Waffe, es ist ein Symbol. Zum Beispiel für Weltanschauung. Es ist kein Zufall, dass das ritterliche Schwert über vier Jahrhunderte hinweg fast immer die Form des christlichen Kreuzes besitzt – tatsächlich wurde die Parierstange im Mittelalter auch als „Creutz" bezeichnet. Eine weitere weltanschauliche Symbolik wird in einem Gedicht aus dem 13. Jahrhundert erklärt: Nicht nur das Profil, sondern auch die beiden Schneiden haben eine besondere Bedeutung. Eine Schneide soll die Schwachen vor den Starken, die andere die Armen vor den Reichen schützen.

Dann ist das Schwert auch ein Statussymbol. Schon im frühen Mittelalter unterschied man einen Anführer von einem einfachen Krieger durch den Besitz eines Schwerts. Im Hoch- und Spätmittelalter wird das Schwert zum Symbol des Rittertums schlechthin. Wenn ein Knappe nach seiner Ausbildung zum Ritter wurde, erhielt er mit dem Schwert den Ritterschlag – für den Hochadel gab es noch die Zeremonie der Schwertleite – und bekam feierlich sein Schwert umgegürtet.

Der Besitz eines Schwerts kennzeichnete also den freien Mann adliger Herkunft, das am Gürtel getragene Schwert einen Ritter selbst. Dementsprechend war es den „Gemeinen", den Leibeigenen, meistens verboten, Schwerter zu besitzen und erst recht zu tragen. Diese Situation änderte sich im Spätmittelalter, als die Bürger der freien Städte Privilegien erhielten. Nun war das Schwert auch das Kennzeichen des freien Bürgers. Diese Situation führte auch zu einem Aufblühen der Schwertkampfkunst.

Das Schwert war also von Anfang an ein Statussymbol für Höhergestellte. Das zeigt sich auch im Schwert selbst. In vielen historischen Dokumenten ist belegt, dass selbst ein nur durchschnittliches Schwert ungefähr den Gegenwert von vier Kühen hatte – in einer agrarischen Gesellschaft also ein echtes Vermögen. Wirklich hervorragende Schwerter konnten locker das Vielfache kosten. Verglichen mit den anderen Waffen – beispielsweise Axt, Streithammer oder Helmbarte – war das Schwert also eine ungeheuer kostspielige Angelegenheit.

Neben der ganzen Schmiedekunst und dem Aufwand, der nötig war, um ein gutes Schwert herzustellen, waren die Schwerter oft auch noch kostbar verziert. So hören wir in der „Vita Karoli Magni", dass Karl der Große „beständig das Schwert an der Seite [trug], dessen Griff und Gehenk von Gold oder Silber war. Bisweilen trug er auch ein mit Edelsteinen verziertes Schwert, dies jedoch nur bei besonders festlichen Gelegenheiten oder wenn die Gesandtschaften fremder Völker vor ihm erschienen".

Je höher der Rang, desto prächtiger also das Schwert. Dennoch sind mittelalterliche Schwerter nicht mit den Waffen der Renaissance zu vergleichen, die mit Verzierungen absolut überladen sind. Es fällt auf, dass auch königliche Schwerter – trotz vergoldeter Griffe und Gravuren – oft relativ schlicht sind und praxistaugliche, gut ausbalancierte Waffen allerhöchster Qualität darstellen.

Nicht nur Könige, sondern auch Ritter besaßen – je nach ihrem Vermögen – oft mehr als ein Schwert. Wie man am Beispiel Karls des Großen sieht, war es üblich, besondere Schwerter für repräsentative Zwecke und solche für den „Alltag" zu unterscheiden. Im Spätmittelalter besaßen die Kämpfer oft auch ein einhändiges Schwert und ein zweihändiges Langschwert beziehungsweise Schlachtschwert.

Neben der Funktion als Statussymbol war das Schwert auch ein Zeichen der Amtsgewalt. Das fing schon „ganz oben" an. Bekannt ist die Darstellung aus dem Sachsenspiegel, in der Jesus dem König das Schwert der weltlichen Gewalt und dem Papst das Schwert der geistlichen Gewalt aushändigt. Genau wie beim Ritterschlag spielt auch bei der Krönung eines Kaisers oder Königs das Schwert immer eine Rolle, und seit Beginn der Feudalherrschaft gehören Schwerter neben Krone und Zepter zu den Reichsinsignien.

Im 14. Jahrhundert wurde es auch üblich, bürgerliche Amtsgewalt durch ein Schwert zu repräsentieren. Bürgermeistern und Richtern beispielsweise wurden spezielle Zeremonienschwerter verliehen, die als Zeichen ihrer Macht vor ihnen her getragen wurden. Bei diesen Schwertern handelt es sich normalerweise um mehr oder weniger prunkvolle Bastardschwerter oder Zweihänder.

Der frischgebackene Ritter wird mit Schwert und Sporen umgürtet (Zeichnung nach einer Miniatur aus der Biographie König Offas, um 1300).

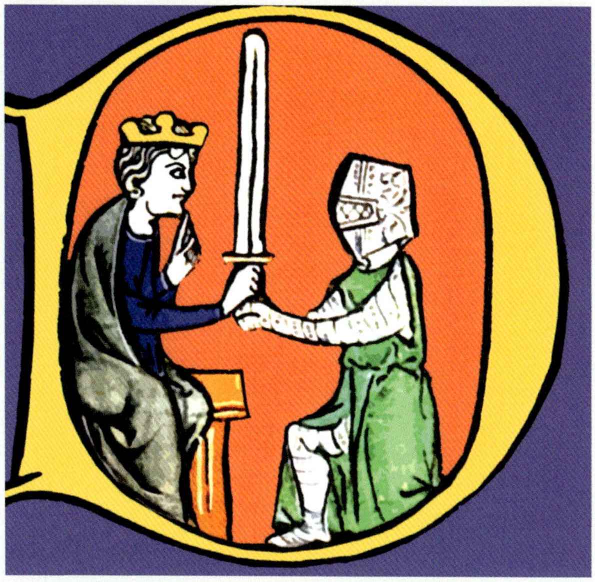

Die Schwerter im Zeitraum 1050 bis 1350 sind durch breite Hiebklingen gekennzeichnet (Skizze nach einer englischen Buchmalerei, um 1300).

Das Schwert ist ein Symbol für die königliche Gewalt (König Waldemar Atterdag, Zeichnung nach den Wandmalereien in der Kirche von Naestved, Dänemark, 14. Jhdt.).

Nur ein Ritter durfte das Schwert am Gürtel tragen (Grafik nach der manessischen Liederhandschrift).

Das Schwert in der Hand des Richters als Symbol seiner Amtsgewalt (nach einem Holzschnitt um 1500).

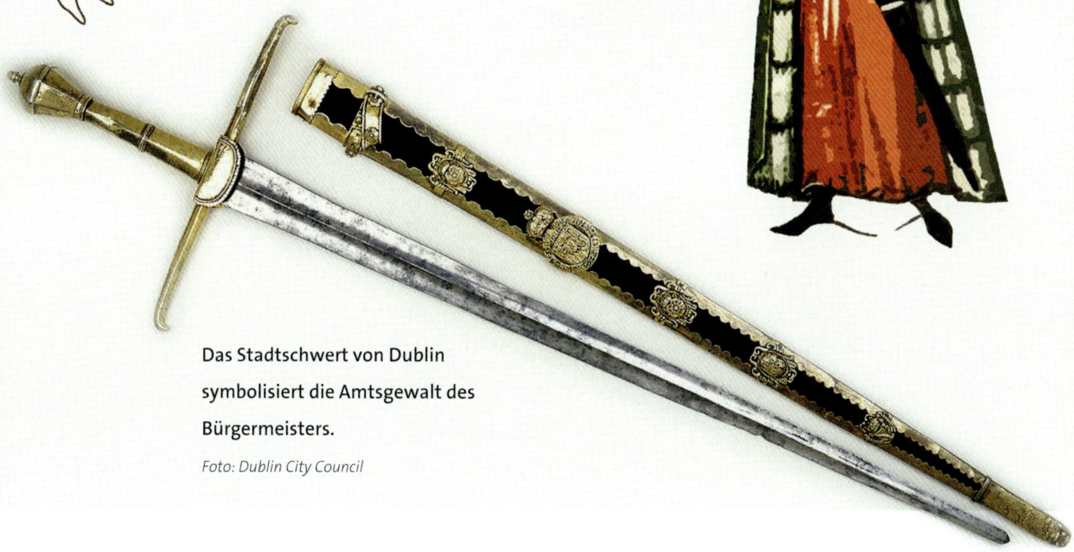

Das Stadtschwert von Dublin symbolisiert die Amtsgewalt des Bürgermeisters.

Foto: Dublin City Council

Germanische Spatha mit Klinge aus Damaszenerstahl von Schwertschmied Jamie Lundell.

Foto: Sharp by Coop

Weitere Schwerttypen

Neben Katana und Ritterschwertern gibt es noch jede Menge andere Schwerttypen. Die wichtigsten davon sollen hier kurz erklärt werden. Eine umfangreiche Beschäftigung damit würde den Rahmen dieses Buchs sprengen. Da hier nun sehr viele Typen verschiedener Epochen kurz und knapp abgehandelt werden, erfolgt die Sortierung weitestgehend chronologisch.

Der römische Gladius

Das Erfolgsgeheimnis der römischen Legionen bestand unter anderem in koordinierten Aktionen aus der dicht geschlossenen Kampfformation heraus. Der Legionär fing mit dem Schild den Schwerthieb des Gegners ab. In dem Moment, in dem sein Gegner neu ausholte, zog er den Schild kurz zu Seite, um blitzartig mit dem Schwert zuzustechen. Das römische Kurzschwert Gladius ist komplett auf diese Kampftechnik abgestimmt. Es besitzt eine kurze, breite Klinge, deren Schneiden fast parallel verlaufen, mit ausgeprägter Spitze für den Stoß. Die Gesamtlänge des Gladius beträgt rund 65 Zentimeter.

Die germanische Spatha

Die Spatha ist das „lange" Schwert der germanischen Stämme – „lang" als Unterscheidung zum Kurzschwert Gladius. Die Spatha war bei den Germanen vom dritten bis ins achte Jahrhundert in Gebrauch, wo sie dann langsam in das Wikingerschwert überging.

Die Spatha misst durchschnittlich knapp 90 Zentimeter, wobei die Klinge etwa 75 Zentimeter lang und fünf bis sechs Zentimeter breit ist. Charakteristisch für die Klinge ist eine breite und flache Hohlkehle. Der Griff ist kurz, Knauf und Parierstange bilden meistens horizontale Balken und sind oft kostbar verziert. Die Klingen waren normalerweise sehr gut verarbeitet, oft handelte es sich um Schweißdamast.

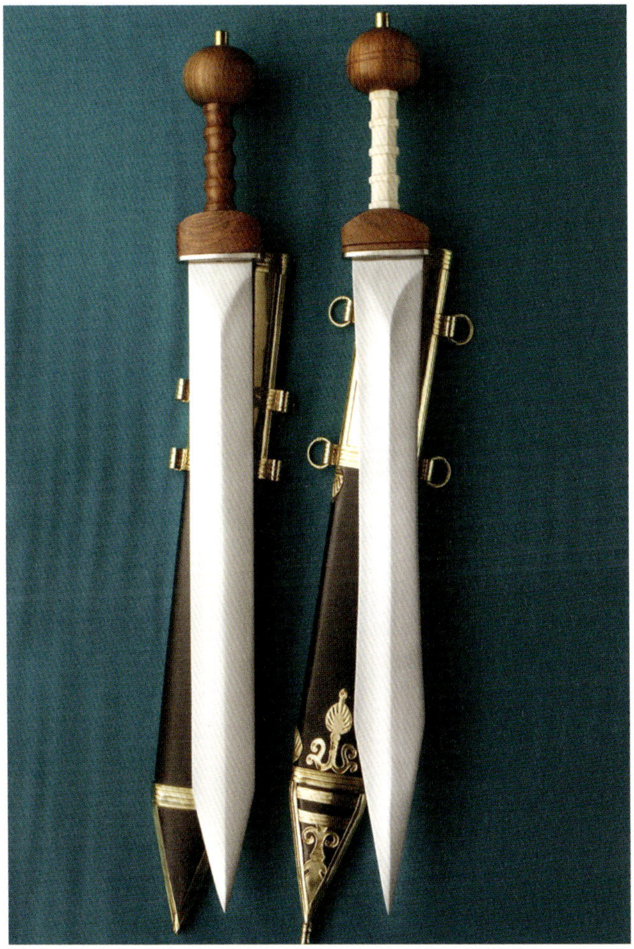

Gladius: das Kurzschwert der römischen Legionen.

Foto: Windlass

Der Säbel

Der Säbel ist ein einschneidiges Schwert mit gekrümmter Klinge, das vor allem bei Reitervölkern und im Orient verbreitet war. Ab Ende des 17. Jahrhunderts wurde er

Die Spatha, das „lange" Schwert der germanischen Stämme.

Foto: Cas Hanwei

Diese fälschlicherweise Attila zugeschriebene Waffe ist ein schönes Beispiel für die ungarischen Säbel im 9. und 10. Jahrhundert.

Foto: Cas Hanwei

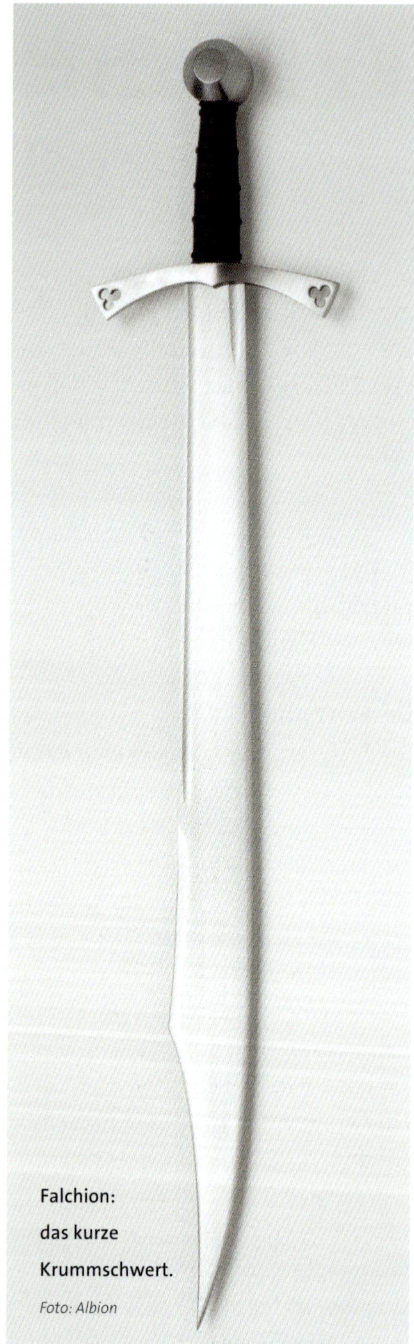

Falchion: das kurze Krummschwert.

Foto: Albion

Die Form gekrümmter Klingen wird mit zwei Maßen angegeben: Die Länge wird in gerader Linie vom Ort bis zum Klingenansatz gemessen (rot), die Pfeilhöhe zeigt den Grad der Krümmung an (grün).

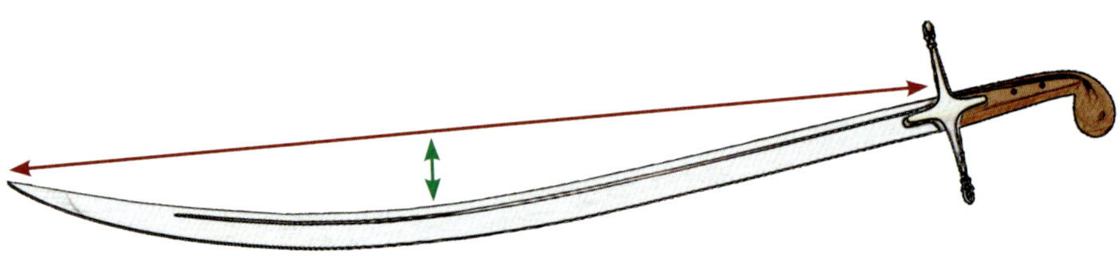

auch in Europa zunehmend häufiger, da die Verbreitung der Feuerwaffen dafür sorgte, dass die schweren Rüstungen verschwanden. Gegen leichte Panzerung war der Säbel eine effektive Nahkampfwaffe. Bis zum Ersten Weltkrieg bildeten die verschiedenen Säbeltypen eine der Hauptwaffen der Kavallerie.

Typisch für die meisten Säbeltypen ist eine relativ kurze Papierstange, sowie ein entgegengesetzt zur Klinge gekrümmter Griff (Pistolengriff). Eine weitere Eigenheit, die sich bei Säbeln sehr häufig findet, ist eine vorne verbreiterte Spitze, die meistens auch noch am Rücken geschärft ist – der sogenannte Jelmán. Einen ersten Höhepunkt bei den Säbeln bilden die ungarischen Typen aus dem 9. und 10. Jahrhundert. Sie besitzen eine lange, nur leicht gekrümmte Klinge mit mehr oder weniger ausgeprägtem Jelmán. Der Griff ist pistolenförmig gekrümmt, die Parierstangen sind oft leicht abwärts gebogen und weisen teilweise eine Verdickung am Ende auf.

Polnischer Reitersäbel mit Daumenring.

Foto: Cold Steel

Der Falchion

Der Falchion (im deutschsprachigen Raum als Malchus bekannt) ist ein einschneidiges Krummschwert mit asymmetrischer Klinge, das im Hochmittelalter als Waffe für einfache Krieger in ganz Europa zu finden war. Während des Spätmittelalters und der Renaissance war er als „exotische", reich verzierte Modewaffe für höhere Bürger und Adlige vor allem in den mediterranen Ländern verbreitet. Der Falchion besitzt eine kurze, schwere Hiebklinge. Der Schwerpunkt ist stark zur Spitze verschoben und die Schneide leicht ballig (konvex) oder keilförmig flach geschliffen. Der Griff entspricht dem der zeitgenössischen einhändigen Schwerter.

Das „lange Messer"

Das „lange Messer" ist eine Waffe, die vor allem in den deutschsprachigen Ländern beim einfachen Volk (Bauern, Fuhrleute, Handwerker) verbreitet war. Der Hintergrund war, dass nur Adlige, Ritter und freie, privilegierte Bürger ein richtiges Schwert tragen durften. Allerdings mussten sich auch die Bauern irgendwie gegen Räuber verteidigen können. Deshalb führten sie ein mehr oder weniger langes Messer, das ihnen als Waffe gestattet war.

Beim langen Messer kann es sich um ein großes Kampfmesser oder einen „Kurzsäbel" handeln, die Klinge ist breit und nur wenig gekrümmt. Im Gegensatz zum Schwertgriff des Falchion ist beim langen Messer der Griff

Das „lange Messer“ war die Waffe der Bauern und des einfachen Volks. Der Griff war wie bei einem gewöhnlichen Gebrauchsmesser aufgebaut.

Foto: Albion

Kämpfer mit dem Kriegsmesser (Zeichnung nach dem Holzschnitt „Das 5. Gebot“ von Hans Baldung Grien).

Im Krieg wurden zweihändige Versionen des langen Messers („Kriegsmesser“) benutzt.

Foto: Albion Europe

so konstruiert, wie wir es auch heute noch von Gebrauchsmessern kennen: Auf einen breiten Erl sind Griffschalen aus Holz oder Knochen aufgenietet. Manchmal findet man kurze Parierstangen, teilweise auch kleine muschelförmige Stichblätter oder Parierringe.

Für das Schlachtfeld gab es auch lange Messer in zweihändiger Größe, die als „Kriegsmesser“ oder „Zweihändermesser“ bekannt waren – einfache, unspektakuläre Waffen, die bevorzugt von Landsknechten im 15. und frühen 16. Jahrhunderts benutzt wurden. Typischerweise besaßen Kriegsmesser keine Scheide, sondern wurden mit blanker Klinge in einer Art Koppelschuh getragen.

Claymore, der schottische Zweihänder

Das Claymore ist nicht das schottische Korbschwert (siehe Seite 83/84), sondern der schottische Zweihänder des 15. und 16. Jahrhunderts. Claymore ist eine Verballhornung des gälischen „claidheamh mòr“ (= großes Schwert). Der schottische Zweihänder besitzt einen langen Griff und eine breite Klinge, die rund 110 Zentimeter misst. Charakteristisch ist die Form der Parierstange: gerade und stark abwärts gerichtet, sich zum Ende hin verschmälernd. Sie weist lange, schmale Mitteleisen und häufig durchbrochene, vierblättrige Kleeblätter an den Enden auf. Meistens hat der Knauf die Form einer kleinen Scheibe, es kommen aber auch kugelförmige Varianten vor.

Der Katzbalger

Der Katzbalger war vor allem bei den Landsknechten im 15. und 16. Jahrhundert verbreitet. Die Klinge ist relativ kurz, sehr breit und verjüngt sich zur Spitze kaum. Charakteristisch ist eine stark gebogene, S-förmige Parierstan-

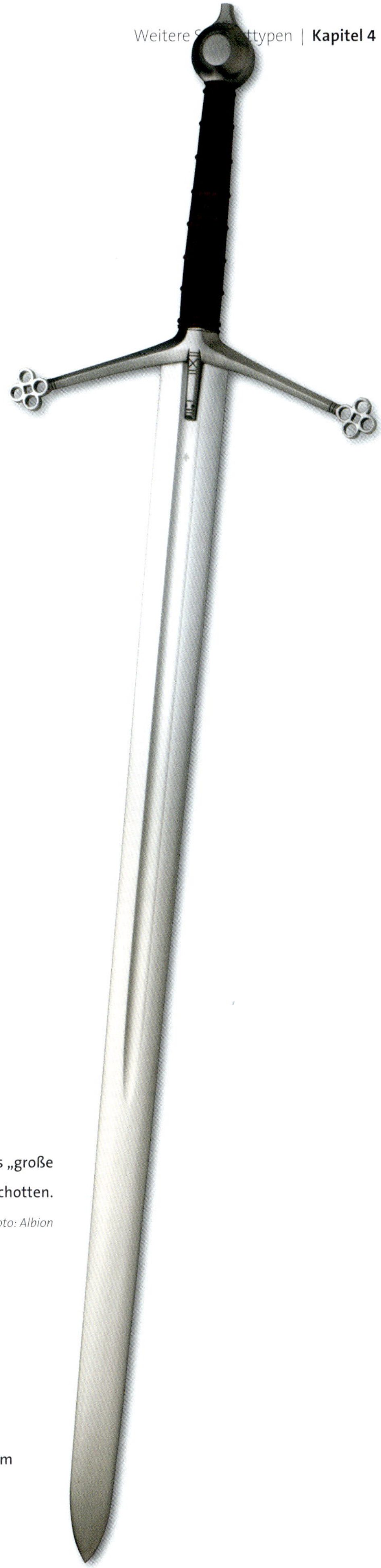

Das Claymore: das „große Schwert“ der Schotten.

Foto: Albion

Zweikampf mit dem „langen Messer“.

Foto: Agilitas.tv

Der Bidenhänder der Renaissance besitzt einen sehr langen Griff und sehr lange Parierstangen mit Ringen. Die Fehlschärfe ist oft mit Leder umwickelt und durch zusätzliche Parierhaken geschützt.

Foto: Museum Replicas

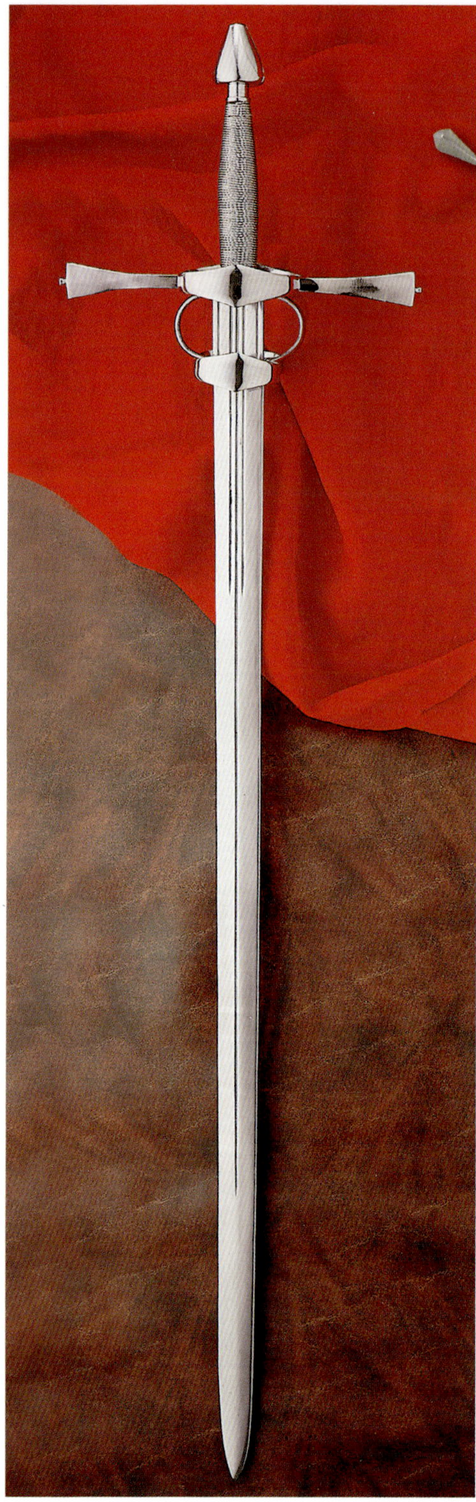

Ein Kreuzgefäß mit Parierbügeln: Der Übergang vom mittelalterlichen Schwert zum Degen. Diese Waffe entstand vermutlich um das Jahr 1500 in Deutschland.

Foto: Museum Replicas

Reitschwert: Zwischenform zwischen mittelalterlichem Schwert und Degen.

Foto: Cas Hanwei

ge, die sich später zu einer richtigen Acht entwickelte. Ein weit verbreiteter Irrtum ist, der Name komme daher, dass der Katzbalger in einer Hülle aus Katzenfell getragen wurde, die keine Spitze gehabt habe, damit man auch ohne blank zu ziehen zustechen konnte. Diese Erklärung ist originell, aber unwahrscheinlich. Bildquellen belegen nämlich, dass der Katzbalger sehr wohl in einer Scheide getragen wurde. Der Name geht wohl auf einen altertümlichen Ausdruck für Scharmützel zurück: sich „katzbalgen", also sich „wie die Katzen balgen".

Der Renaissance-Bidenhänder

Der Bidenhänder, das Zweihandschwert der Renaissance, unterscheidet sich in Länge, Gewicht sowie in der Handhabung im Kampf deutlich von den Schlachtschwertern des Mittelalters (obwohl auch hier oft der Ausdruck Schlachtschwert benutzt wird). Der Bidenhänder besitzt eine gewaltige Gesamtlänge von 160 bis 180 Zentimetern. Für diese Schwerter gab es keine Scheide, sie wurden wie ein Spieß auf der Schulter getragen. Das Ricasso (der ungeschliffene Teil der Klinge am Ansatz) ist sehr lang und meist mit Leder besetzt. So kann eine Hand an die Klinge greifen, was die Handhabung erleichtert. Sehr häufig weisen die Klingen noch zusätzliche Parierhaken auf.

In der Schlacht benutzten die Fußkämpfer den Bidenhänder, um eine Bresche in die Reihe der gegnerischen Spieße zu schlagen. Weil das oft ein Selbstmordkommando war und längst nicht alle Männer einen Bidenhänder richtig einsetzen konnten, bekamen diese doppelten Sold, weshalb sie auch Doppelsöldner genannt wurden.

Manche Bidenhänder besaßen eine wellenförmige Klinge – sie waren „geflammt", wie der Fachmann sagt. Diese spezielle Klingenform des sogenannten Flambergs hat keinen praktischen Vorteil im Kampf. Allerdings sieht der Flamberg besonders bedrohlich aus. Es handelte sich also gewissermaßen um eine frühe Form von psychologischer Kriegsführung.

Der Schweizersäbel

Der Schweizersäbel aus dem 16. Jahrhundert ist ein charakteristisches Schwert, an dem man sehr gut den Übergang zwischen mittelalterlichem Schwert und Degen sehen kann. Von Proportionen und Größe her handelt es sich um einen anderthalbhändigen Säbel, mit dem der zweihändige Einsatz möglich ist – gewissermaßen ein Bastard-Säbel. Der Griff ist aber mit geschwungenen Parierstangen und einem komplexen Bügelgefäß ausgestattet, wie man ihn von Degen und Rapier kennt.

Die Entwicklung der Parierbügel

Der Übergang vom mittelalterlichen Schwert zum Degen erfolgte nicht plötzlich und schnell, sondern langsam und schleichend – mit vielen Zwischenformen.

Im späten Mittelalter tauchen zusätzlich zur normalen Parierstange die ersten Parierbügel und -ringe auf, die die Schwerthand bei der sich verändernden Fechtkunst besser schützen sollten (siehe Typ XiX). Die einfache Kreuzstange wird immer seltener. Charakteristisch für solche Übergangsformen sind die sogenannten Reitschwerter, die insbesondere in Sachsen sehr beliebt waren.

Im 14. Jahrhundert tauchen an den Parierstangen zusätzliche Ringe und Bügel auf.

Foto: Albion

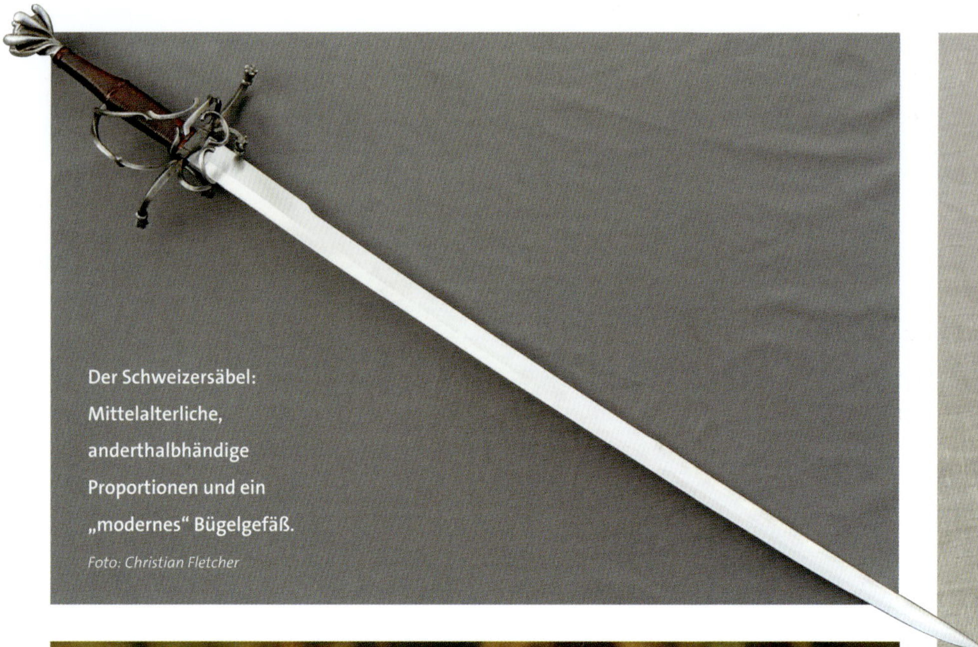

Der Schweizersäbel: Mittelalterliche, anderthalbhändige Proportionen und ein „modernes“ Bügelgefäß.

Foto: Christian Fletcher

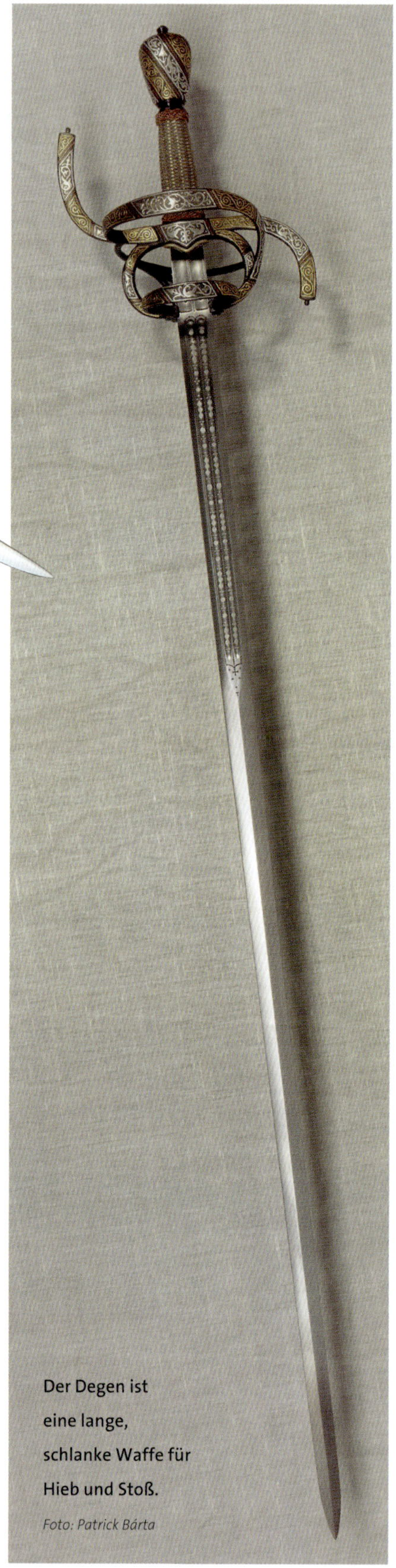

Der Degen ist eine lange, schlanke Waffe für Hieb und Stoß.

Foto: Patrick Bárta

Delia Gyger demonstriert die klassische Handhaltung beim Degen: Der Zeigefinger wird – von den Parierringen geschützt – am ungeschärften Ricasso über die Parierstange gelegt, um bessere Kontrolle über die Waffe zu erhalten.

Foto: rainer-peeck.de / delia-gyger.com

Degen und Rapier

Der Degen ist historisch gesehen die Weiterentwicklung des Schwerts. Als im 16. Jahrhundert immer mehr Feuerwaffen in Gebrauch kamen, die Plattenpanzerung durchschlagen konnten, wurden schwere Rüstungen zunehmend nutzlos. Die Rüstungen wurden leichter, beweglicher – und mit ihnen auch das Schwert. Das ritterliche Schwert wurde zum Degen.

Parallel zum Degen gibt es noch das Rapier – die Differenzierung ist schwer, die Unterschiede sind eigentlich minimal. Zudem wurden die Begriffe Degen und Rapier über die Jahrhunderte hinweg sehr verschieden verwendet. Im Spätmittelalter beispielsweise meinte man mit Degen eigentlich einen langen Dolch, bevor sich der Begriff im 16. Jahrhundert in die Bezeichnung für eine einhändige Waffe mit deutlich schlankerer Klinge als ein herkömmliches Schwert umwandelte.

Auch das „Rappier" war im 16. Jahrhundert ursprünglich eine Bezeichnung für eine Waffe, die man heute eher als Degen ansehen würde – sowohl für den Hieb, als auch für den Stoß geeignet. Später dagegen bezeichnete man mit Rapier eine noch schlankere Klinge, die vor allem auf den Stoß ausgerichtet war. Das Rapier wurde zur Waffe für die zivile Selbstverteidigung und das Duell, während der Degen auch auf dem Schlachtfeld genutzt wurde.

Es ist also schwierig, zwischen Degen und Rapier zu unterscheiden. Als vereinfachte Faustregel kann man sagen, dass der Degen die allgemeine Obergruppe für Hieb und Stoß ist, das Rapier eine eher auf den Stoß spezialisierte Untergruppe. Diese Unterscheidung sollte man aber nicht allzu genau nehmen.

Die Griffmontierung bei Degen und Rapier besteht nicht mehr nur aus Knauf und Parierstange, sondern aus einem komplizierten Schutzsystem, das Gefäß genannt wird. Es gibt unzählige Gefäßversionen. Beim Bügelgefäß wird die Schwerthand von einem System verschiedener Bügel und Spangen geschützt, die von der Parierstange abzweigen und bis zum Knauf reichen. Bügelgefäße können sehr schlicht sein und nur aus Fingerringen, Parierstange und Faustbügel bestehen oder ein recht kompliziertes und verzweigtes System bilden. An der Handaußenseite (im Fechtvokabular auch „Terzseite" genannt) befindet sich meistens ein großer Parierbügel, der als „Eselshuf" bekannt war. An der Handinnenseite („Quartseite") verlaufen verschiedene Spangen, die in den Faustbügel münden.

Typische Montierung eines Katzbalgers mit Parierstange in Form einer großen Acht.

Degen und Linkehanddolch: Die Montierung ist als zueinander passende Garnitur gearbeitet.

Foto: Windlass

Das Glockenrapier bietet sehr guten Schutz.

Foto: Cas Hanwei

Bei Pappenheimern ist die Hand von einer Mischung aus Bügeln und Stichblättern geschützt.

Foto: Windlass

Degen des Schwertschmieds Kevin Cashen: Durch die verschiedenen Ansichten ist die Komplexität selbst eines einfachen Bügelgefäßes gut zu erkennen.

Foto: Sharp by Coop

Besonders bei den Berufssoldaten zur Zeit des 30-jährigen Kriegs waren Mischformen aus Bügeln und großen Stichblättern sehr beliebt, weil sie der Hand einen wesentlich besseren Schutz boten als die reinen Bügelgefäße. Diese Gefäße sind als sogenannte Pappenheimer bekannt geworden, obwohl keine historische Verbindung mit dem bekannten Feldherrn besteht.

Eine besondere Gefäßform ist als Glockenrapier oder Schalenrapier bekannt. Hier sitzt vor einer langen Parierstange eine große Stahlglocke, die die Schwerthand schützt. Diese Glocke war oft durchbrochen gearbeitet, damit sich die Degenspitze des Gegners darin verfing. Dem gleichen Zweck diente der umgebordelte Rand der Glocke, der sogenannte Rompepuntas, der sich insbesondere bei spanischen Glockendegen findet.

Eine ganz besondere Form des Glockendegens ist der spanische Bilbo. Es handelt sich hier um eine Waffe aus dem 17. Jahrhundert mit einer breiten Klinge, die vor allem für einfache Soldaten gedacht war. Charakteristisch ist eine Glocke, die bis hinauf zum Knauf gezogen ist. Die Parierstange ragt aus einem Durchbruch in der Glocke heraus. Bilbos waren gewöhnlich sehr schlicht gehalten und vor allem bei Söldnern weit verbreitet.

Gleichzeitig mit der Entwicklung des Degens, aber vor allem des Rapiers wurde es üblich, mit dem Degen oder Rapier in der rechten und mit einem Dolch in der linken Hand zu kämpfen. Der Linkehanddolch wurde entweder als Parierhilfe eingesetzt – also um die gegnerische Klinge abzulenken, zu blocken, sie zu brechen und sie aus der Hand des Gegners zu hebeln – oder um damit die Deckung des Gegners zu durchbrechen und ihn an dessen Klinge „vorbeischlüpfend“ zu töten. Linkehanddolche konnten die verschiedensten Formen haben. Meistens waren sie an der Klinge noch mit Verzahnungen und Durchbrüchen versehen, in denen sich die gegnerische Klinge verfangen sollte.

Der Linkehanddolch mit Springklinge ist keine Hollywood-Erfindung, es hat ihn tatsächlich gegeben. Hier ist die Klinge der Länge nach dreigeteilt, nach Betätigen eines Knopfes springen die beiden Seitenteile durch Federdruck nach außen und bildeten so zwei Klingenfänger – wobei hier wohl der Überraschungseffekt den größten Teil der Wirkung auf den Gegner ausmachte. Degen, Rapier und Linkehanddolch wurden später aneinander angepasst: Die Montierung wurde im selben Stil angefertigt, und beide Waffen bildeten eine Garnitur.

Pappenheimer Rapiere waren zur Zeit des 30-jährigen Krieges weit verbreitet.

Foto: Windlass

Der Degen wurde häufig zusammen mit einem Linkehanddolch verwendet.

Zeichnung nach Alfieris Fechtbuch von 1653

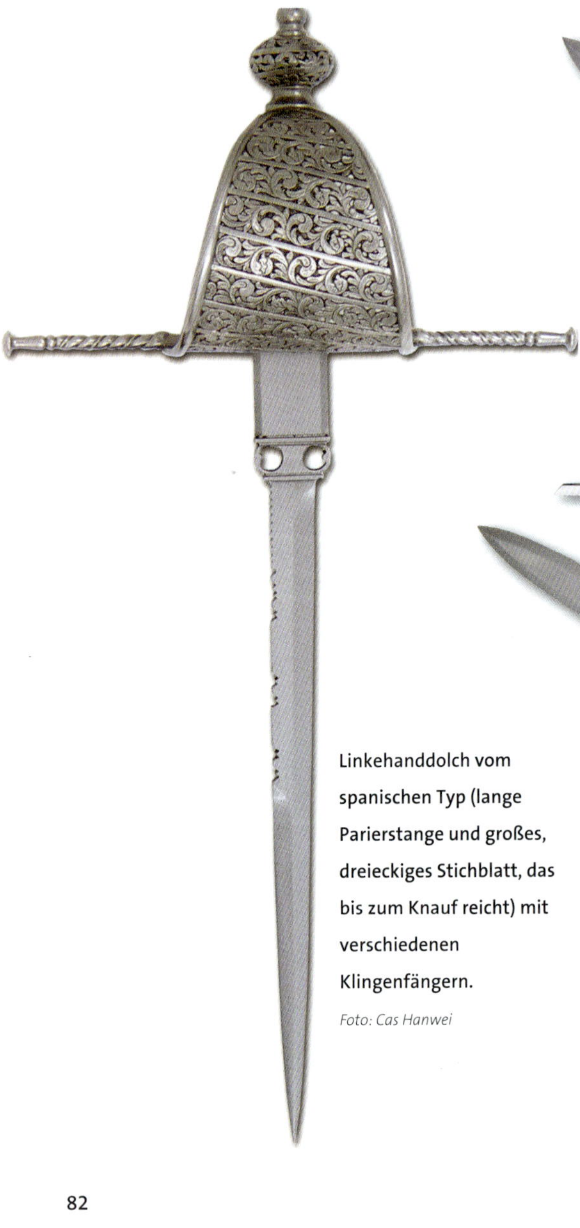

Linkehanddolch vom spanischen Typ (lange Parierstange und großes, dreieckiges Stichblatt, das bis zum Knauf reicht) mit verschiedenen Klingenfängern.

Foto: Cas Hanwei

Keine Hollywood-Erfindung: Linkehanddolch mit Springklinge.

Foto:Cas Hanwei

Der Haudegen

Der Haudegen gehört zu den sogenannten Korbschwertern: Eine breite, wuchtige Klinge, die mit einem Gefäß von dicht sitzenden Spangen montiert ist, das die Schwerthand wie mit einem Korb umhüllt. Korbschwerter waren vor allem im 17. und 18. Jahrhundert beliebt. Es gab in ganz Europa verbreitete Typen wie den Haudegen und besondere Regionaltypen wie das schottische Korbschwert und die Schiavona aus Venedig.

Der Haudegen war stark auf den Hieb ausgelegt, oft finden sich hier auch nur einschneidige Klingen. In England war er ganz besonders beliebt. An vielen Korbgefäßen findet sich eine Verzierung, die an die Enthauptung von König Charles I. erinnert. Aus diesem Grund hat sich später bei Sammlern für die englischen Haudegen die Bezeichnung „mortuary sword" eingebürgert.

Das schottische Korbschwert

Das schottische Korbschwert (oft fälschlicherweise als Claymore bezeichnet) entwickelte sich gegen Ende des 16. oder zu Anfang des 17. Jahrhunderts. Das schottische Korbgefäß unterscheidet sich deutlich von seinen übrigen Verwandten. Es ist runder als bei der Schiavona, und die Spangen sind sehr breit und umschließen die Hand fast vollständig. Der Knauf hat die Form einer abgeflachten Kugel. Charakteristischerweise ist der Korb mit rotem Leder oder Stoff ausgefüttert.

Nach den erfolglosen Unabhängigkeitskriegen im 18. Jahrhundert war den Schotten das Schwert jahrzehntelang verboten. Nur die der englischen Krone treuen schottischen Garden durften es weiterhin benutzen. Daraus wurde im Lauf der Zeit ein schlanker Offiziersdegen, der nur noch den charakteristischen Korbgriff aufwies.

Der Shamshir / Scimitar

Zwei orientalische Säbeltypen verbreiteten sich in Europa besonders stark: der türkische Kilij (= Killidsch) und der persische Shamshir. Die Griffe beider Typen sind pistolenförmig gekrümmt, die Parierstangen gerade und kreuzförmig, mit verbreiterten oder kugelförmigen Enden. Die Parierstange läuft gewöhnlich in zwei Zungen entlang der Klingenbasis aus – diese Zungen passen in eine Vertiefung am Scheidenmund und halten den Säbel so in der Scheide fest. Ein Knauf existiert nicht, statt dessen ist der Griff am Ende ziemlich stark abgewinkelt. Dieser Grifftyp wurde im 18. Jahrhundert als „Mamelucken-Griff" Mode.

Eine Sonderform des Glockendegens: der spanische Bilbo. Die Glocke ist bis zum Knauf hochgezogen.

Foto: Windlass

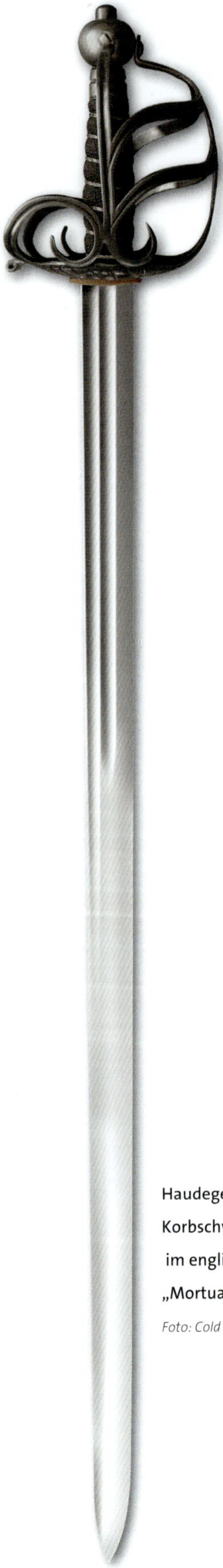

Haudegen: Korbschwert im englischen „Mortuary"-Stil.

Foto: Cold Steel

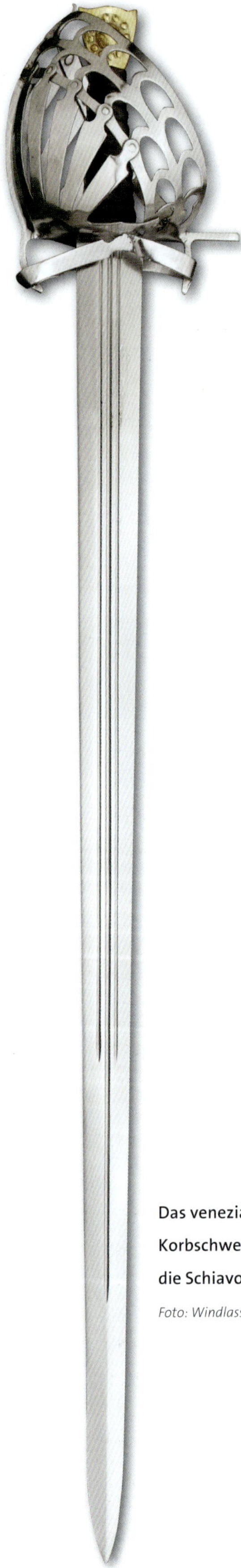

Das venezianische Korbschwert: die Schiavona.

Foto: Windlass

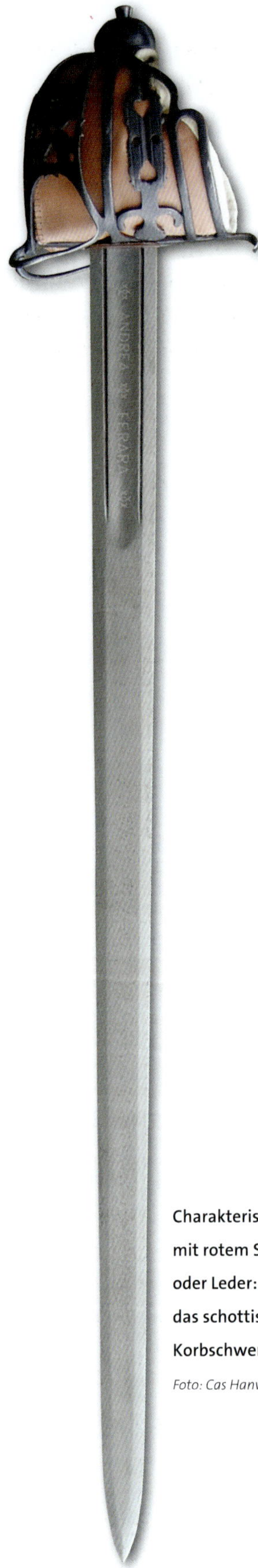

Charakteristisch mit rotem Stoff oder Leder: das schottische Korbschwert.

Foto: Cas Hanwei

Der persische Säbel Shamshir (Löwenschweif), auch Scimitar genannt, ist oberflächlich betrachtet dem türkischen Säbel sehr ähnlich. Allerdings ist die Klinge meist stärker gekrümmt und deutlich schlanker, zudem besitzt sie keinen Jelmán. Der Klingenquerschnitt ist keilförmig flach. Die Bezeichnung Scimitar wird heute fälschlicherweise für alle möglichen Typen von Säbeln und Krummschwertern benutzt. Deshalb sollte man, um Missverständnisse zu vermeiden, besser „Shamshir" sagen.

Der türkische Kilij besitzt eine breite, gekrümmte Klinge, die meistens mit einem ausgeprägten Jelmán versehen ist. Die Klingen weisen oft eine breite Hohlkehle auf – manchmal ist der Querschnitt auch T-förmig – und sind 60 bis 70 Zentimeter lang. Wenn die Krümmung stärker und/oder der Jelmán sehr breit war, besaß die Scheide am unteren Ende einen Schlitz im Rücken, der überhaupt erst das Ziehen ermöglichte. Das Ortblech war elastisch, federte nach dem Ziehen über den Schlitz zurück und verdeckte ihn.

Die Schwerthand ist beim schottischen Korbschwert durch die Kombination von Korb und Futter sehr gut geschützt.

Entersäbel

In unzähligen Piratenfilmen ist zu sehen, wie elegant gekleidete Piratenkapitäne ihre Gegner mit nicht weniger eleganten Rapieren bekämpfen – ein typisches Hollywood-Märchen. Zum einen war der Platz auf und vor allem unter den Schiffsdecks sehr beengt: Eine lange Klinge wäre hier hinderlich gewesen. Zum anderen benötigte man bei den Entergefechten eine Hiebklinge, die in der Lage war, die Enterseile der gegnerischen Besatzung möglichst schnell zu durchtrennen. Entersäbel (Entermesser), wie sie von den Piraten verwendet wurden, hatten kurze, breite und schwere Klingen. Die Hand wurde normalerweise von einem möglichst großen Stichblatt geschützt.

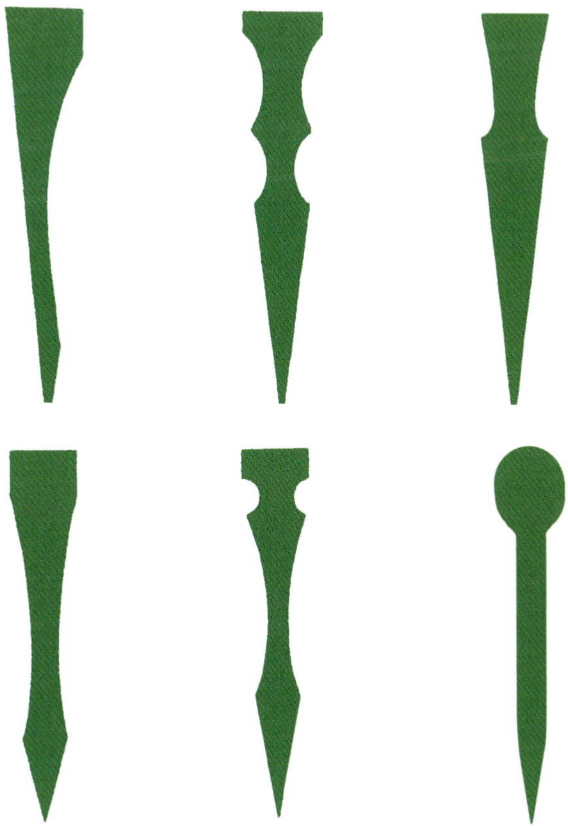

Typische Klingenquerschnitte von Säbeln.

Militärsäbel und -degen

Ende des 17. Jahrhunderts änderten sich Kriegsführung und Militärtechnik gravierend. Mit dem Aufkommen der Nationalstaaten wurden die Söldnerheere der Renaissance von stehenden Heeren abgelöst – der Berufssoldat entstand. Im Gegensatz zum Söldner sorgten Soldaten nicht mehr selbst für ihre persönliche Bewaffnung, sondern wurden zentral aus den Zeughäusern versorgt. Die komplette Ausrüstung und Bewaffnung wurde standardisiert und vereinheitlicht. Die militärischen Blankwaffen wurden nun anhand von festgelegten Mustern in großen Fabriken und Manufakturbetrieben hergestellt.

Chinesische Schwerter

Natürlich könnte man über chinesische Schwerter allein ganze Bücher schreiben, aber hier soll nur ein kurzer Abriss über die wichtigsten Obertypen gegeben werden. Diese sind das gerade Schwert Jian, der Säbel Dao, sowie das zweihändig geführte Schlachtschwert Dadao.

Der Dadao ist eine charakteristische Waffe, die in vielen Filmen zu bewundern ist. Auf den ersten Blick wirkt der Dadao wie ein überdimensioniertes Hackmesser – und tatsächlich liegen die Wurzeln dieses Schwerts in landwirtschaftlichen Geräten. Der Dadao war die Waffe der einfachen Soldaten und Fußtruppen und wurde tatsächlich noch bis in die 1930er Jahre von der Infanterie und den Milizen als Waffe benutzt.

Das gerade Schwert Jian – hierzulande auch häufig als „Tai-Chi Schwert" bezeichnet – war weniger eine Waffe für den Krieg als für die zivile Selbstverteidigung. Die Klinge ist zweischneidig, sehr schlank und verjüngt sich kaum. Jian sind meistens einhändig, es kommen zwar auch zweihändige Versionen vor, aber diese sind selten.

Charakteristisch für den Jian ist eine sehr kurze, fast schon rudimentäre Parierstange. Die Gesamtlänge liegt bei rund 80 bis 90 Zentimetern, das Gewicht bei etwa 700 Gramm. Aufgrund des geringen Gewichts wurde der Jian auch gerne von Frauen verwendet, ansonsten war er eine Waffe für Höflinge und Edelleute – richtige Krieger und Soldaten benutzten den Säbel. Historische Jian sind meistens kostbar verziert, moderne Varianten für Tai-Chi und Kung-Fu sind oft relativ schlicht gehalten. Der Jian wird mit dem Fabeltier Phoenix assoziiert, denn die Kampftechnik mit dem fast schwerelos erscheinenden Schwert verkörpert Schönheit, Eleganz und Präzision.

Der chinesische Säbel Dao ist in den verschiedensten Varianten zu finden. Meistens ist die Klinge nur wenig gekrümmt, verbreitert sich aber zur Spitze hin mehr oder weniger stark. Die Techniken mit dem Dao sind ausgesprochen dynamisch und kraftvoll. Man sagt: „Der Dao ist wild wie ein Tiger."

Der Griff ist pistolenförmig entgegengesetzt zur Klinge gekrümmt. Die Spitze selbst ist leicht abgerundet, aber scharf geschliffen. Als Handschutz findet sich ein Stichblatt in Form einer ovalen Scheibe. Das Gewicht der Klinge wird durch einen relativ schweren Knauf ausbalanciert. Die Klinge ist rund 55 bis 70 Zentimeter lang, der Säbel wiegt durchschnittlich etwa 800 bis 900 Gramm.

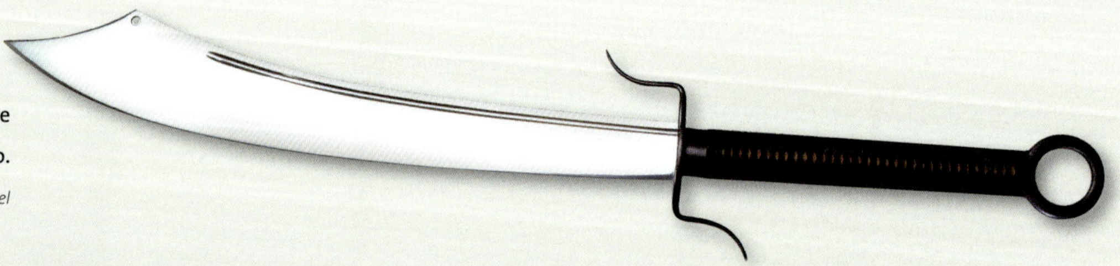

Das zweihändige Schlachtschwert Dadao.

Foto: Cold Steel

Das gerade Schwert Jian.

Foto: Cold Steel

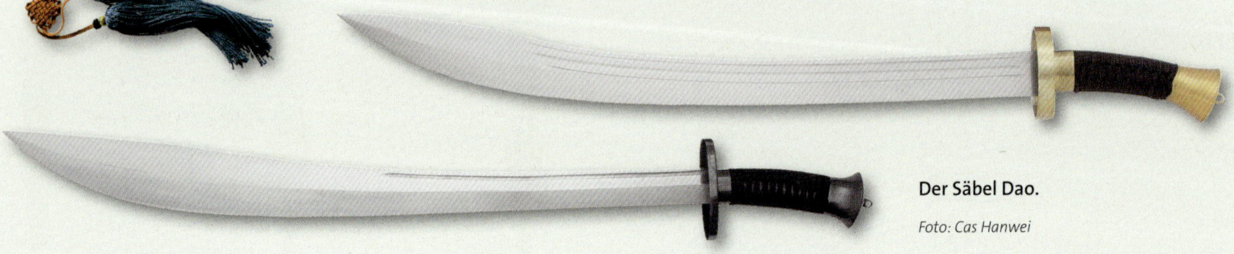

Der Säbel Dao.

Foto: Cas Hanwei

Im 19. Jahrhundert kam bei Zivilisten das Tragen von Degen und Säbeln außer Mode (auch wenn die Fechtkunst noch für den Fall eines Ehrenduells trainiert wurde), und es blieben hauptsächlich die militärischen Blankwaffen übrig.

Das Ende des Schwerts als reale Kampfwaffe war während des Ersten Weltkriegs (1914 bis 1918) zu beobachten. Kavallerie-Attacken mit Säbel und Lanze auf Maschinengewehr-Stellungen endeten gewöhnlich in blutigen Gemetzeln und wurden sehr schnell aus der militärischen Taktik gestrichen. Auch bei der Infanterie erwiesen sich die Säbel als unbrauchbar: In den Schützengräben war für den Einsatz von Säbel und Degen einfach nicht genug Platz. Dolche und Kampfmesser wurden stattdessen zu den Waffen der Wahl.

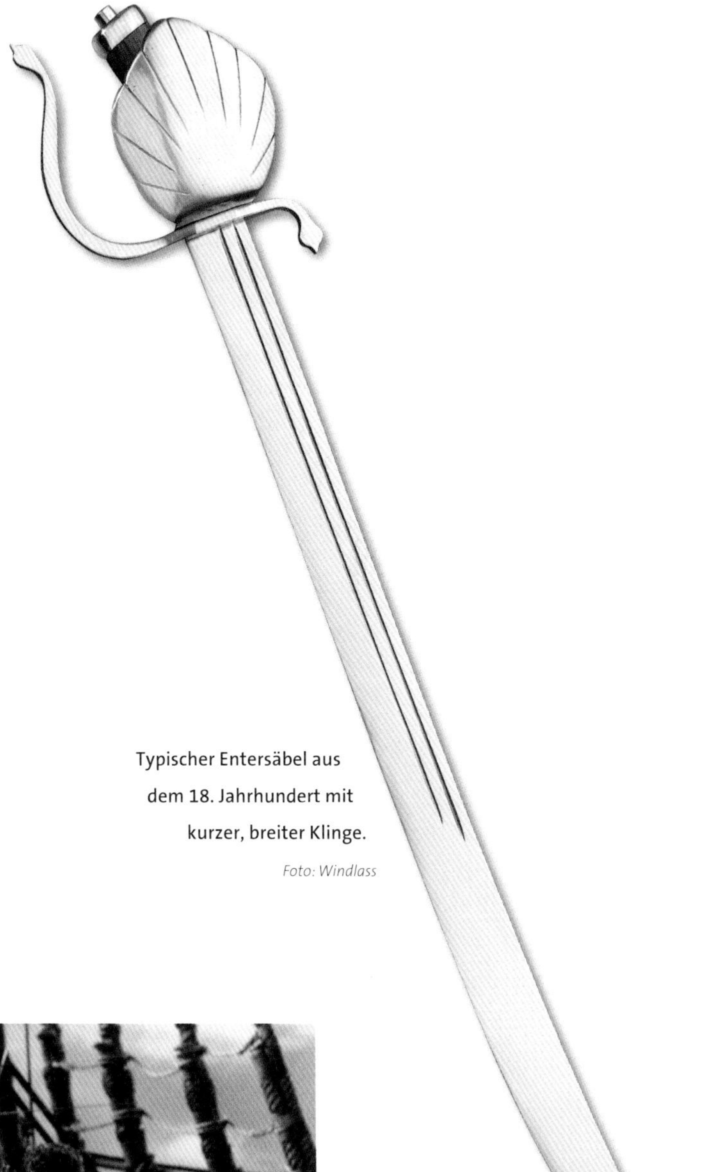

Typischer Entersäbel aus dem 18. Jahrhundert mit kurzer, breiter Klinge.

Foto: Windlass

Allround-Waffe Militärsäbel

Die wichtigste militärische Hiebwaffe der neuzeitlichen Armeen war der Säbel. Er konnte sowohl mit Hieb, Schnitt oder Stich und zu Fuß oder vom Pferderücken aus eingesetzt werden. Zudem war die Ausbildung der Soldaten am Säbel einfacher als beim Degen. „In Bezug auf die Fechttechniken ist der Säbel aufgrund der überschaubaren Komplexität die am schnellsten zu erlernende Waffe, er bietet aber auch eine sehr große Bandbreite an tak-

So wie hier in „Herr der sieben Meere" hat es bei Entergefechten nicht ausgesehen: Wegen der räumlichen Enge wurden statt langer Degen kurze Säbel verwendet.

Foto: Warner Bros.

Der Säbel wurde zur Standardwaffe beim Militär. Links zwei typische Kavalleriesäbel mit langen, mäßig gekrümmten Klingen und Bügelgefäßen aus gegossenem Messing. Mitte: Der sogenannte Blücher-Säbel mit Steigbügel-Gefäß und kurzer, stärker gekrümmter Klinge, der vor allem von Husaren verwendet wurde. Rechts: Säbel mit Mamelucken-Griff, beliebt bei Offizieren.

Foto: Cold Steel

Persischer Shamshir mit Mamelucken-Griff.

Foto: Cold Steel

tischen Möglichkeiten", führt dazu der Fechtlehrer Stefan Dieke aus.

Im Prinzip waren alle Armeen des 18. und 19. Jahrhunderts mit verschiedenen Säbeltypen ausgestattet. Abgesehen von regionalen Sonderformen in Osteuropa und Russland unterschieden sich die Säbel im übrigen Europa weniger von Land zu Land, als von Truppengattung zu Truppengattung. Die Säbel von Husaren und leichter Kavallerie waren beispielsweise kürzer und stärker gekrümmt als die Säbel der schweren Kavallerie. Bei den Gefäßen finden sich meistens einer oder mehrere Bügel oder ein Stichblatt, das in einen einzelnen Bügel ausläuft, der bis zum Griffende reicht.

Pallasch und Kavalleriedegen

Auch wenn die Armeen vom Säbel dominiert wurden, fanden sich auch weiterhin gerade Schwerter. Der Pallasch der schweren Kavallerie ist beispielsweise die moderne Form des Haudegens oder Korbschwerts, die mit einer relativ schweren, langen und breiten Klinge ausgestattet war. Es kommen sowohl einschneidige als auch zweischneidige Typen vor. Das Gefäß ist meistens dem Säbel entlehnt und mit mehreren Bügel oder einem großen Stichblatt versehen.

Während der Säbel sich zur allgegenwärtigen Waffe bei Mannschaftsdienstgraden, Unteroffizieren und Offizieren entwickelte, wurde der schlanke Degen mehr und mehr zur Waffe für die Offiziere – und zwar weniger als tatsächlich eingesetzte Waffe, sondern viel mehr als Statussymbol. Die Degen, die tatsächlich noch als Waffe für den praktischen Einsatz produziert wurden, bilden eine echte Ausnahme und zahlenmäßig eine Minderheit. Meistens wurde der Pallasch ausgegeben. Bei allen militärischen Degentypen findet sich zunehmend ein pistolenförmig gekrümmter Griff, der vom Säbel übernommen wurde.

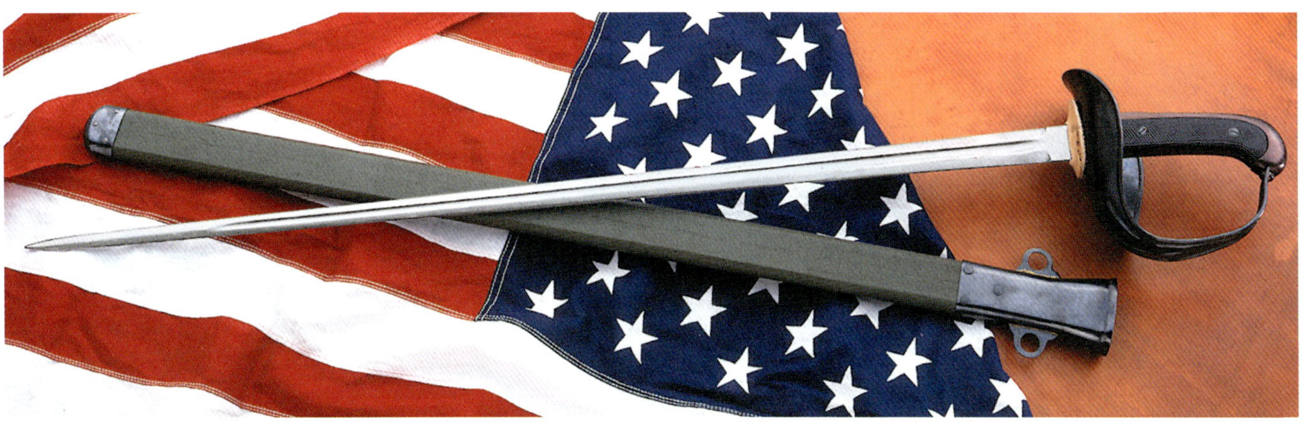

Eine der letzten Formen des militärisch eingesetzten Schwerts: Der US-Kavalleriedegen Modell 1913. Er wurde von einem talentierten Fechter, dem Kavallerie-Leutnant George S. Patton, entworfen, der als General im Zweiten Weltkrieg zur Legende wurde.

Foto: Windlass

Das Schwert im Film

Fast jeder, der sich für Schwerter interessiert, wurde ursprünglich durch Kino, TV, Comics, Romane oder Videospiele inspiriert – egal, ob man nun mit Zorro, Robin Hood, Ivanhoe, D'Artagnan, Conan, Aragorn, Jon Snow oder dem Highlander aufgewachsen ist. Deshalb sind Film- und Fantasyschwerter sehr begehrte Objekte.

Wenn aber jemand so ein Schwert einmal von der Wand nimmt und ausprobieren will, dann erwartet ihn oft eine herbe Enttäuschung. Nicht wenige Fantasy-Fans haben schon die Erfahrung gemacht, dass ihr wunderschönes Dekoschwert beim ersten Aufeinanderprallen mit einer schlichten Schaukampfwaffe zersprungen ist wie Glas. Das kommt daher, dass die meisten Modelle in Verarbeitung (Griffkonstruktion) und Material (rostfreier Stahl und Zinkdruckguss) als Dekorationsgegenstand und nicht als Waffe ausgelegt sind. Manche Schwerter sind zudem so schlecht im Design, dass sie allein aufgrund von Gewicht und Balance niemals funktionstüchtig (kampftauglich) sein könnten. Das heißt aber nicht, dass es nicht auch funktionstüchtige Film- und Fantasyschwerter auf dem Markt gibt – man braucht aber etwas Hintergrundwissen, um die Spreu vom Weizen zu trennen.

Wie real sind Fechtszenen im Film?

Fechtszenen sind dazu da, die Zuschauer zu unterhalten. Bereits in der Stummfilm-Ära entwickelten sich Historien-Abenteuer mit Fechtszenen zum beliebten Genre. Die englische Bezeichnung für diese Filmgattung lautet „Swashbuckler Movies“ (Schwertschwinger-Filme), auf Deutsch sagt man dazu „Mantel und Degen“-Filme. Stars wie Errol Flynn (1909-1959) und Stewart Granger (1913-1993) waren auf diese Filmgattung spezialisiert.

Obwohl Errol Flynn für viele als der klassische Swashbuckler schlechthin gilt, so war doch ironischerweise Filmbösewicht Basil Rathbone (1892-1976) ein viel besserer Fechter. Über Flynn, dem er auf der Leinwand ja immer unterlegen sein musste, bemerkte er schmunzelnd: „Ich hätte ihn jederzeit ganz nach Belieben töten können.“ In seiner Schulzeit bereits mit dem Fechten in Berührung gekommen, machte Rathbone der Schwertkampf in Film und Theater so viel Spaß, dass er richtig trainierte und so zu einem der besten Fechter Hollywoods wurde. Rathbone sammelte auch selbst Degen. Nicht wenige seiner legendären Partys endeten damit, dass sich die Gäste mit Sportdegen „Duelle“ im ganzen Haus lieferten.

In einem Interview erzählte Rathbone später: „Mir machte Fechten mehr Spaß als alles andere, weil es so

Von der Stummfilm-Zeit bis heute: Schwertkämpfer wie Zorro sind beliebte Helden in Abenteuerfilmen. *Foto: Columbia*

Nase an Nase: Schwertkampf zwischen Errol Flynn und Basil Rathbone in „Robin Hood – König der Vagabunden“ (1938). Die stumpfe Schlagkante der Schwerter ist deutlich zu erkennen.

Foto: Warner Bros.

Errol Flynn spielt in einer Drehpause von „Unter Piratenflagge“ (1935) mit einem Requisite-Degen. In dieser Zeit wurden für die Filme meist einfach Klingen von Sportdegen an historisch aussehende Gefäße montiert.

Foto: Warner Bros.

„Die Choreographie ist wie ein Tanz. Jede Bewegung der Schauspieler ist einstudiert“, so Fechtmeister Bob Anderson über Schwertkämpfe in Kino und TV (Szene aus „Black Sails“).

Foto: HBO

schön war. Es war für mich ein wundervolles Training, ein toller Sport. Aber ich würde es nicht nur als Sport sehen, sondern viel mehr als Kunst. Als ich mit Flynn auf der Leinwand gefochten habe, hatte ich das einzige Mal wirklich Angst. Ich war aber nicht besorgt, weil er mir gegenüber unvorsichtig war, sondern weil er sich nicht selbst schützen konnte."

Wenn in Hollywood ein Berater für Schwertkämpfe gesucht wurde, wandte man sich über 50 Jahre lang zuerst an Bob Anderson. Der gebürtige Brite war der bekannteste „Swordmaster" der Filmindustrie und selbst eine Legende. Anderson (1922-2012) trat für England bei den Olympischen Spielen 1948 und 1952 im Säbelfechten an, außerdem bei den Weltmeisterschaften 1950 und 1953. In dieser Zeit kam er auch in Kontakt mit der Filmindustrie. Er unterrichtete Errol Flynn für die Dreharbeiten von „Der Freibeuter". Seitdem choreografierte er bei unzähligen Filmen die Fechtszenen und trainierte die Schauspieler – darunter bei „Star Wars", „Die Braut des Prinzen", „Die drei Musketiere" (1993), „Fluch der Karibik", „Herr der Ringe" und dem Schwert-Kultfilm schlechthin: „Highlander."

Andersons Erfolg beruhte einerseits auf seinem fechterischen Können. Bei den Dreharbeiten zu „Die Maske des Zorro" (1998) bemerkte Schauspieler Antonio Banderas respektvoll: „Glauben Sie mir: Er ist über 70, aber er ist so geschickt, dass man ihn mit dem Degen nie erwischen kann." Der andere Teil des Erfolgs lag in Andersons Akribie beim Trainieren der Fechtszenen. „Die Choreographie ist wie ein Tanz. Jede Bewegung der Schauspieler ist einstudiert", berichtete er. „Jeder Schauspieler muss genau wissen, was der andere tut. Man kann nicht improvisieren. Wenn einer nicht konzentriert war, sagte ich sofort <Cut!>, denn das kann sehr gefährlich werden."

Womit wird im Film gefochten?

Damit es für Schauspieler und Stuntmen nicht zu gefährlich wird, werden spezielle Waffen benutzt. Bei den frühen Mantel-und-Degen-Filmen wurden meist die Klingen von modernen Sportdegen mit historisch aussehenden Montierungen versehen. Bei anderen Schwerttypen oder neueren Produktionen geht man so vor: „Die Klingen bestehen aus Aluminium, nicht aus Stahl, und wir haben die Spitzen abgestumpft, damit sich niemand verletzt", erklärte Anderson. „Es kann der Eindruck von Gefahr entstehen, ohne dass sie tatsächlich gefährlich sind."

Für bestimmte Szenen werden auch Schwerter aus echtem Stahl verwendet. Beispielsweise wenn der Held demonstrativ den Degen biegt. Für Promotion-Shots und Nahaufnahmen müssen die Waffen natürlich auch im Detail realistisch wirken. Von jedem Helden-Schwert werden mehrere „Props" für verschiedene Szenen produziert, die dann zum Einsatz kommen. Wie Tony Swatton von der auf Filmbedarf spezialisierten Werkstatt „Sword & Stone" ausführt, werden pro Film zwei bis drei Waffen aus Stahl und dann noch einmal rund zehn bis 50 Aluminium-Schwerter produziert. Bei einigen Filmen erhöht sich diese Zahl deutlich: So wurden für den Dreh von „Last Samurai" allein 600 Aluminium-Schwerter hergestellt. In Stoßzeiten lieferte „Sword & Stone" rund 35 Stück pro Tag.

Wie entstehen die markanten „Schwert-Geräusche"?

Aluminium ist das Material der Wahl – aber es hat für den Dreh auch einen großen Nachteil, nämlich den Sound: „Es gibt da kein Klirren, eher einen dumpfen metallenen Ton", führt Zorro-Regisseur Martin Campbell aus. Nicht nur das elektrische Brummen der Lichtschwerter bei „Star Wars", sondern auch das Schwirrgeräusch von normalen Schwertern, sowie das markante Scharren beim Ziehen aus der Scheide werden künstlich erzeugt. Campbell: „Jeder Schwerthieb muss für den Film überarbeitet, jedes Sausen eines Schwerthiebs muss hinzugefügt werden. Und die Schwerter der Schauspieler müssen individuell verschieden klingen. Außerdem kann man nicht für jede Art Schwerthieb denselben Ton nehmen, der Ton des Klirrens muss angepasst werden."

Was versteht man unter „Filmschwert"?

Das Bewusstsein für historische Stimmigkeit entwickelte sich erst spät in der Filmgeschichte. Bei den klassischen Mantel-und-Degen-Filmen spielte der Realismus bei den Fechtszenen keine Rolle – wichtig war, dass es gut aussah. Genau so verhielt es sich mit den Schwertern selbst. Man begnügte sich normalerweise mit dem, was die Requisiteure bieten konnten. Wichtig war nur, dass es ungefähr zum zeitlichen Rahmen passte und dem Zuschauer historische Ungenauigkeiten nicht gerade ins Auge sprangen.

Das, was wir heute unter Filmschwert verstehen – spezielle Designs, die einem ganz spezifischen Film zugeordnet werden können – kam erst in den 1980ern richtig auf. Dabei sind vor allem zwei Meilensteine des Fantasy-

Für die Schwertkämpfe im Film werden stumpfe Aluminiumklingen verwendet (Szene aus „Game of Thrones").

Foto: HBO

Der Klassiker: Seit rund 30 Jahren sind diverse Nachbauten des „Highlander"-Katana im Umlauf.

Foto: Panzer / Davis, United Cutlery

Die meisten Repliken von Filmschwertern sind wie „Longclaw“ aus „Game of Thrones“ leider nur als reine Dekoversionen erhältlich und in keiner Weise einsatzfähig.

Fotos: HBO, Valyrian Steel

Films wichtig: „Excalibur“ und „Conan der Barbar“ (beide 1981). Hier konnte man zum ersten Mal spezielle Filmschwerter sehen, die bei Fans wirklich Aufsehen erregten. Außerdem findet sich bei „Conan“ eine Abkehr vom bis dahin meistens gezeigten klassischen Fechten: Auch in Fantasy-Streifen wurden Schwerter Mode, die im japanischen Stil zweihändig geführt wurden.

Das besonders markante Schwert aus „Conan“ entwickelte sich zu einem Klassiker unter den Filmschwertern. Im Film gerät Conan (Arnold Schwarzenegger) in die Gruft eines Kriegers aus dem alten Atlantis und nimmt dessen Schwert an sich. Die Gesamtproportionen des Atlanter-Schwerts orientieren sich an einem historischen deutschen Richtschwert, die Verzierungen am Griff zeigen den Untergang von Atlantis. Die extrem breite Klinge und die kurze Parierstange sind geradezu charakteristisch für diesen Schwerttyp. Der Unterschied zum Richtschwert besteht in einer „echten“ Spitze. Insofern ist das Atlanter-Schwert eindeutig ein Fantasyschwert, denn

Sandahl Bergman und Arnold Schwarzenegger beim Schwerttraining für „Conan der Barbar“. Seit den 1980ern werden in Fantasy- und Ritter-Filmen überwiegend japanische Schwert-Techniken verwendet.

Foto: Universal

Das Atlanter-Schwert von Conan (1981) war eines der ersten richtigen Filmschwerter.

Foto: Windlass

Eine „fette“ Klinge ohne Hohlkehle, ein kurzer Griff und ein winziger, durchbrochen gearbeiteter Drachenkopf als Knauf – in Alu und im Film mag das funktionieren, aber in der Realität wäre es eine kopflastige Brechstange und kein Schwert (Karl Urban in „Pathfinder“).

Foto: 20th Century Fox

Eine realistischere Interpretation des Pathfinder-Schwerts: Eine breite Hohlkehle reduziert das Gewicht der Klinge.

Foto: Windlass

Kampfschwerter mit diesen Proportionen kommen in der Geschichte nicht vor.

Ein neueres Beispiel für ein Filmschwert mit hohem Wiedererkennungswert ist „Longclaw“ – das Schwert von Jon Snow aus der populären TV-Serie „Game of Thrones“. In den Romanen wird Longclaw als ein Schwert aus „valyrischem Stahl“ beschrieben, der so leicht ist, dass ein Knauf aus Stein ausreicht, um als Gegengewicht zur Klinge zu dienen – ein echtes Fantasieprodukt. Der Steinknauf ist in Form eines Wolfskopfs geschnitzt, damit er an Jon Snows Schattenwolf „Ghost“ erinnert.

Die Produktionsdesigner der TV-Serie setzten die Beschreibung von Autor George R. R. Martin sehr schön um und schufen ein elegantes Bastardschwert. Einziges Manko ist, dass der Wolfskopf-Knauf in die „falsche“ Richtung zeigt: Solche Tierkopf-Knäufe waren historisch immer zur Seite ausgerichtet. Um die Besonderheit des „valyrischen Stahls“ zu verdeutlichen, versah man die Klinge mit dem Muster von wurmbuntem Torsionsdamast.

Wieso sind Filmschwerter so schwer?

Das Problem bei Filmschwertern ist, dass die Produktionsdesigner sehr genau wissen, dass Schauspieler und Stuntmen bei den Kampfszenen nur leichte Props aus Aluminium oder Kunststoff benutzen und sie deshalb beim Design auf realistisches Gewicht und stimmige Balance keine Rücksicht nehmen müssen. Wenn ein Film insgesamt keinen Wert auf historisch korrektes Design legt, müssen die Schwerter noch nicht einmal halbwegs korrekt aussehen.

Ein typisches Beispiel dafür ist der Fantasy-Streifen „Pathfinder“. Der Film handelt von Kriegszügen der Wikinger in Amerika, gegen die sich die Indianer zur Wehr setzen. Obwohl der Film in der realen Geschichte spielt, entstammt das Produktionsdesign der Fantasie. Wie Regisseur Marcus Nispel zugibt, wollte er das „Barbarische“ der Wikinger hervorheben: „Also waren wir bereit, einige Dinge schlicht zu erfinden.“

Dass das Schwert nicht den historischen Wikingerschwertern entspricht, kann man als Film-Fan noch verzeihen. Warum sich aber nur die wenigsten Designer darüber Gedanken machen, ob so ein Schwert wenigstens rein physikalisch möglich wäre, wird wohl für immer unklar bleiben. Die Kreativität der Designer führte dann leider zu einem Schwert, das man nur noch als hässlichen, kopflastigen Prügel bezeichnen kann. Das „Pathfinder“-Schwert ist eigentlich nur zu einem Zweck zu gebrauchen: Es kann als Negativ-Beispiel dienen.

Wo liegt der Unterschied zwischen Film- und Fantasyschwertern?

Fantasy-Dekoschwerter sind in funktionaler Hinsicht meist noch unrealistischer als Filmschwerter. Im Gegensatz zu den Produktionsdesignern im Kino, die immerhin noch im Bewusstsein haben, dass ein Stuntman eine Aluminium-Version ihrer Entwürfe schwingen muss, sind der Fantasie beim Design von reinen Dekoschwertern überhaupt keine Grenzen mehr gesetzt. So sieht man dann stumpfe Metallskulpturen, die aussehen wie breite Skateboards mit vielen Widerhaken und einem dünnen Griff: Wandhänger, die so übertrieben „fantastisch" (eher schon bizarr) wirken, dass sie nie und nimmer kampftauglich sein könnten.

Der bekannteste Designer von solchen SLOs („Sword-Like-Objects") ist Kit Rae. Seine Entwürfe werden von der Firma United Cutlery in Serie hergestellt. Sie werden auch bei billigeren Filmproduktionen – vor allem beim Fernsehen – gerne für Nahaufnahmen verwendet. Kein Wunder, denn rein optisch scheinen sie der Metall gewordene Schwerttraum jedes Teenagers. Hier sei betont: Die Kit-Rae-Modelle sind weder vom Design noch von der Verarbeitung her auf Funktionalität ausgerichtet. Es handelt sich um relativ zerbrechliche Metallskulpturen, die nur ganz vage an ein richtiges Schwert erinnern.

Gibt es realistische Filmschwerter?

Die 1990er Jahre leiteten eine neue Blüte der Mantel-und-Degen-Filme ein. Diverse Klassiker wurden neu verfilmt – wie „Zorro", „Die drei Musketiere" und „Der Mann in der eisernen Maske". Actionreiche Streifen wie „Rob Roy" (1995) und „Gladiator" (2000) brachten dem ganzen Genre eine Wiederbelebung. Dabei wurde durchaus Wert auf Realismus gelegt. Die gesamte Erzählweise des Kinos löste sich von alten Zöpfen und Konventionen. Man wollte einerseits unterhalten, andererseits aber das weitaus kritischer gewordene Publikum überzeugen. Helden in Strumpfhosen und muskelbepackte Barbaren im Lendenschurz waren out. Selbst vergleichsweise billige, fürs TV produzierte Fantasy-Serien wurden im Produktionsdesign besser, also realistischer.

Die Regisseure anspruchsvollerer Filme wandten sich zunehmend an Waffenfachleute, beispielsweise Simon Atherton, der unter anderem die Waffen für „Braveheart" (1995) und „Königreich der Himmel" (2005) gestaltete. Atherton und sein Team haben eine Menge Erfahrung darin, die Wünsche der Filmemacher mit der Realität in Einklang zu bringen. „Es bringt nichts, wenn etwas toll aussieht, aber man damit nicht kämpfen kann", ist Athertons Maxime – und deshalb gestaltet er die Waffen zwar auffällig, aber so realistisch und ausbalanciert wie möglich. Für „Königreich der Himmel" machte er sich besonders viel Mühe: „Als erstes ging ich ins British Museum und begann zu recherchieren. Dann kauft man sich noch jedes Buch, das es gibt. Wir haben selbst viele Bücher über Schwerter und sahen erstmal die durch."

Natürlich müssen Produktionsdesigner auch Zugeständnisse an die Wünsche der Regisseure machen. Atherton nahm deshalb ein schönes und realistisches Schwert – das aber nicht ganz in die Zeit passt. „Wir haben etwas gemogelt, da wir Anderthalbhänder gemacht haben. Theoretisch waren die damals noch nicht so verbreitet – sie hatten einhändige Schwerter", berichtet er. Godfrey-Darsteller Liam Neeson erzählt: „Mein Schwert ist ziemlich groß. Um es zu benutzen, musste man schon ein paar Muskeln in den Armen haben."

Die Anderthalbhänder kommen dem zweihändigen Kampfstil entgegen, der schlichtweg von vielen Kinobesuchern einfach erwartet wird. Aber auch hier bemüht sich „Königreich der Himmel" zumindest um einen gewisse

Sword-Like-Objekt – eine bizarre Metallskulptur, die nur vage an ein echtes Schwert erinnert.

Fotos: United Cutlery

„Es bringt nichts, wenn etwas toll aussieht, aber man damit nicht kämpfen kann", war die Maxime der Designer bei „Königreich der Himmel". Daher sind die Schwerter recht realistisch geworden. Das Ibelin-Schwert ist eine Mischung aus verschiedenen historischen Vorbildern.

Fotos: 20th Century Fox, Windlass

Der Legende treu: „El Cid“

Während die Kreuzritter in Palästina kämpften, waren die spanischen Ritter damit beschäftigt, die Mauren aus dem Kalifat von Cordoba zu vertreiben. Die spanische „Reconquista“ dauerte von 718 bis 1492, und ihr größter Held war Rodrigo Diaz de Vivar (1043 bis 1099), genannt „El Cid“. Seine Abenteuer sind in dem um 1200 entstandenen Epos „Cantar de mio Cid“ überliefert und wurden 1961 mit Charlton Heston in der Hauptrolle verfilmt.

Kennern fällt auf, dass Heston Schwerter benutzt, die in die Renaissance gehören und nicht in das 11. Jahrhundert – aber dafür zur Tradition um El Cid. Regisseur Anthony Mann engagierte als Berater den Historiker und Cid-Experten Ramón Menéndez Pidal, der das dazu maßgebliche Werk („Das Spanien des Cid“) verfasst hatte. Seinem Einfluss ist es zu verdanken, dass Charlton Heston mit Repliken zweier antiker Waffen ausgestattet wurde, die traditionsgemäß als El Cids Schwerter „Tizona“ und „Colada“ angesehen werden.

„Colada“ besitzt ein Rapier-Spangengefäß aus dem 16. Jahrhundert, die Klinge ist deutlich älter. Die Wissenschaft ist sich allerdings ziemlich einig, dass es sich dabei nicht um das echte Schwert des Cid handelt – aber bei „Tizona“ ist das Urteil nicht so eindeutig. Auf der Klinge befindet sich eine Inschrift in Altkastilisch: „Ich bin Tizona, gemacht im Jahr 1040.“ Obwohl auch hier im 15. Jahrhundert ein neuer Griff mit Parierbügeln angebracht wurde, stammt die Klinge eindeutig aus der Zeit des Cid, wie Untersuchungen der Universität Madrid ergaben.

Charlton Heston in „El Cid“: Die Kostüme sind typisch für die 50er/60er Jahre, aber „Tizona“ (links) und „Colada“ sind Repliken der angeblich originalen Cid-Schwerter in den spanischen Museen.

Foto: Miramax

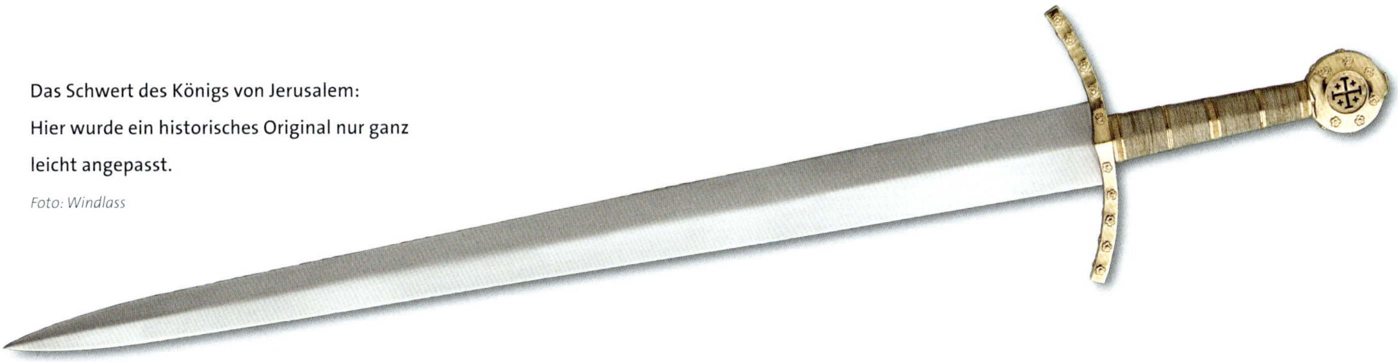

Das Schwert des Königs von Jerusalem: Hier wurde ein historisches Original nur ganz leicht angepasst.

Foto: Windlass

Authentizität. In einer Szene demonstriert Godfrey seinem Sohn Balian die namentlich genannte „posta di falcone" mit dem zweihändig geführten Schwert. Die „Stellung des Falken" ist tatsächlich historisch verbürgt und findet sich im Fechtbuch „De Arte Gladiatora". Dass der Autor, Meister Filippo Vadi, erst 200 Jahre später lebte, fällt unter die künstlerische Freiheit der Filmemacher.

Die wichtigste Waffe in „Königreich der Himmel" ist das Schwert der Familie Ibelin: „Es ist ein Schwert, das fast so etwas wie ein Co-Star des Films ist. Es ist immer dabei", führt Liam Neeson aus, und Simon Atherton ergänzt: „Godfreys Schwert, das Orlando von seinem Vater erbt, hat mir selbst wirklich viel Freude gemacht, und ich habe sehr viel Zeit darauf verwendet." Beim Ibelin-Schwert handelt es sich um ein klassisches Bastardschwert, das gewissermaßen eine neue Mischung aus historischen Stilen darstellt: es gab achteckige Knäufe, Knäufe mit Inschriften und eingravierten Kreuzen. Die Tierköpfe an den Enden der Parierstange kennen wir vom „Schwert Karls des Großen".

Einfacher haben es sich die Designer beim „Schwert des Königs von Jerusalem" gemacht. Es ist nahezu eine 1:1-Kopie des Schwerts des englischen Königs Edward III. Der Unterschied besteht praktisch nur in den Verzierungen von Knauf und Klinge sowie in der Griffbespannung. Beim Original findet sich im Knauf das Wappen Edwards. Die Gravuren des Hosenbandordens auf der Klinge fallen beim Filmschwert komplett weg, und im Film ist der Griff nicht mit Schlangenhaut bespannt, sondern mit Rohlederschnüren umwickelt.

Wieso ist der Markt so schwer überschaubar?

Wenn man die Kataloge und Online-Shops der verschiedenen Anbieter durchgeht, wird man schnell feststellen, dass zu fast jedem bekannteren Kinofilm oder Computerspiel, in denen Schwerter vorkommen, auch ein real existierendes Schwert als Merchandising-Produkt erhältlich ist. Ob diese Schwerter dann reine Dekoschwerter oder tatsächlich funktionstüchtig sind, hängt vom Design und vom Hersteller ab. Manche Firmen produzieren auch Dekoschwerter in funktionstüchtiger Version, andere prinzipiell nur als reine „Wandhänger", andere Firmen sowohl als auch. Von einigen Schwertern (beispielsweise denen aus dem Film „Kill Bill") sind auch mehrere Versionen verschiedener Hersteller im Umlauf, von denen nur wenige eine funktionstüchtige Qualität haben.

Letztlich kommt man nicht darum herum, die technischen Daten in den Katalogen genau zu studieren. Wenn es an Informationen zu Material und Verarbeitung mangelt, sollte man vorsichtshalber davon ausgehen, dass es sich um einen Wandhänger handelt – oder ganz genau nachforschen.

Ein gutes Beispiel für die ganze Verwirrung sind die Schwerter aus „Highlander", sowohl aus den Kino-Filmen als auch der TV-Serie. Das charakteristisch aussehende Katana mit dem geschnitzten Elfenbein-Griff, das Connor McLeod (Christopher Lambert) von seinem Mentor Ramirez (Sean Connery) erbt, gehört seit über 30 Jahren zu den ständig präsenten Modellen auf dem Filmschwert-Markt. Lange Jahre hatte die spanische Firma Marto die Rechte an diesen Schwertern und produzierte Deko-Versionen aus rostfreiem Stahl. Dazu kommen noch die unzähligen nicht-lizensierten Kopien, die unter Bezeichnungen wie „Connor", „Conner" oder „Schwert des Unsterblichen" kursieren.

Dann erwarb die Firma United Cutlery die Lizenzen von „Highlander" und entschied, das Katana aus 1045er Carbonstahl zu fertigen. Somit ist es zumindest für leichte Schnitt-Tests geeignet. Dennoch handelt es sich von der Griffkonstruktion her – die Griffe sind aus Kunstharz gegossen – in erster Linie um einen Dekogegenstand und nicht um ein wirkliches Gebrauchsschwert.

Umfragen zufolge ist nach den Lichtschwertern aus „Star Wars" das Katana der Braut aus „Kill Bill" das populärste Filmschwert überhaupt.

Foto: Miramax

Gibt es funktionstüchtige Filmschwerter?

Der Markt bietet erfreulicherweise auch eine Anzahl funktionstüchtiger Repliken. Besonders einfach ist das bei allen Samuraischwertern: Was ein Film-Katana für den Zuschauer wieder erkennbar macht, sind nicht die Details der Klinge, sondern die Gestaltung des Griffs. Für die Hersteller von Repliken hat das einen entscheidenden Vorteil: Sie können anstatt einer stumpfen Dekoklinge aus rostfreiem Stahl ebenso gut eine funktionierende Carbonstahl-Klinge verwenden, weil die Konstruktion der Montierung gleich bleibt. Und da eine in China geschmiedete Katana-Klinge aus Carbonstahl heutzutage sehr günstig zu haben ist, kann man tatsächlich halbwegs funktionale und dennoch preiswerte Film-Katana auf den Markt bringen. Ein Beispiel dafür ist das Schwert von Michonne (Danai Gurira) aus der TV-Serie „The Walking Dead".

Ein weiteres Beispiel ist das „Schwert von Loxley" aus Ridley Scotts Robin-Hood-Verfilmung vom Hersteller Windlass. Ridley Scott arbeitete wie bei „Königreich der Himmel" wieder mit Simon Atherton zusammen. Wieder nahm Atherton das Grunddesign historischer Schwerter und arbeitete dann im Griff und dem Knauf noch ein paar zusätzliche Verzierungen ein – das Resultat ist ein realistisches Design, das dennoch auffällig genug für das Schwert eines Filmhelden ist.

Zu vielen Schwertern aus bekannten Videospielen sind ebenfalls Nachbauten erhältlich. Allerdings sind die Designs in vielen Spielen in funktionaler Hinsicht unbrauchbar – so findet man beispielsweise Exemplare, die in Länge und Breite eher an ein Bügelbrett erinnern.

Sind die Schwerter aus „Herr der Ringe" realistisch?

Die aus waffentechnischer Sicht bislang besten Filmschwerter waren in „Der Herr der Ringe" (2001-2003) zu sehen. Den Produktionsdesignern ist es hier gelungen, Fantasie, Schönheit und Funktionalität miteinander zu verbinden. Dabei ist der Einfluss von Produktionsdesigner John Howe und Schwertschmied Peter Lyon spürbar. Howe ist begeisterter Reenactor – er kennt sich sehr gut mit mittelalterlicher Kriegsführung aus, ist Mitverfasser von Büchern wie „Söldnerleben im Mittelalter" und brachte seine eigene Waffensammlung zur Anschauung für das Produktionsteam mit.

„Es half mir sehr, dass ich ein echtes Schwert hervorholen und sagen konnte: So hat es vermutlich damals ausgesehen", erläutert er. Um dem Design-Team ein Ge-

Das Schwert der Braut: Bei einem Katana sind Montierung und Verzierung das einzig Auffällige.

fühl für ein Schwert zu vermitteln, wurden die mitgebrachten Exemplare auch praktisch ausprobiert. „An John Howe war besonders toll, dass er uns erst ein paar Übungsschwerter anfertigen ließ. Er konnte sehr gut fechten und machte auf dem Parkplatz alle Techniker aus dem Workshop fertig", berichtet Team-Chef Richard Taylor.

„Schwerter im Film sind fast immer riesengroße, hässliche und plumpe Gegenstände, die man nie heben könnte, wenn sie wirklich aus Metall wären. Ein Schwert sollte ausgewogen, elegant und schön sein", führt Howe aus. Von den ersten Schwertskizzen wurden „lebensgroße" Pappschablonen hergestellt und durchgesprochen. Die endgültigen Entwürfe wurden dann von Lyon in ein dreidimensionales Schwert umgesetzt. Abschließend wurden die Waffen noch künstlich gealtert, damit sie benutzt aus-

Die Replik des Michonne-Schwerts aus „The Walking Dead": Die Klinge ist hier aus Carbonstahl geschmiedet.

Fotos: AMC, Master Cutlery

sahen. „Meine Aufgabe war es, die Waffen so gut zu machen, wie es mir möglich war – funktionstüchtig, abgesehen von einer stumpfen Schneide. Alle Klingen wurden aus wärmebehandeltem Federstahl hergestellt, und wenn sie scharf wären, könnte man diesen Waffen sein Leben anvertrauen", so Lyon.

Leider wurden die offiziell lizensierten Nachbauten der „Herr der Ringe"-Schwerter nur als reine Deko-Exemplare produziert. Doch viele Schwertfans gaben sich damit nicht zufrieden. Das führte zu einer Welle von nichtlizensierten Nachbauten im „Elben-Stil", beziehungsweise zu Do-it-yourself-Projekten, bei denen funktionstüchtige Schwerter modifiziert wurden.

Das Schwert „Narsil"/„Andúril" ist die berühmteste Waffe der Ring-Trilogie. Narsil, das Schwert der Könige von Gondor, zerbricht im Kampf gegen Sauron, wird aber während des Ringkrieges wieder repariert. Die Bruchstücke werden zusammengeschmiedet, und das neue Schwert wird „Andúril" (Flamme des Westens) genannt. J.R.R. Tolkien – Autor von „Herr der Ringe" – beschreibt Andúril folgendermaßen: „Auf seiner Klinge wurden als Sinnbild sieben Sterne zwischen der Mondsichel und der strahlenden Sonne eingraviert, und darüber standen viele Runen." An anderer Stelle wird „Andúril" als Langschwert beschrieben.

Die Filmversion entspricht einem großen Langschwert. Im Profil erinnert das Schwert durch die lange Hohlkehle an Typ XIIa, die konkaven Schneiden gehören aber eher zu Typ XVIIIa. Der durchbrochene Knauf ist mit einer Inschrift in der Elbensprache Quenya versehen. Die Klinge

Kreativer Fantasy-Mix und dennoch absolut funktional: Schwertschmied John Lundemo kombinierte hier eine typisch japanische Katana-Klinge mit einer europäischen Montierung, bestehend aus Ledergriff, facettiertem Knauf und einer Parierstange mit Seitenbügeln. *Foto: Sharp by Coop*

Andúril: Das Schwert der Könige von Gondor ist die wichtigste Waffe in „Herr der Ringe“.

Fotos: New Line Cinema, United Cutlery

des neu geschmiedeten „Andúril" ist mit Runen, Sonne, Mond und Sternen graviert.

„Glamdring" und „Stich", die Schwerter von Gandalf und Frodo, sind Schwerter elbischer Herkunft. Elben-Design orientiert sich an natürlichen Formen. Die Verzierungen weisen ein Blatt- und Rankenmuster auf, das die Produktionsdesigner vom Jugendstil abschauten. Für die Schwerter der Elben wählte man zwei verschiedene Typen: gerade Schwerter mit blattförmigen Klingen und gekrümmte Säbel. Kurzschwerter mit blattförmiger Klinge kennen wir aus der Antike. Im Mittelalter tauchen sie allerdings überhaupt nicht auf. Das fällt wieder unter künstlerische Freiheit. Mit der Filmversion von „Stich" hat Designer David Falconer eine äußerst elegante Waffe mit harmonischen Proportionen geschaffen. Parierstange und Klinge sind mit einer Inschrift in Quenya verziert.

„Glamdring" ist eine interessante Mischung aus keltischem Langschwert und mittelalterlichem Bastard-

Ein Bastardschwert mit blattförmiger Klinge: Gandalfs „Glamdring" war für Schwertschmied Peter Lyon eine besondere Herausforderung.

Fotos: New Line Cinema, United Cutlery

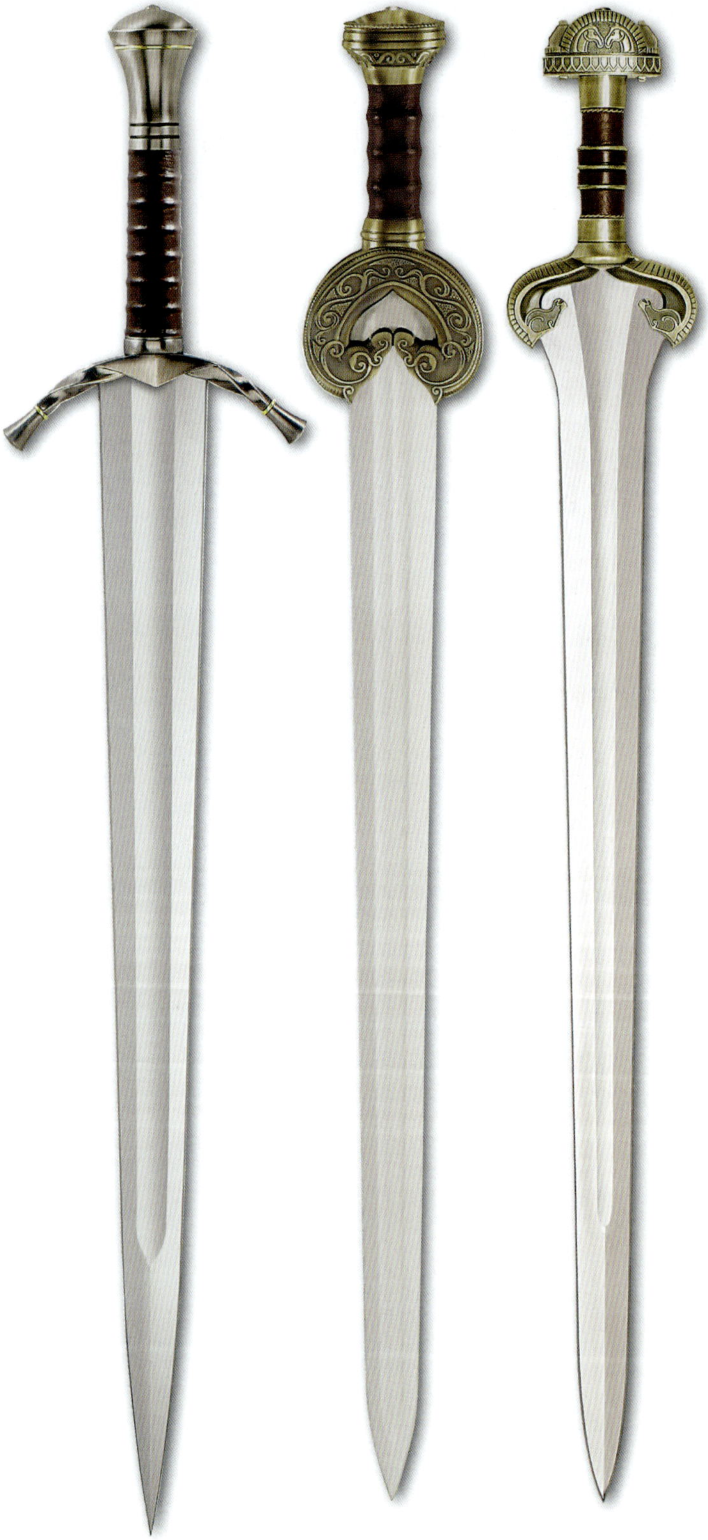

Von links nach rechts: Die Schwerter von Boromir, König Theoden und Eowyn.

Foto:United Cutlery

schwert. Der Griff ähnelt einer kleinen Gruppe von gotischen Bastardschwertern aus der Mitte des 16. Jahrhunderts. Dieses spezielle Design stellte sich, wie Peter Lyon ausführt, als eines der schwierigsten heraus: „Glamdring war durch die lange, blattförmige Klinge eine besondere Herausforderung. Es hätte sehr leicht schlecht zu schwingen sein können, so habe ich in den breitesten Teil der Klinge eine starke distale Verjüngung geschliffen. Das daraus resultierende Schwert war durch den großen Knauf gut ausbalanciert."

Arwens „Hadhafang" ist eine Mischung aus Samurai-Schwert und orientalischem Säbel. Einerseits findet man die japanische Klingenform mit der leicht schräg abgesetzten Spitze, andererseits den pistolenförmigen Säbelgriff, der entgegengesetzt zur Klinge gekrümmt ist. Ein eigentümliches Detail ist das Fehlen jeglicher Art von Parierstange oder Stichblatt. So etwas gibt es sonst nur bei Schwertern aus dem südostasiatischen Raum. Die Verzierung ist dagegen an Rankenmotiven aus dem Jugendstil orientiert.

Einen krassen Gegensatz zu den Elben-Waffen bildet das schlichte, rein praxisorientierte Schwert Boromirs. Es handelt sich hier um ein Schwert, das man in einer Museumsvitrine durchaus für ein historisches Schwert halten könnte. Es besitzt eine breite Klinge mit Hohlkehle, die zu einer scharfen Spitze ausläuft. Die tordierte Parierstange ist auch bei einigen historischen Schwertern zu finden, allerdings ist sie dort nicht gebogen.

Die Schwerter der Rohirrim orientieren sich an frühmittelalterlichen Waffen. Sie entsprechen in der äußeren Form der Spatha. Diese Gestaltung für die Waffen eines Reitervolks ist insofern historisch korrekt, als dass nicht nur die römische Kavallerie, sondern auch die frühmittelalterlichen Reitervölker (Skythen, Awaren, Hunnen) gerade, zweischneidige Schwerter führten. Die Unterschiede der Rohirrim-Schwerter zu den historischen Waffen bestehen im Grunde genommen nur in der Klingenbreite und der Griffgestaltung: Die Klingen der Filmschwerter sind deutlich breiter als die der historischen Reiterschwerter – sie entsprechen der germanischen Spatha. Die Montierung ist antiken Bronze- und Eisenschwertern sowie Wikingerschwertern entlehnt.

„Herugrim" – das Schwert König Theodens von Rohan – ist ebenfalls ein gutes Beispiel für die Waffen der Rohirrim. Die 69 Zentimeter lange Klinge zeigt zwei schmale Hohlkehlen, wie sie für einige Spathae typisch sind. Der

Frodos „Stich" ist die reine Verkörperung des für den Film geschaffenen Elben-Stils.

Fotos: New Line Cinema, United Cutlery

runde Handschutz und der Knauf bestehen aus Bronze und sind mit Pferdemotiven verziert. Auch Eowyns Schwert ist mit dem alles beherrschenden Pferdemotiv der Rohirrim-Kultur geschmückt. Die Klinge ist ein klassisches Beispiel für den Typ X, die Parierstange orientiert sich an antiken Bronze- und Eisenschwertern und umfasst die gesamte Klingenbasis. Der Knauf entspricht wiederum einem Wikingerschwert.

Das vielleicht schönste Schwert der Film-Trilogie ist Streichers Langschwert. In Tolkiens Roman trägt Aragorn die Bruchstücke von „Narsil" in der Gürtelscheide mit sich herum. Wie Aragorn mit einem zerbrochenen Schwert Kämpfe übersteht, darüber schweigt Tolkien sich aus. Es handelt sich um ein märchenhaft-romantisches Motiv, das nicht ganz logisch konsistent ist. Deshalb weicht Peter Jacksons Drehbuch hier – absolut zu Recht – von der Vorlage ab: Im Film werden die Überreste von „Narsil" in Elronds Haus in Bruchtal aufbewahrt. Bis Aragorn das erneuerte „Narsil" / „Andúril" im Kampf gegen Saurons Horden führen kann, benutzt er zwischenzeitlich sein eigenes Langschwert.

Streichers Langschwert ist ein schmuckloses Bastardschwert – die typische, zweckorientierte Waffe eines einfachen Söldnerführers. Ein charakteristisches Detail ist unter anderem das an der Scheide angebrachte einfache Beimesser, wie wir es auch von den spätmittelalterlichen Schwertern kennen. Die 91 Zentimeter lange Klinge ist eine schlanke Version vom Typ XIIa, die Montierung aber zeigt typische spätmittelalterliche Details, wie den eisernen Verstärkungsring am Griff und den birnenförmigen Knauf.

Diese schmucklose und dennoch schöne Waffe entspricht von allen Schwertern aus „Der Herr der Ringe" den historischen Vorbildern am ehesten. Die klaren Proportionen und Linien haben die zeitlose Eleganz mittelalterlicher Schwerter exakt eingefangen.

Eine Mischung aus Samurai und Jugendstil: Arwens „Hadhafang".
Fotos: New Line Cinema, United Cutlery

Von einem historischen Schwert des Spätmittelalters kaum zu unterscheiden: Das Schwert von Streicher.

Fotos: New Line Cinema, United Cutlery

Foto: Windlass

Schwertproduktion heute

Wenn man die heutige Schwertproduktion betrachtet, kann man drei Regionen (und auch Kategorien) unterscheiden. Dabei zeichnen sich die verschiedenen Herkunftsländer durch unterschiedliche Ausgangsmaterialien und Herstellungsmethoden aus.

Osteuropa, insbesondere Tschechien: Hier werden in kleinen Handwerksbetrieben vor allem Schaukampfschwerter und Trainingsschwerter geschmiedet, die dann im Versandhandel oder auf Mittelaltermärkten vertrieben werden, teilweise sind sie auch über größere Reenactment-Händler erhältlich.

Asien: Der Löwenanteil aller im Handel befindlichen Schwerter stammt aus Asien. In mittelständischen Unternehmen werden hier alle möglichen Schwerttypen in Serie geschmiedet und dann in aller Welt vertrieben. Diese Schwerter sind meist sehr preiswert, häufig ist auch die Qualität nicht optimal.

Moderne Katana aus Serienfertigung kommen grundsätzlich aus Asien – auch wenn die Marke eine Herstellung in den USA oder in Solingen suggeriert. Wenn im Folgenden von japanischen Schwertern die Rede ist, dann sind damit Schwerter im japanischen Stil gemeint.

Nordamerika: Einige Handwerksbetriebe in den USA haben sich darauf spezialisiert, mit modernen Methoden wie CNC-Fräsen scharfe High-End-Schwerter im höherpreisigen Bereich herzustellen. Diese Schwerter werden normalerweise im Direktversand vertrieben.

Was ist der beste Stahl?

Auf diese einfache Frage gibt es keine einfache Antwort. Stahl ist ein hoch komplexes Thema. Wir wollen uns dennoch einer Antwort annähern. Am Anfang sei vor einem typischen Einsteigerfehler gewarnt: Für praxistaugliche Schwerter eignet sich rostfreier Stahl normalerweise nicht. Die meisten von uns haben die erste Erfahrung mit Klingen in der Küche gemacht, und Kochmesser werden seit Anfang des 20. Jahrhunderts überwiegend aus sogenanntem rostfreiem Stahl hergestellt (eigentlich müsste es rostbeständig heißen, da selbst „rostfreier" Stahl unter bestimmten Bedingungen rostet). So haben also die meisten Menschen rostfreien Stahl als etwas Gutes kennengelernt – oder haben mit nicht-rostfreiem Stahl noch gar keine Bekanntschaft gemacht.

Aber der hohe Chrom-Anteil, der den Stahl rostfrei macht, hat nicht nur positive Eigenschaften: Er verändert die Stahlstruktur, so dass der Stahl weniger zäh und elastisch ist als nicht-rostfreier Stahl. Bei einer kurzen Messerklinge fällt das normalerweise nicht ins Gewicht – aber ein Schwert, das nicht flexibel genug ist, zerbricht nach wenigen Hieben.

Viele rostfreie Stahlsorten, wie 420, sind preiswert und maschinell leicht zu bearbeiten – deshalb werden sie von der Industrie immer wieder für dekorative Schwerter verwendet, die manchmal sogar als „kampftauglich" vermarktet werden. Oft wird versucht, die mangelnde Flexibilität dadurch zu kompensieren, dass die Klingen nur niedrig gehärtet werden. So erreicht die Klinge eine gewisse Elastizität, verliert aber auch ihre Schnitthaltigkeit.

Eine andere Methode ist, Klingen aus rostfreiem Stahl auf das notwendige Maß zu härten und sie im Querschnitt stärker und dicker zu machen, um die mangelnde Zähigkeit zu kompensieren. Das macht aber die Klinge schwerer und verändert Balance und Schnitteigenschaften. Aber auch solche Tricks ändern nichts daran, dass rostfreier Stahl normalerweise nur für Dekozwecke taugt und für Praxis-Schwerter nicht geeignet ist.

Der Stahl für ein Schwert sollte also unbedingt nicht-rostfrei sein. Doch was bedeutet es, wenn in einem Schwertkatalog bei der Stahlsorte „1065" oder „5160" steht, und wo liegen die Unterschiede?

Viele Schaukampfschwerter werden in Tschechien produziert und auf Mittelaltermärkten verkauft.

Schwerter werden heutzutage meistens aus modernem Industriestahl hergestellt. *Foto: Böhler*

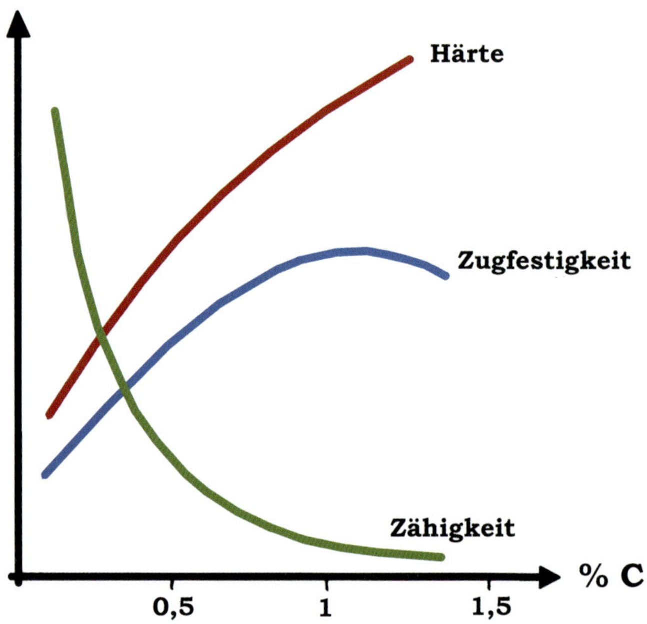

Legierungselemente wie Kohlenstoff müssen in der richtigen Menge enthalten sein, um beim Stahl die gewünschten Eigenschaften zu erzielen.

Moderne Stahlsorten lassen sich nach dem Kohlenstoffgehalt in drei Gruppen einteilen:

- **0 bis 0,3 % C = Stahl mit niedrigem Kohlenstoffgehalt**
- **0,3 bis 0,7 % C = Stahl mit mittlerem Kohlenstoffgehalt**
- **0,7 bis 1,5 % C = Stahl mit hohem Kohlenstoffgehalt**

Für die Schwertherstellung sind nur Stahlsorten mit mittlerem und hohem Kohlenstoffgehalt relevant. Stahl mit wenig Kohlenstoff lässt sich nicht hoch genug härten, und die Verschleißfestigkeit ist entsprechend gering. Wenn andererseits deutlich mehr als ein Prozent Kohlenstoff enthalten ist, wird der Stahl zu spröde und dazu zu bruchanfällig.

Neben dem Kohlenstoff bestimmen auch verschiedene weitere Legierungselemente die Eigenschaften des Stahls. Hier kommt es darauf an, die Anteile optimal auszubalancieren. Phosphor zum Beispiel erhöht die Härte und Zugfestigkeit und verbessert die maschinelle Bearbeitungsfähigkeit – aber in höheren Konzentrationen macht es den Stahl ebenfalls spröde.

Ein großer Anteil der heutigen Schwerter besteht aus Stählen der sogenannten 10xx-Serie (beispielsweise 1055, 1060, 1075, 1095). Es handelt sich hier um völlig chromfreie Kohlenstoffstähle, die hauptsächlich mit Mangan legiert sind. Die beiden Ziffern hinter der 10 geben den Kohlenstoffgehalt an: 1060 enthält also rund 0,6 Prozent Kohlenstoff. Die 10xx-Stähle bieten den Herstellern mehrere Vorteile: Sie sind relativ preiswert im Einkauf, einfach zu bearbeiten und unproblematisch zu härten.

Eigenschaften von Legierungselementen

	Schnitthaltigkeit	Härte	Härtbarkeit	Festigkeit	Zugfestigkeit	Schlagfestigkeit	Abriebfestigkeit	Rostwiderstand
Carbon	X	X	–	–	X	–	–	–
Chrom	–	X	–	X	X	–	X	X
Mangan	–	–	X	–	X	–	X	–
Molybdän	–	X	X	X	X	–	–	X
Nickel	–	X	–	–	–	–	–	X
Phosphor	–	X	–	–	X	–	–	–
Silicium	–	–	–	–	X	–	–	–
Schwefel	–	X	–	X	X	–	–	–
Vanadium	–	X	–	–	X	X	–	–

Quelle: Columbia River Knife & Tool

Typische Stahlsorten für handelsübliche Schwerter

	1065 (1.1230)	1095 (1.1274)	55Si7 (1.5026)	9260 (1.7108)	14260 (1.7102)	5160 (1.7176)	L-6 (1.2714)
Carbon in %	0,60 – 0,70	0,90 – 1,00	0,55 – 0,60	0,55 – 0,65	0,55	0,55 – 0,65	0,65 – 0,75
Chrom in %	–	–	–	–	0,60	0,70 – 0,90	0,60 – 1,20
Mangan in %	0,60 – 0,90	0,30 – 0,50	0,60 – 1,00	0,75 – 1,00	0,65	0,75 – 1,00	0,25 – 0,80
Molybdän in %	–	–	–	–	–	–	0,50
Nickel in %	–	–	–	–	–	–	1,25 – 2,00
Phosphor in %	0,04	0,04	0,05	0,03	–	0,03	–
Silizium in %	–	–	1,50 – 2,00	1,80 – 2,20	1,45	0,15 – 0,30	0,50
Schwefel in %	0,04	0,05	0,05	0,04	–	–	–
Vanadium in %	–	–	–	–	–	–	0,20 – 0,30

Damaszenerstahl heute

Ursprünglich war Damaszenerstahl eine Methode, die Eigenschaften mehrerer Stahlsorten zu vereinen: Weicher, aber elastischer Stahl wurde mit hartem, schnitthaltigem Stahl zusammengeschmiedet. In der heutigen Zeit, in der hoch leistungsfähige Monostähle erhältlich sind, hat Damaststahl keinen technischen Vorteil mehr. Er bringt keine bessere Leistung als fachgerecht behandelter Monostahl. Dennoch werden sowohl bei Top-Schwertschmieden als auch bei den Serienherstellern nach wie vor Damast-Schwerter geschmiedet.

Ein Grund dafür liegt einfach in der Optik: Die geschmiedeten Muster im Stahl sehen einfach schön aus. Ein anderer Grund ist der legendäre Ruf und Nimbus von Damaszenerstahl, der eine besondere Faszination ausübt. Abgesehen davon hat schlichtweg die Handwerkskunst hinter Damaszenerstahl ihren eigenen Reiz. Im Gegensatz zum Monostahl kommt die Schmiedekunst beim Damast besonders zur Geltung.

Damaszener-Schwert von Peter Swarz-Burt: Die Fans lieben die geschmiedeten Muster.

Foto: Sharp by Coop

Das legendäre „Homeshopping-Video“

Wie spröde und bruchanfällig ein Dekoschwert aus rostfreiem Stahl ist, beweist ein berüchtigter Unfall bei einem amerikanischem Homeshopping-Sender – der Filmausschnitt ist leicht im Internet zu finden. Der Verkäufer preist ein Set von Samuraischwertern aus rostfreiem Stahl an und beginnt die Klinge – nicht einmal besonders kraftvoll – auf die Tischplatte zu schlagen. Beim dritten Hieb zerspringt die Klinge in Stücke, und eines davon fliegt dem Verkäufer in die Brust.
http://www.youtube.com/watch?v=C7FBrmpaMAU

Die höher legierten 10xx-Stähle (Federstähle ab 1055 aufwärts) sind für Schwertklingen gut geeignet und liefern wirklich hervorragende Ergebnisse – die richtige Wärmebehandlung natürlich vorausgesetzt. 1045 ist ein preisgünstiger und einfach zu berarbeitender Stahl. Er stellt für funktionstüchtige Schwerter das Qualitätsminimum dar. Schwerter aus dieser Stahlsorte sollte man allerdings nur für leichte Schnitt-Tests verwenden. 1060 leistet hier mehr und gehört zu den bei Schwertern am häufigsten verwendeten Stahlsorten.

In der Schwertproduktion sind auch aufwändiger legierte Federstähle wie 5160 oder Werkzeugstähle wie L-6 beliebt. Sie sind sehr zäh und widerstandsfähig, allerdings auch schwieriger zu bearbeiten. So ist das Schleifen und Polieren – was einen Großteil der Herstellungskosten eines Schwerts ausmacht – wesentlich zeitraubender. Auch die Wärmebehandlung – also das Härten und Anlassen – ist bei diesen Stählen anspruchsvoller. Fachgerecht bearbeitet sind diese Werkzeugstähle aber ein sehr gutes Ausgangsmaterial für eine Schwertklinge.

In den letzten Jahren hat sich in der industriellen Schwertproduktion auch die Stahlsorte 9260 (die deutsche DIN-Bezeichnung lautet 1.7108) durchgesetzt. Dieser Stahl hat einen hohen Anteil an Silizium und ist deshalb besonders elastisch und widerstandsfähig.

Bei einigen Herstellern wird die exakte Stahlsorte nicht angegeben. Stattdessen finden sich Angaben wie „Kohlenstoffstahl", „Carbonstahl" oder „Federstahl". Manche Firmen wollen die Kunden – von denen viel wohl ohnehin nichts mit der Stahlbezeichnung anfangen können – nicht unnötig verwirren. Andere verwenden mehrere Sorten und wollen sich nicht festlegen. Und wieder andere – das ist besonders bei kleineren Handwerksbetrieben in Osteuropa der Fall – verwenden schlichtweg ausgediente Blattfedern von LKW als Ausgangsmaterial. Im ersten Moment mag sich das minderwertig anhören, aber tatsächlich sind Blattfedern sehr gut für diese Art von Upcycling geeignet und lassen sich zu hervorragenden Klingen schmieden.

An dieser Stelle möchte ich noch einmal darauf hinweisen, dass die Stahlsorte nur die „halbe Miete" ist. Auch Klingen aus hochwertigem Stahl können beim Einsatz zerspringen, wenn sie falsch verarbeitet wurden. Entscheidend ist, dass der Stahl die richtige Wärmebehandlung erhält, um das Potenzial des Materials in vollem Umfang auszuschöpfen.

Bruce Brookhart von der Produktabteilung von Museum Replicas testet die Flexibilität eines fertigen Schwerts.

Foto: Museum Replicas

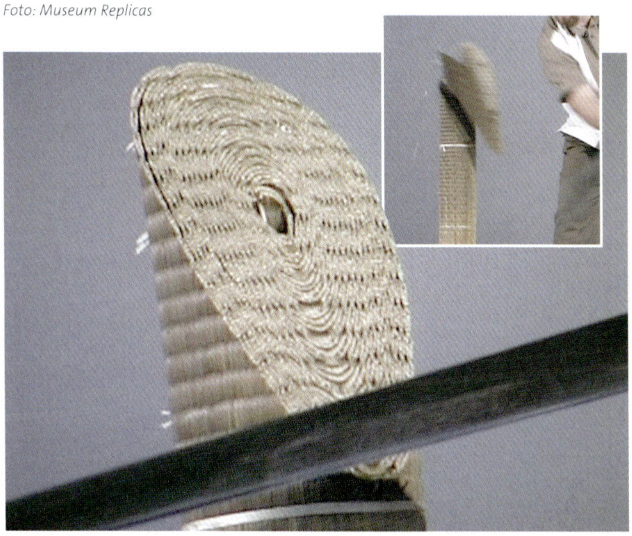

Die Schnittfähigkeit eines Schwerts wird hier auf japanische Art (an einer gerollten Strohmatte) getestet. *Foto: Cold Steel*

Schnitt-Test an einer Röhre aus Hartpappe. *Foto: Cold Steel*

Industrielle Fertigung

Im Gegensatz zur modernen Messerherstellung, bei der Lasercutter und CNC-Fräsen die Regel sind, werden Schwerter auch im 21. Jahrhundert größtenteils noch geschmiedet. Meist kommen maschinelle Hämmer zum Einsatz, die dem Schmied die Arbeit erleichtern. Ansonsten wird vor allem in Fernost oft auch noch die traditionelle Methode verwendet – ein versierter Schmied arbeitet mit einem „Zuschläger" als Paar zusammen.

Nachdem der Klingenrohling weitestgehend in Form gebracht wurde, werden die Details am Bandschleifer und mit der Feile herausgearbeitet, bis der Rohling die gewünschte Form hat. Insofern sind fast alle Schwerter aus moderner Serienproduktion „handgeschmiedet" – weshalb das kein echtes Qualitätsmerkmal mehr darstellt.

Bei moderner Katana-Produktion wird bei den höherwertigen Exemplaren der Rohling in Form geschmiedet, dann wird nach einem ersten Schliff die Klinge weiter mit der Feile oder auch mit speziellen Zieheisen aus dem noch ungehärteten Rohling „herausgeschnitzt". Letztere Methode entspricht ziemlich genau der historischen japanischen Technik.

Die andere Möglichkeit, einen Klingenrohling herzustellen, ist das CNC-Fräsen. Der Maschinen-Einsatz spart einerseits Arbeitskräfte und ermöglicht andererseits eine sehr konsistente Qualität. Was zur fertigen Schwertklinge noch fehlt, sind genau wie bei einem geschmiedeten Rohling noch die Wärmebehandlung und der endgültige Schliff. Für die Wärmebehandlung wird heute meistens nicht mehr das Schmiedefeuer, sondern ein moderner Härteofen benutzt, der eine ganze Charge Klingen zum Glühen bringt. Wenn sie die richtige Temperatur haben, werden sie dann – je nach Stahlsorte – in Wasser oder Öl abgeschreckt. Um die Sprödigkeit der gehärteten Klingen zu verringern, werden sie dann in einem Anlassofen auf geringere Temperaturen erhitzt und längere Zeit gehalten.

Bei Katana aus moderner Produktion werden verschiedene Varianten der klassischen Lehmhärtung verwendet. Manchmal wird der Lehm in der traditionellen Weise inklusive der Ashi aufgetragen, manchmal wird die Klinge komplett in Lehm gehüllt und dann die spätere Schneide wieder freigekratzt.

Bei gröberen Arbeiten kommt heute ein maschineller Hammer zum Einsatz.

Foto: Cas Hanwei

Die endgültige Form des Rohlings wird mit Schleifmaschinen herausgearbeitet.

Foto: Del Tin

Die Klingen werden in den Härteofen gepackt und gleichmäßig erhitzt.

Foto: Windlass

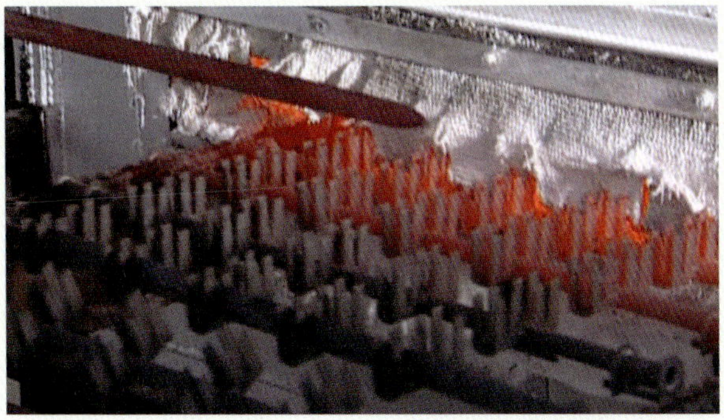

Sobald sie die richtige Temperatur haben (ca. 800-900 °C), werden sie ...

Foto: Windlass

... in einem kalten Bad aus Wasser oder Öl abgeschreckt.

Foto: Cas Hanwei

Vorbereitung der Lehmhärtung für ein „John Lee"-Schwert.

Foto: Haller

Die verschiedenen Produktionsstadien einer modernen Katana-Klinge.

Foto: Haller

Wenn alles richtig gelaufen ist, ist die Klinge (bei europäischen Schwerttypen) nun hart und dennoch flexibel. Um das zu überprüfen, haben die großen Hersteller spezielle Prüfstände, in denen die Klinge um ein genau definiertes Maß gebogen wird und anschließend wieder zurückfedern muss. Solche Testapparate gab es bereits im 18. Jahrhundert.

Der letzte Schritt bei der Klinge sind der abschließende Schliff und die Politur. Je nach Schwerttyp und Hersteller kann das ganz unterschiedlich ausfallen. Bei mittelalterlichen Schwertern erfolgen Endschliff und Politur in der Regel maschinell auf Schleifmaschinen und Bandschleifern. Wie scharf die Klingen letztlich geschliffen werden, hängt vom Hersteller ab. Viele Hersteller liefern nur einen Grundschliff. Der Kunde muss sich dann beim Händler – sofern dieser einen Schärfservice anbietet – entscheiden, ob er seine Klinge komplett scharf geschliffen haben will.

Bei Katana wird noch relativ viel von Hand gearbeitet, mit Schleifsteinen und Schleifpapier. Die Klingen werden meist auch komplett scharf ausgeschliffen. Für die Politur kommen je nach Hersteller unterschiedliche Methoden zum Einsatz – meistens werden aus Zeit- und Kostengründen zusätzlich zum Schleifstein auch Säuren verwendet, um den Hamon und die Schmiedemuster zum Vorschein zu bringen.

Größere Hersteller haben eigene Abteilungen für Scheiden und Montierungen, kleinere Betriebe lassen häufig diese Komponenten von Zulieferbetrieben herstellen. Knäufe und Parierstangen werden bei den tschechischen Manufakturen häufig noch von Hand geschmiedet, bei den großen Herstellern werden sie in der Regel gegossen. Dabei beschränkt man sich in der Regel auf wenige Standardmodelle, um die Produktion wirtschaftlich zu halten.

Beim Gießen der Montierung werden zuerst Modelle in Originalgröße aus Hartwachs geschnitzt. Diese Modelle werden dann mehrfach in eine Keramikmasse getaucht, bis aus mehreren getrockneten Keramikschichten ein harter, feuerfester Mantel entstanden ist. In einem Ofen wird dann das Wachs herausgeschmolzen. Die Gussform ist fertig. Je nach Modell wird nun die Montierung aus Metallen wie Bronze, Messing oder Stahl gegossen. Das erkaltete Gussstück wird mit Werkzeugen wie Feilen und Drahtbürsten und mit verschiedenen Laugen oder Säuren weiter bearbeitet.

Die Holzgriffe werden grob vorgedrechselt und anschließend mit Raspeln, Feilen und Bandschleifern in Form gebracht. Gewöhnlich werden sie dann noch mit Leder beklebt. Auch für die Endmontage ist noch einige Handarbeit nötig. Je nach Hersteller und Modell wird die Montierung über dem Knauf verschraubt oder vernietet.

Am Ende der Prozedur steht dann ein Schwert, das seinen historischen Vorbildern in der Funktionalität entweder vage ähnelt oder ziemlich nahe kommt.

Die Klingen werden bei niedrigerer Temperatur „angelassen", um die Sprödigkeit des Härtens zu reduzieren.

Foto: Windlass

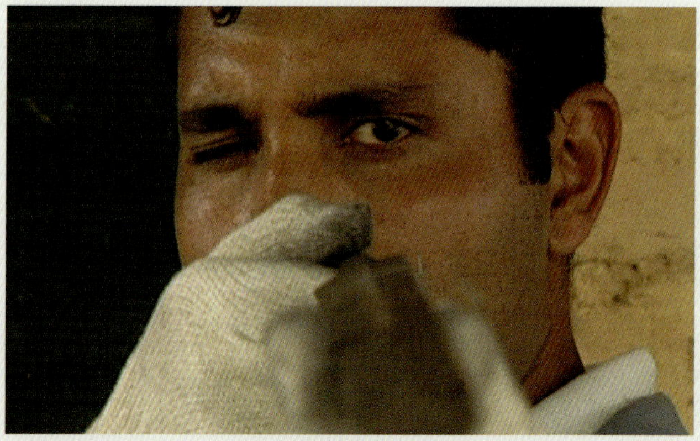

Nach dem Anlassen wird geprüft, ob sich die Klinge bei der Wärmebehandlung verzogen hat.

Foto: Windlass

Der Endschliff an der Schleifmaschine.

Foto: Windlass

Bei Katana kommt noch viel Handarbeit zum Einsatz.

Foto: Haller

Noch heute werden hochwertige Katana von Hand poliert.

Foto: Haller

Aus Hartwachs wird das Modell einer Parierstange geschnitzt.

Foto: Cas Hanwei

Aus dem Modell werden Gussformen erstellt und ...

Foto: Cas Hanwei

... mit feuerfester Keramikmasse überzogen.

Foto: Cas Hanwei

Die Parierstange wird aus Bronze, Messing oder Stahl gegossen.

Foto: Cas Hanwei

Anschließend erfolgt die Endbearbeitung mit Feilen und Bürsten.

Foto: Cas Hanwei

Bei Schwertern, die in größeren Stückzahlen hergestellt werden, lassen sich durch das Gießen der Montierung die Kosten deutlich reduzieren.

Foto: Cas Hanwei

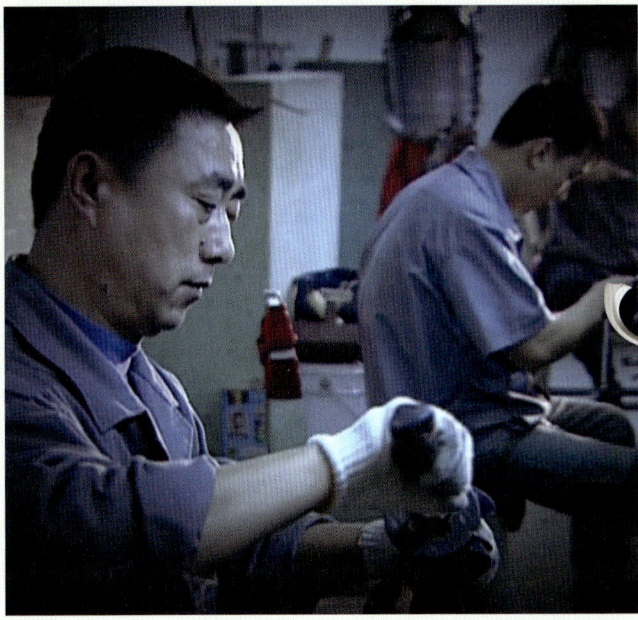

Die Endmontage bei Hanwei.

Foto: Cas Hanwei

Fulvio Del Tin beim Vernieten einer Degenmontierung.

Foto: Del Tin

Das fertige Schwert: Der letzte Schritt der Produktion sind die Anfertigung von Griff und Scheide.

Foto: Cold Steel

Foto: Messer Magazin

Schwertkauf für Einsteiger

Heute gibt es nur wenige Schwert-Wünsche, die man sich nicht erfüllen kann – das nötige Kleingeld vorausgesetzt. Wenn man einen Katalog aufschlägt oder einen Online-Shop auf dem Bildschirm hat, wird man von der Angebotsfülle erschlagen. Der erste Schritt ist deshalb, sich folgende Frage zu stellen:

Für welchen Zweck kaufe ich das Schwert?

Das klingt nach einer oberflächlichen Plattitüde. Aber es gibt jede Menge Schwerter für die unterschiedlichsten Anwendungen – und einige Modelle sind für manche Zwecke schlichtweg nicht geeignet. Grundsätzlich kann man folgende Anwendungen unterscheiden:

- **Reenactment**
- **Schaukampf**
- **Kampfkunst-Training**
- **Schnitt-Tests**
- **Sammeln**

Natürlich gibt es bei diesen Anwendungen viele Überschneidungen. Während einige Reenactor ein historisch stimmiges Schwert als Bestandteil ihrer Gewandung betrachten, praktizieren die meisten doch zusätzlich auch noch den Schaukampf. Und während viele Sammler damit zufrieden sind, ihre Schwerter einfach nur an der Wand hängen zu haben, gibt es andere, die damit gelegentlich in den Garten gehen und Schnitt-Tests durchführen. Man muss sich also zuerst klarmachen, bei welchem Zweck die Prioritäten liegen.

Nicht unwichtig ist auch, wie viel man für das Schwert anlegen will. Einsteiger machen häufig den Fehler, sich von extrem niedrigen Preisen blenden zu lassen. Sie denken: „Stahl ist doch kein Plastik – was kann man da schon groß falsch machen?" Eine ganze Menge – wie wir in den vorigen Kapiteln gesehen haben. Es fängt bei schlechter Balance und zu hohem Gewicht an und hört bei mangelhaftem Stahl, unfachmännischer Härtung und groben Verarbeitungsmängeln auf. Es gilt die Regel: Wenn man von einem Schwert gute Leistungen erwartet, muss man auch etwas tiefer in die Tasche greifen.

Das muss nicht bedeuten, dass man gleich 1000 Euro ausgeben muss. Es ist auch vollkommen normal, zuerst einmal mit etwas Preisgünstigem zu beginnen. Niemand, der gerade den Führerschein gemacht hat, legt sich gleich einen Ferrari zu. Auch ein Schwert im Bereich von rund 300 Euro kann schon vernünftige Leistungen bieten.

Wie soll der Griff verarbeitet sein?

Abgesehen von mangelnder Flexibilität oder Schnitthaltigkeit der Klinge besteht das Hauptproblem in der Montierung. Manchmal wird beim Hersteller zu hastig gearbeitet. Teile passen nicht richtig zusammen, die Griffhülse wird mit kleinen Holzstückchen ausgestopft, damit sie nicht auf dem Erl wackelt. Im ungünstigsten Fall wird das Ganze einfach mit viel Klebstoff fixiert.

Entscheidend ist die Konstruktion des Erls – denn der Übergang von der Klinge zum Erl ist die empfindlichste Stelle des Schwerts. Es ist eine Frage der Physik: Das Schwert wird bewegt, indem Muskelkraft auf den Griff ausgeübt wird. Sobald die Klinge auf ein Ziel trifft, das sie nicht einfach zerteilen kann, entsteht durch den Widerstand eine gegensätzliche Kraft. Während die Hände den Griff weiter in Hiebrichtung schieben, wird die Klinge gegen die Hiebrichtung zurück gedrückt. Diese Kräfte treffen an der Verbindung von Klinge und Griff aufeinander.

Wichtig bei der Schwertkonstruktion ist also, dass der Erl breit genug ist und nicht etwa nur ein dünner Stab an

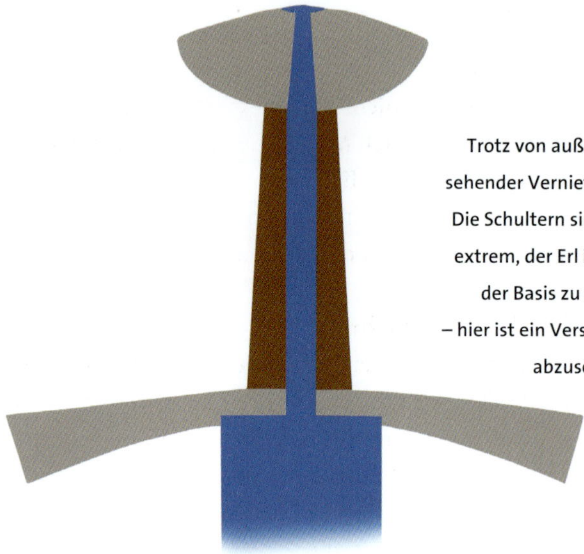

Trotz von außen zu sehender Vernietung: Die Schultern sind zu extrem, der Erl ist an der Basis zu dünn – hier ist ein Versagen abzusehen.

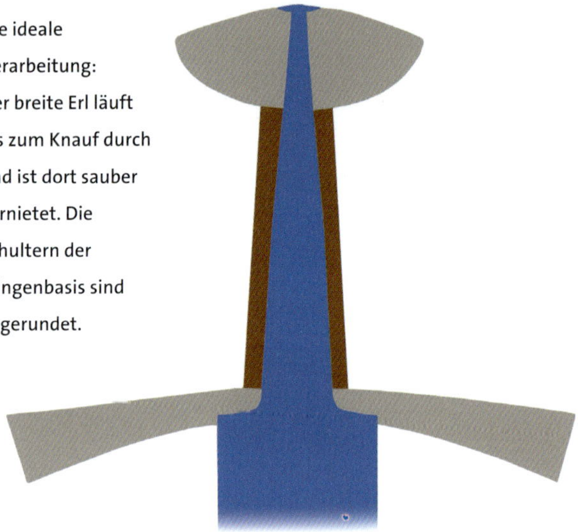

Die ideale Verarbeitung: Der breite Erl läuft bis zum Knauf durch und ist dort sauber vernietet. Die Schultern der Klingenbasis sind abgerundet.

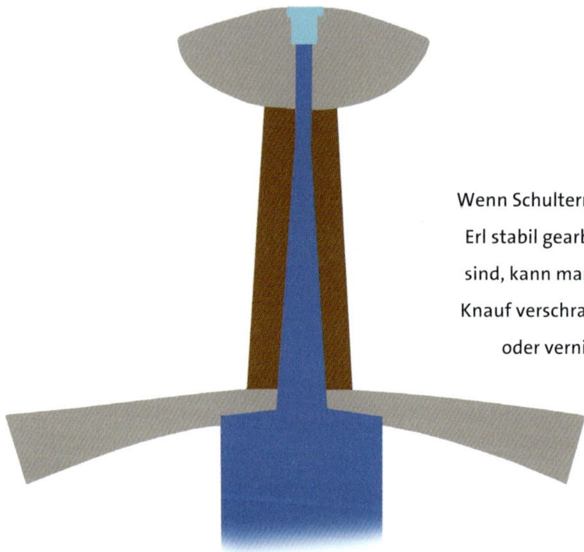

Wenn Schultern und Erl stabil gearbeitet sind, kann man den Knauf verschrauben oder vernieten.

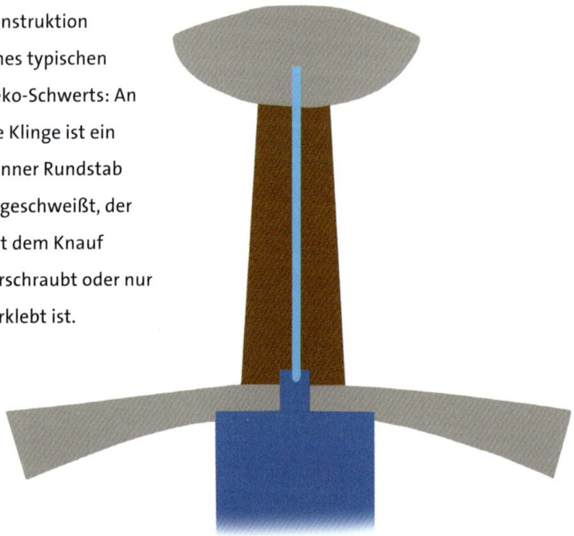

Konstruktion eines typischen Deko-Schwerts: An die Klinge ist ein dünner Rundstab angeschweißt, der mit dem Knauf verschraubt oder nur verklebt ist.

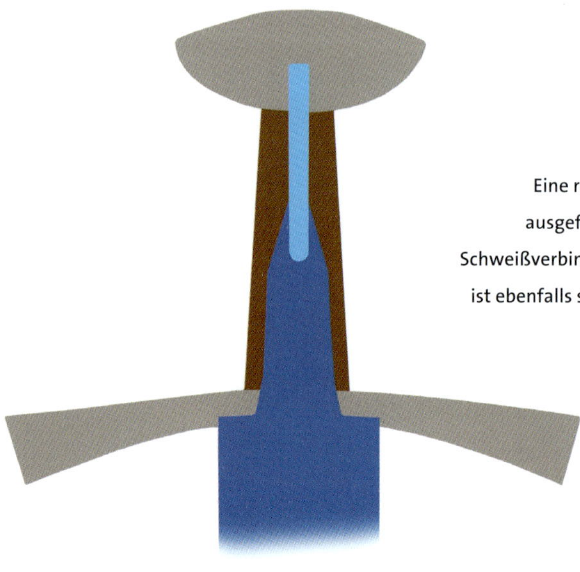

Eine robust ausgeführte Schweißverbindung ist ebenfalls stabil.

die Klinge geschweißt wurde. Zudem sollten die Schultern an der Klingenbasis nicht einen extremen 90-Grad-Winkel bilden, sondern nach Möglichkeit leicht gerundet sein. Wenn sich hier Fehler offenbaren, dann meistens erst im Einsatz – wenn die Verbindung von Erl und Klinge nachgibt und das Schwert an dieser Stelle zerbricht.

Vernietet oder verschraubt?

Zur Frage nach der Verbindung am Knauf gibt es fast schon „Glaubenskriege". Einige Schwert-Fans akzeptieren nichts anderes als eine Vernietung. Es zieht sich wie ein Dogma durch die Diskussionsforen, dass ein Schwert, dessen Knauf nicht vernietet ist, einfach minderwertig sei. Dagegen argumentieren die Verfechter der Verschraubung damit, dass diese schlichtweg praktischer ist.

Es spricht einiges für eine Vernietung – aus Sicht des Reenactors beispielsweise die historische Stimmigkeit: Die Schwertschmiede im Mittelalter haben es auch so gemacht. Wenn ein Schwert vernünftig vernietet ist, dann ist diese Verbindung praktisch unlösbar. Wenn allerdings schlampig gearbeitet wurde, sieht die Sache anders aus. Eine schlechte Vernietung ist genau so schlecht wie eine schlechte Verschraubung. Das ganze Schwert vibriert beim Kontakt mit der gegnerischen Klinge, und da der Knauf gewissermaßen ein Ende der „Stimmgabel" darstellt, wirken sich hier die Vibrationen stärker aus. Eine schlechte Nietverbindung kann sich lösen, der Griff beginnt zu wackeln, und letztlich kann die Verbindung nachgeben und das Schwert in seine Einzelteile auseinanderfallen.

Wenn man die Problematik näher betrachtet, kann man gegen eine Schraubverbindung nicht viel sagen – schließlich haben wir es im Alltag ständig mit Gegenständen zu tun, die mit Schrauben zusammengehalten werden. Und auch bei Schwertern hat es in der Geschichte Schraubverbindungen gegeben – nicht bei mittelalterlichen Schwertern, sondern bei Militär-Säbeln des 19. Jahrhunderts. Man könnte in dieser Diskussion noch anführen, dass auch ganz andere Konstruktionen in der Praxis bestehen – beispielsweise die hartverlöteten Knäufe von Fabri Armorum. Diese Schwerter haben sich seit Jahrzehnten in der Schaukampfszene bewährt.

Wenn der Erl robust genug ist und das Schraubgewinde nicht einfach angeschweißt, sondern in einen geschmiedeten Erl hinein geschnitten wurde, gibt es gegen einen verschraubten Knauf nichts einzuwenden. Bei regelmäßiger Benutzung muss man die Schraube ab und zu nachziehen, weil sie sich durch die Vibrationen im Schwert lockern kann – aber das ist nicht wirklich gravierend (flüssige Schraubensicherung schafft übrigens Abhilfe). Zudem hat eine Schraubverbindung, die man fester anziehen kann, große Vorteile in sehr trockenem Klima, in dem das Griffholz stärker „arbeitet".

Wenn man sich an der Optik einer sichtbaren Schraubverbindung am Knauf stört, dann ist die Schönheitskorrektur relativ einfach: Etwas Zinn über der Schraube ver-

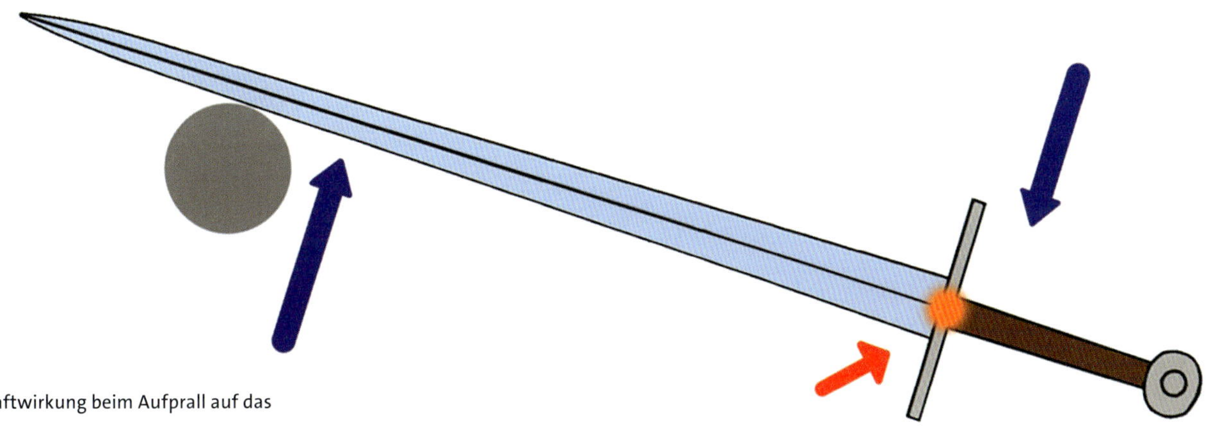

Kraftwirkung beim Aufprall auf das Ziel. Die Verbindung von Klinge und Griff ist die Schwachstelle.

Die kritischen Partien: Schultern, Erl und Übergang zum Knauf müssen robust gearbeitet sein.

Foto: Katachi Art

Bei vielen Modellen ist der Griff – mehr oder weniger offensichtlich – verschaubt.

Für viele Schwertfreunde ist ein deutlich sichtbar vernieteter Knauf das einzig Wahre.

löten und die überschüssige Menge Lötzinn mit Feile und Hammer bearbeiten. So entsteht optisch der Eindruck einer Vernietung, und wenn das Schwert zur Wartung auseinander genommen werden muss, lässt sich das Lötzinn relativ einfach wieder entfernen.

Wo kaufen?

Ideal ist es natürlich, wenn man das Schwert vor dem Kauf selbst in die Hand nehmen, begutachten und schwingen kann. Das ist beispielsweise bei einem Verkaufsstand auf einem Mittelaltermarkt oder im Laden eines Händlers möglich. Das durchschnittliche Waffenfachgeschäft hat aber gewöhnlich nur eine Handvoll Schwerter vorrätig – und die stammen meistens von den bekannten Marken (in der Regel Cas Hanwei, John Lee, Urs Velunt und United Cutlery, selten auch Cold Steel).

Ein größeres Angebot findet man im Online-Versandhandel. Die Qualität der Produktinformationen ist allerdings je nach Online-Shop stark unterschiedlich. Wirklich unverzichtbar sind folgende technische Angaben:

- **Gesamtlänge**
- **Klingenlänge**
- **Gewicht (ohne Scheide)**
- **Stahlsorte (rostfreien Stahl ausschließen!)**

Händler, die es genau nehmen, geben darüber hinaus noch weitere Daten an: Sie differenzieren beispielsweise zwischen Grifflänge und Klingenlänge und messen den Schwerpunkt aus. Wenn ein Händler im deutschsprachigen Raum die Informationen nicht parat hat, so kann man normalerweise auch auf den Internetseiten der Hersteller recherchieren oder auf den entsprechenden Seiten der Online-Foren nach Testberichten suchen:

- **www.swordforum.com**
- **forum.sword-buyers-guide.com**
- **www.myarmoury.com**
- **www.netsword.com**

Vor dem Schwertkauf ist auf jeden Fall eine umfangreiche Recherche bei verschiedenen Händlern empfeh-

Weit verbreitetes Modell unter 100 Euro: Von solch einem superbilligen Schwert kann man kaum Leistung erwarten – ein Kauf ist nicht zu empfehlen.

Foto: Messer Magazin

Vernietungen sind keine Garantie auf festen Sitz: Bei diesem Schwert (Marke „Generation 2“) wackelt es trotzdem.

Foto: Messer Magazin

Wenn sie sauber und robust ausgeführt ist, ist nichts gegen eine verschraubte Konstruktion einzuwenden.

Der hartverlötete Knauf von Fabri Armorum hat sich in der Praxis durchaus bewährt.

Foto: Messer Magazin

Sicher ist sicher: hier wurde der Knauf verschraubt und anschließend noch zusätzlich vernietet.

Foto: Messer Magazin

Auch historische Militärsäbel waren am Griffende verschraubt.

lenswert. Der Vergleich der Angebote gestaltet sich manchmal schwierig, weil einige Händler die Marken nicht angeben oder sich Fantasie-Beschreibungen ausdenken. Es hilft nichts: Hier muss man etwas Zeit investieren und recherchieren.

Lohnt sich der Direktimport?

Wenn man im Internet sucht, stößt man schnell auf Versandhändler in den USA und ist überrascht von den deutlich niedrigeren Preisen. Es drängt sich die Idee auf, das Schwert dort zu bestellen, weil es vermeintlich viel günstiger ist. Doch dieser Gedanke ist in der Regel ein Trugschluss – denn aufgrund der Folgekosten relativiert sich der Preisvorteil sehr schnell.

Zum einen sind da die Versandkosten: Normalerweise versenden Online-Händler mit einem der großen Paketdienste wie UPS oder Fed-Ex. Für ein kleines Schwert liegen die Versandkosten bei durchschnittlich 60 Dollar, für größere Exemplare fallen normalerweise Zusatzgebühren wegen Überlänge an, und so können die internationalen Versandkosten auch bei 150 Dollar liegen – allein dadurch ist das Schwert oft bereits teurer als bei einem Händler in der EU.

Im Gegensatz zu Urlaubsmitbringseln im Fluggepäck überschreitet ein Schwert im Versand auch die zollfreien Höchstgrenzen. Und die Einfuhrabgaben, die Vater Staat verlangt, haben es durchaus in sich. Neben dem Zollbetrag wird auch die Einfuhrumsatzsteuer in Höhe von derzeit 19 Prozent fällig – und zwar auf den Gesamtbetrag einschließlich der Frachtkosten.

Betrachtet man also die reinen Katalogpreise in Deutschland und den USA, erscheint der Preisunterschied erheblich – aber sobald man alle Kosten zusammenrechnet, zahlt man beim Direktimport meist sogar noch mehr. Dann ist noch zu bedenken, dass man sein Schwert vom Zollamt abholen und eventuell noch komplizierten Papierkram erledigen muss. Und sollte auch noch eine Retourensendung fällig sein (beschädigte Ware, falsches Schwert geliefert, Garantiefall) zahlt man richtig drauf. Dieses Risiko sind die paar Euro, die man (vielleicht) sparen könnte, nicht wert.

Wenn man bei einem europäischen Versender bestellt, hat dieser den ganzen bürokratischen Kram schon erledigt, und man kann sich am Schwert ohne den ganzen Stress erfreuen. Es gibt eigentlich nur einen Fall, in dem es sich lohnt, selbst ein Schwert aus den USA zu importieren:

Die Klinge sollte sich mindestens 15 Zentimeter zur Seite biegen lassen und dann wieder vollständig in den geraden Zustand zurückfedern.

Belastungstests für den Ernstfall

Mehrere tausend Jahre lang hing das Leben eines Kriegers von der Qualität seiner Waffen ab – und dementsprechend wurde ein Schwert nicht nur auf Herz und Nieren, sondern gewissermaßen auf Leben und Tod getestet. Noch im 19. Jahrhundert wurde auf den Schlachtfeldern regelmäßig der Säbel eingesetzt. Nachdem es aufgrund mangelhafter Qualität zu vielen zerbrochenen Säbeln kam, führten die Zeughäuser der europäischen Armeen standardisierte Testverfahren ein, um mangelhafte Exemplare aus einer Lieferung sofort aussortieren zu können. Vielfach wurden sogar spezielle Testapparate entwickelt, mit denen man vergleichbare Ergebnisse erzielen konnte. Dabei musste jeder einzelne Säbel verschiedene Belastungsproben erfolgreich überstehen.

Der Hersteller Cold Steel wirbt heute damit, dass seine Schwerter dem „British Proof Test" entsprechen. Dieser Test bestand darin, die Klinge zunächst jeweils mindestens 13 Zentimeter zu jeder Seite zu biegen und danach jeweils mit der Schneide, dem Rücken und den Flachseiten auf einen Hartholz-Klotz zu schlagen. Die Klinge musste die Schläge abfedern, durfte sich nicht lösen, und die Montierung durfte anschließend auch nicht wackeln.

Deutlich härter und ihrem Ruf entsprechend penibel sind die alten Preußen vorgegangen, wie wir aus Testvorschriften des 19. Jahrhunderts erkennen können. Zum Test jeder Klinge gehörten vier Phasen:

1 | Zunächst wurden anhand von Maßtabellen oder eines speziellen Mustersäbels das Gewicht, die Lage des Schwerpunkts, das Krümmungsverhältnis (Sehnenlänge und Pfeilhöhe) und die Gesamtlänge überprüft. Für jeden Wert waren bestimmte Vorgaben festgelegt. Alles, was über die Abweichungstoleranzen hinaus ging, wurde aussortiert.

2 | Zum Test der Flexibilität wurde der Säbel in ein spezielles Prüfgestell eingespannt und die Klinge je nach Modell 13 bis 18 Zentimeter zu jeder Seite gebogen. Anschließend musste sie wieder in den geraden Ursprungszustand zurückfedern.

3 | Zur Überprüfung von Materialfehlern wurde die Klinge über ein Zylinderholz gebogen und in diesem Zustand mit der Lupe genau begutachtet. Besonderes Augenmerk galt dabei fehlerhafter Wärmebehandlung: „Härtesprünge haben das eigentümlich Schädliche, dass wenn ein solcher im Anfange auch noch so klein ist, er sich doch bei jeder Biegung der Klinge immer etwas mehr erweitert oder tiefer geht, bis die Klinge zuletzt unfehlbar zerspringt", wird in der Testvorschrift erklärt.

„Es ist hier genau zu untersuchen, ob die Klinge keine schädlichen Spalten, Blätter, Adern oder gar Härtesprünge hat. Bei dem geringsten Zeichen eines Härtesprunges, selbst wenn derselbe nur dem bewaffneten Auge [= mit der Lupe] sichtbar ist, wird die Klinge ohne weiteres verworfen."

4 | Der eigentliche Knackpunkt war die Schlagprobe auf dem sogenannten „englischen Sattel" – einem Zylinderholz aus harter, abgelagerter Eiche (etwa sieben Zentimeter im Durchmesser und 45 bis 50 Zentimeter lang), das

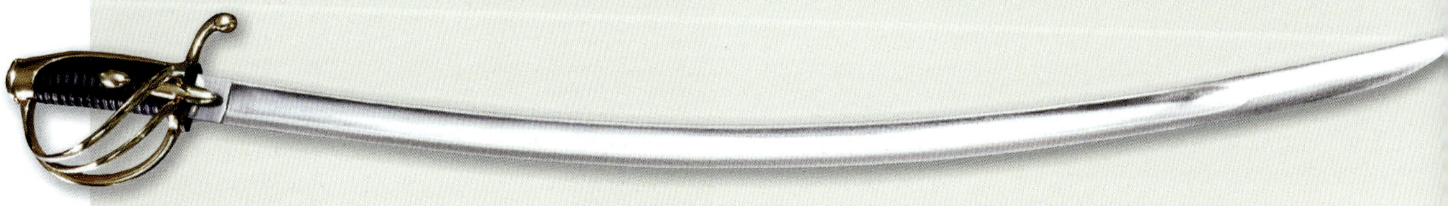

Im 19. Jahrhundert wurden die Militärsäbel von den Zeughäusern harten Tests unterzogen – schließlich hing das Leben der Soldaten davon ab.

Foto: Cold Steel

auf einem Gestell befestigt war. Es wurden mit Klingenrücken und Schneide jeweils zwei weit ausholende Hiebe mit aller Kraft (!) ausgeführt, wobei der Auftreffpunkt etwa 20 Zentimeter unterhalb der Klingenspitze lag.

„Alle Risse, Adern, offene / gespaltene Rücken oder sogenannte Faulbrüche öffnen sich fast immer bei dem ersten Hiebe", heißt es in der Vorschrift. „Alle Fehler in der Montierung – schlechte Vernietung der Angel in der Kappe, schlechte Verbindung des Bügels unter der Kappe, falsche Quernägel – oder (was leider zu oft vorkommt) zu dünne Angeln, welche mit Holzspänen im Fuße des Gefäßes und im Griffe festgekeilt sind, werden sogleich sichtbar bei dieser Probe."

Flexibilitätsprobe nach Vorbild der britischen Armee.

Foto: Cold Steel

Prüfgestell für Flexibilität: Die Klinge wird um ein genau definiertes Maß zur Seite gebogen.

Foto: Windlass

Nämlich dann, wenn das gewünschte Modell wirklich von keinem EU-Anbieter besorgt werden kann.

Wie prüfe ich das gekaufte Schwert?

Wenn man ein Schwert im inländischen Versandhandel bestellt, kauft man auch nicht die Katze im Sack. Man hat 14 Tage Widerrufsrecht und kann das Schwert zurückschicken. Natürlich kann man nicht einfach mit einem bestellten Schwert auf den nächsten Baum einhacken, das Schwert im benutzten – oder gar beschädigten – Zustand zurückschicken und sein Widerrufsrecht in Anspruch nehmen. Man sollte jedoch prüfen, ob man ein Schwert in einwandfreiem Zustand erhalten hat.

Dazu gehört zunächst einmal die optische Überprüfung: Ist die Klinge gerade oder verzogen? Klaffen größere Spalte zwischen Klinge, Parierstange, Griffstück und Knauf? Vor allem die Klingenbasis und die Parierstange sollten möglichst sauber angepasst sein. Gerade bei Massenfertigung lassen sich Spalte an dieser Stelle nicht immer vermeiden. Indem man die Klinge durch einen Faustschlag auf die Klingenfläche zum Vibrieren bringt, merkt man gewöhnlich, ob hier wirklich kritische Lücken klaffen. Wenn die Klinge vibriert, hält man den Griff ans Ohr – wenn man es klacken und klappern hört, sitzt ein Teil der Montierung nicht richtig.

Zusätzlich dazu sollte man noch unbedingt noch energisch an Parierstange und Knauf rütteln, um zu prüfen, ob sie locker sind oder fest sitzen. Wenn der Knauf verschraubt ist, sollte man die Montierung auch einmal komplett auseinander nehmen und die Verarbeitung überprüfen – ein nicht zu unterschätzender Vorteil einer verschraubten Konstruktion.

Der letzte Schritt ist ein einfacher Flexibilitäts-Test, den alle funktionstüchtigen Schwerter – mit Ausnahme von Samuraischwertern(!) – überstehen sollten: Man setzt die Klinge mit der Spitze auf eine feste Auflage und übt so lange leichten (!) Druck auf den Knauf aus, bis sie sich um knapp 15 Zentimeter durchbiegt. Das führt man drei Mal auf jeder Klingenseite durch. Wenn die Klinge nicht wieder in den geraden Zustand zurückfedert, sondern verbogen bleibt, besteht ein eindeutiger Härtefehler. Man sollte sich dabei auf keinen Fall mit vollem Körpergewicht hineinlegen und die Klinge mit aller Kraft zu einem Halbkreis biegen – das ist lebensgefährlich! 15 Zentimeter Durchbiegung sind ein realistischer Wert, wie er auch von historischen Schwerttests überliefert ist.

Der Vorteil einer verschraubten Verbindung: Man kann die Montierung komplett auseinander nehmen und die Verarbeitung überprüfen.

An Knauf, Griff und Parierstange wird energisch herumgerüttelt – es darf nichts locker sitzen und wackeln.

Foto: Messer Magazin

Samuraischwerter sind aufgrund der Klingenstärke und ihres Konzepts nicht auf die gleiche Flexibilität ausgerichtet wie funktionstüchtige europäische Schwerter. Deshalb ist der Flexibilitätstest bei Katana nicht sinnvoll und sollte auch keinesfalls vorgenommen werden.

Was bedeutet „kampftauglich"?

Selbst wenn das Schwert die Vorabprüfung gut bestanden hat, kann es während der Benutzung dennoch versagen. Wenn das noch während der Garantiezeit passiert, ist es schon vorgekommen, dass Händler die Reklamation mit der Begründung „missbräuchliche Verwendung" abgelehnt haben. Manchmal wurde ein Schwert tatsächlich „missbraucht" – aber manchmal ist das auch nur ein willkommenes Argument, um eine Garantieleistung abzulehnen.

Vor dem Kauf muss man sich daher informieren, für welchen Gebrauch das Schwert vorgesehen ist und welche Benutzung von der Garantieleistung des Händlers abgedeckt ist. Hier empfiehlt sich vor dem Kauf eine kurze Anfrage per Mail an den Anbieter (mit Artikelnummer). Die entsprechende Antwort sollte man ausdrucken und zusammen mit Rechnung und Quittung aufbewahren. Es ist auf jeden Fall sinnvoller, den Händler zu wählen, der die bessere Garantie gewährt, als einen, der das gleiche Modell 30 Euro günstiger anbietet.

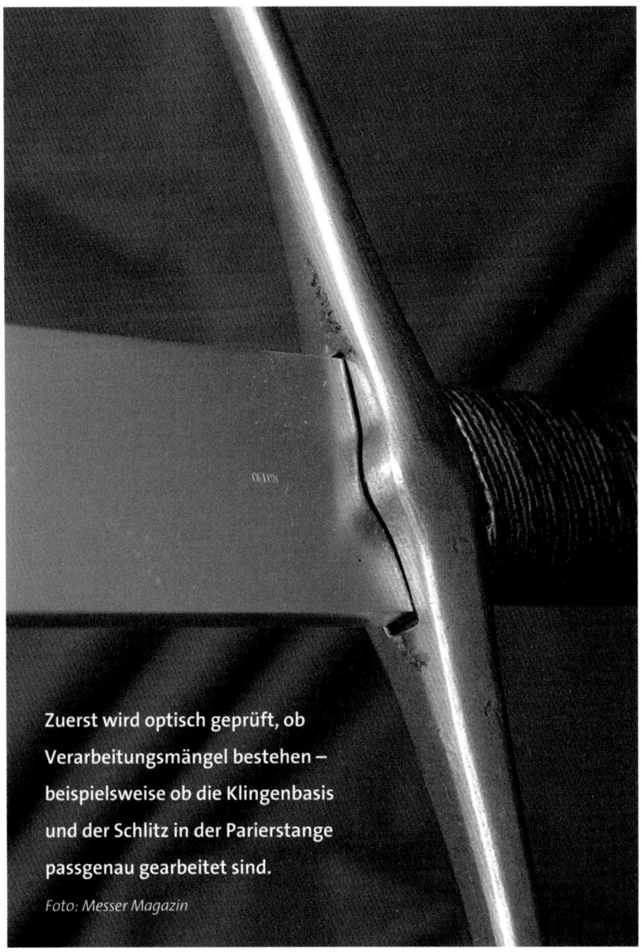

Zuerst wird optisch geprüft, ob Verarbeitungsmängel bestehen – beispielsweise ob die Klingenbasis und der Schlitz in der Parierstange passgenau gearbeitet sind.
Foto: Messer Magazin

Die Frage der Garantieleistung bringt uns zur kritischen Allerweltsvokabel „kampftauglich". Wenn man durch Online-Shops surft, findet man einen Großteil der angebotenen Schwerter als „kampftauglich" deklariert. Würde man das wörtlich nehmen, so würde es sich um ein funktionstüchtiges, scharf geschliffenes Schwert handeln, mit dem man sofort in einen Kampf auf Leben und Tod ziehen könnte. Darauf passt die Katalogbeschreibung „kampftauglich" allerdings nur äußerst selten – und das erwartet der Großteil der Kunden auch gar nicht. Die meisten Kunden denken bei „Kampf" an Schaukämpfe auf Mittelaltermärkten. Sie erwarten also ein Schwert, das schaukampftauglich ist.

Bedauerlicherweise werden auch Schwerter als „kampftauglich" beschrieben, die nun wirklich nicht zum Schaukampf geeignet sind. Da das Attribut „kampftauglich" weder genau definiert noch gesetzlich geschützt ist, wird es relativ beliebig verwendet – und ist deshalb aus Sicht des Käufers absolut ungeeignet, um etwas über die Qualität eines Schwerts auszusagen.

Wie sollte ein Schaukampfschwert aussehen?

Schaukämpfer auf Mittelaltermärkten und Ritterspielen erzählen dem Publikum gern, sie würden genau so kämpfen wie die alten Ritter und ihre Schwerter wären exakte Nachbildungen der mittelalterlichen Waffen – doch beides ist Unfug. Schaukampf ist eben Schau und keine historische Kampfkunst. Und ein Schaukampfschwert ist im Prinzip gar kein Schwert – das heißt, keine Waffe, die dazu da ist, einen Gegner zu töten, sondern ein stumpfes Sportgerät, das wie ein Schwert aussieht.

Verglichen mit Autos sind Schaukampfschwerter gewissermaßen preisgünstige, aber robuste Geländewagen, die regelmäßig im gemäßigten Tempo über Buckelpisten durch Wald und Flur gefahren werden. Ein echtes, scharfes Schwert ist dagegen wie ein Rennwagen, der seinen Fahrer im Höchsttempo über flachen Asphalt zum Sieg führen soll.

Beim Schaukampf werden die Klingen mit weit ausholenden Bewegungen wuchtig aufeinander geschlagen. *Foto: www.spectaculum.de*

Schaukampf-Schwerter sind für eine Show gedacht: Sie müssen sicher – stumpf – und möglichst robust sein.

Foto: www.spectaculum.de

Die Practical-Modelle von Hanwei sind als Schaukampfschwerter für Einsteiger weit verbreitet.

Foto: Messer Magazin

Bei den Schaukämpfern auf großen Ritterspielen handelt es sich meist um semiprofessionelle Stuntmen, oder um Hobby-Reenactor, die einfach Spaß am Schaukampf haben. Der Sinn eines Schaukampfs ist es, das Publikum mit einer möglichst echt aussehenden Show zu unterhalten. Obwohl diese für Außenstehende sehr rabiat aussieht, wird beim Schaukampf natürlich in erster Linie darauf geachtet, dass sich die Darsteller nicht verletzen. Ein Schaukampfschwert muss also möglichst sicher sein. Die „Spitze" ist natürlich stumpf, die Schlagkanten sind etwa zwei bis vier Millimeter breit und leicht abgerundet.

Die beim Schaukampf verwendeten Techniken müssen auch für Laien nachvollziehbar sein – komplexe und schnell ausgeführte Schwertkampftechniken, die der Zuschauer nicht versteht, haben keinerlei Unterhaltungswert. Zudem müssen die Techniken so ausgeführt werden, dass die Kämpfer sich nicht verletzen. Deshalb werden beim Schaukampf im Gegensatz zum historischen Fechten weit ausholende Hiebe verwendet – die die Zuschauer und auch der „Gegner" gut kommen sehen.

Die einfachste Methode, mit schwungvollen Hieben umzugehen, besteht darin, die Klingen gezielt und kontrolliert Kante auf Kante aufeinanderzuschlagen und die Wucht des – nicht voll durchgezogenen – Hiebs durch die Muskelkraft der Arme zu absorbieren. Das sieht spektakulär aus, und das Klirren der Schwerter ist von weitem zu hören. Nicht umsonst hat sich in der Szene für Schaugefechte der Slang-Ausdruck „dengeln" (abgeleitet vom Kaltschmieden von Sensenklingen) entwickelt.

Einige Schwert-Händler haben nach Reklamationen bei Garantie-Diskussionen gelegentlich ausgeführt, dass dies nicht die historisch korrekte Technik sei. Dieser Einwand ist allerdings unsinnig. Schaukampf ist kein historisch korrekter Schwertkampf, und dementsprechend ist auch die Technik eine andere. Schaukampf wird eindeutig „Kante auf Kante" betrieben. Und wenn ein Kunde ein Schaukampfschwert kauft, erwartet er auch zu Recht ein Schwert, das dafür geeignet ist.

Um die enormen Belastungen beim „Dengeln" auszuhalten, muss ein Schaukampfschwert sehr robust sein. Einige Hersteller neigen deshalb dazu, die Klingen sehr massiv zu gestalten. Man findet Schlagkanten von fünf oder gar sechs Millimetern Stärke. Dementsprechend sind auch Parierstange und Knauf sehr schwer, um das Schwert wenigstens halbwegs auszubalancieren. In der Szene bezeichnet man so etwas gerne auch als „Schau-

Großer Schaukampf-Zweihänder von Fabri Armorum mit gutem Preis-Leistungs-Verhältnis.

Foto: Messer Magazin

Schwerter für szenisches Fechten

Im Gegensatz zum Schaukampf ist szenisches Fechten (auch Bühnenfechten oder Theaterfechten) Bestandteil eines Theaterstücks, Musicals oder Films. Die Darsteller sind keine Stuntmen, sondern Schauspieler, die gerade so viel fechten gelernt haben, wie für ihre Rolle nötig ist. Die Schauspieler verfügen natürlich nicht über das gleiche Können und die körperliche Kondition wie Fechter, die das ganze Jahr über trainieren – dennoch muss es echt aussehen. Deshalb sind Theaterdegen und ähnliche Waffen einerseits sehr leicht, andererseits möglichst sicher – total stumpf und so flexibel, wie es nur geht –, damit die Schauspieler so risikolos wie möglich agieren können.

Schwerter und Degen für das szenische Fechten müssen möglichst leicht und absolut sicher sein.

Foto: Windlass

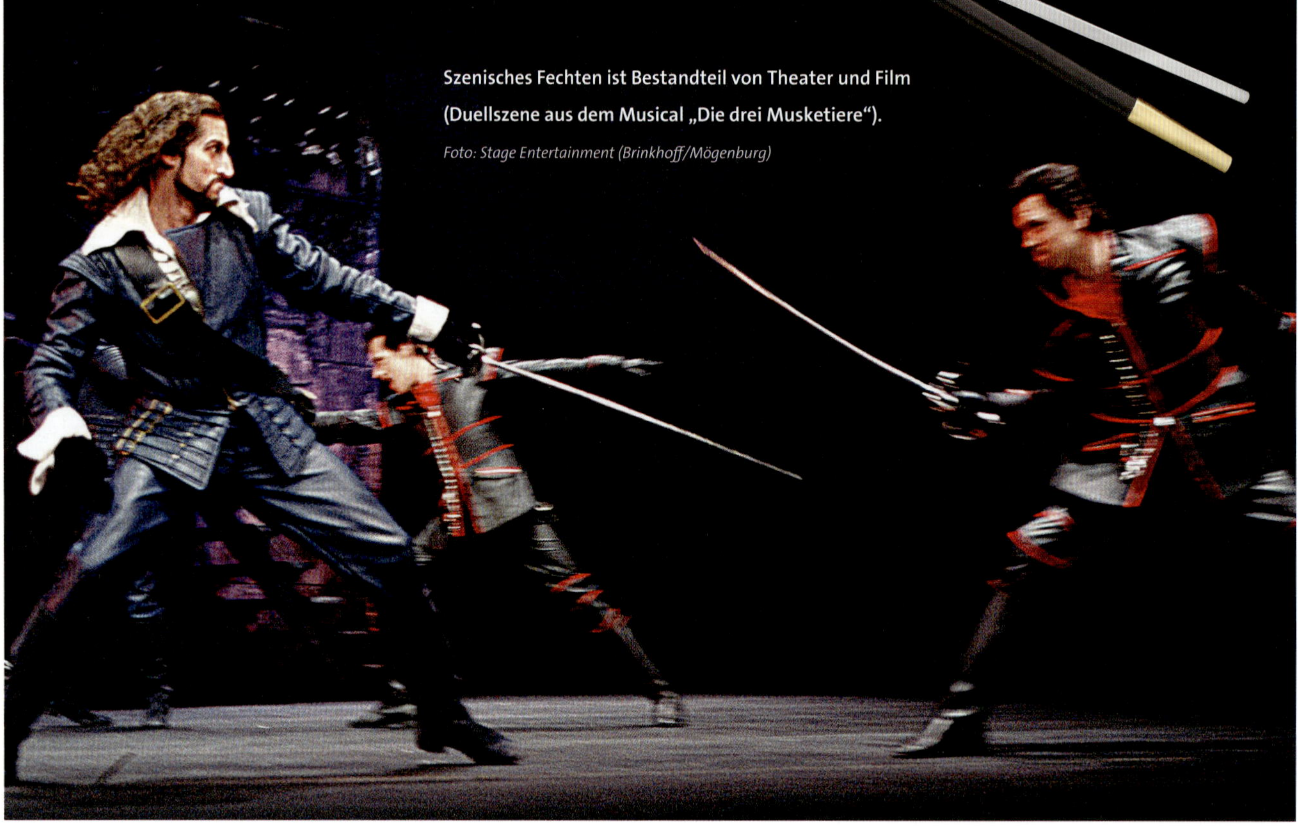

Szenisches Fechten ist Bestandteil von Theater und Film (Duellszene aus dem Musical „Die drei Musketiere").

Foto: Stage Entertainment (Brinkhoff/Mögenburg)

kampfprügel". Viele preiswerte Schaukampfschwerter (unter 100 Euro) fallen in diese Kategorie.

Ein gutes Schaukampfschwert ist etwa ab 150 Euro erhältlich. Die Klinge besteht dann aus flexibel gehärtetem Carbonstahl, die Schlagkante ist sauber abgerundet und zwischen zwei und vier Millimeter breit. Wenn der Hersteller guten Stahl verwendet hat und die Wärmebehandlung korrekt durchgeführt wurde, verkraftet ein solches Schwert auch wuchtige Hiebe ohne übermäßige Schartenbildung. Das Gewicht sollte nach Möglichkeit nicht sehr viel höher als das eines echten Schwerts sein. Ein einhändiges Schwert für den Schaukampf sollte höchstens 1,5 Kilogramm und ein zweihändiges auf keinen Fall mehr als zwei Kilo wiegen.

Die Schlagkanten eines Schaukampfschwerts sind zwischen 3 und 5 mm breit und leicht abgerundet.
Foto: Messer Magazin

Bei hochwertigen Schaukampfschwertern sollte sich selbst bei regelmäßigem Gebrauch die Schartenbildung in Grenzen halten.
Foto: Messer Magazin

Die „Spitze" eines Schaukampfschwerts ist natürlich gar nicht spitz, sondern rund.
Foto: Messer Magazin

Wenn die Schlagkanten zu dünn sind oder der Klingenstahl zu weich ist, bilden sich schon bei leichtem „Dengeln" sehr schnell große Scharten.
Foto: Messer Magazin

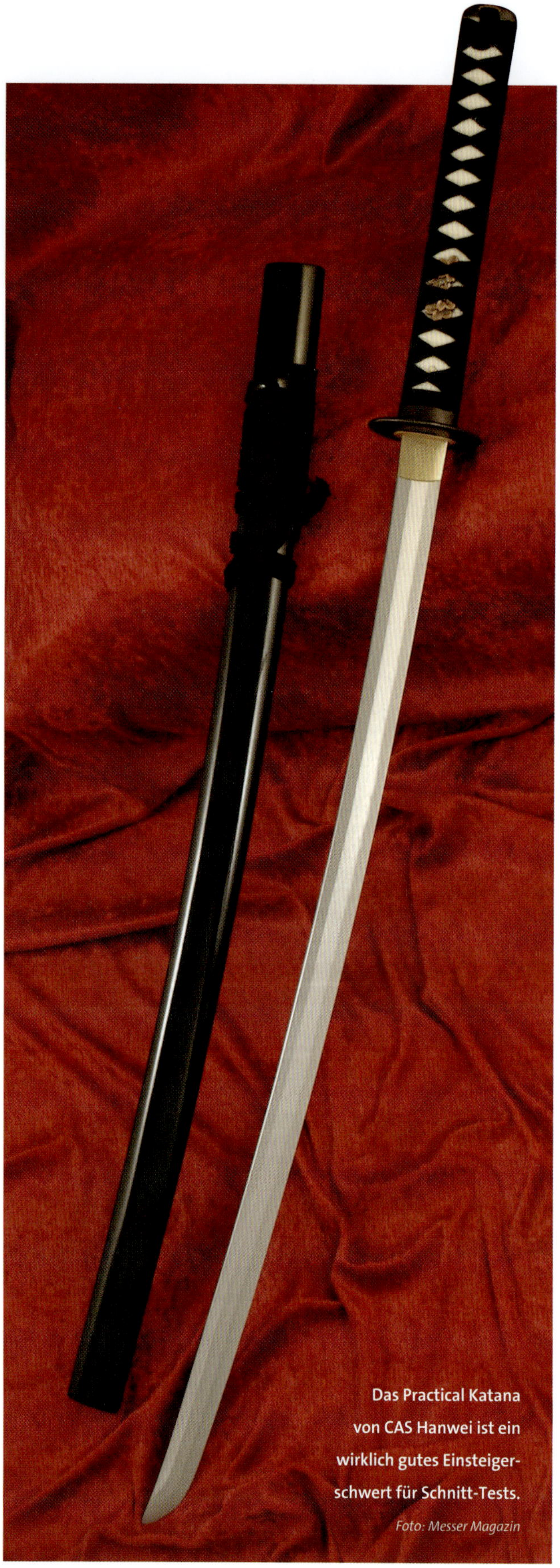

Das Practical Katana von CAS Hanwei ist ein wirklich gutes Einsteigerschwert für Schnitt-Tests.

Foto: Messer Magazin

Beim Practical Katana liegt der Fokus auf einer praxistauglichen Klinge – die Montierung ist zugunsten des Preises bewusst einfach gehalten.

Foto: Messer Magazin

Beim Practical Plus sind Griff und Montierung aufwändiger gearbeitet.

Foto: Messer Magazin

Die meisten der handelsüblichen Katana sind mit differenziell gehärteten Klingen aus Carbonstahl ausgestattet.

Foto: Messer Magazin

Was ist bei einem Cutting-Schwert wichtig?

Dem Thema Schnitt-Test widmen wir uns später in einem eigenen Kapitel. Hier nur das Wichtigste zu den dafür geeigneten Schwertern. Grundsätzlich sind (abgesehen von reinen Deko-Schwertern) die meisten handelsüblichen Katana scharf geschliffen und bedingt Schnitt-Testtauglich. Bei europäischen Schwertern muss man stärker differenzieren. Hier haben wir wieder das Problem mit dem Begriff „kampftauglich".

Katana mit geschmiedeten Klingen sind im Handel schon ab 150 Euro erhältlich. Wenn man bedenkt, dass darin nicht nur die Herstellungskosten, sondern auch der Versand um die halbe Welt, der Zoll sowie die Aufschläge von Importeur und Händler erhalten sind, bleibt die Frage: Wie gut kann das Schwert bei diesem Preis überhaupt sein? Die ehrliche Antwort: Es ist für gelegentliche, leichte Schnitt-Tests geeignet. Und mehr auch nicht.

Wenn man ein preisgünstiges Katana für regelmäßige Schnitt-Tests sucht, sollte man sich an den „Practical Katana" der Marken Hanwei und John Lee orientieren, die gute Beispiele für die Einstiegsklasse darstellen. Die Klingen bestehen aus differenziell gehärtetem 1095-Stahl und sind gerade so weit poliert, dass sie sauber schneiden. Die Montierungen sind sehr schlicht und einfach, auf Verzierungen wird weitgehend verzichtet. Der Aufwand fließt also fast vollständig in die Performance und nicht in die Verzierung. An diesen Modellen kann man sehr gut sehen: 250 bis 300 Euro sind für die „Basis-Ausstattung" eines zuverlässig funktionierenden Katana zu veranschlagen – will man zusätzlich noch eine attraktive Montierung, muss man entsprechend mehr bezahlen.

Bei Katana für Schnitt-Tests muss man noch ein Wörtchen über die Härtung verlieren: Der Löwenanteil aller handelsüblichen Modelle ist differenziell gehärtet. Das stellt gewisse Anforderungen an die Hiebtechnik. Wenn das Katana den richtigen Auftreffwinkel auf das Ziel hat, bewährt sich die differenzielle Härtung gut – die harte Schneide dringt durch das Ziel, der weichere Rücken kann die Aufprallenergie absorbieren.

Wenn man aber das Schwert beim Hieb verkantet und die Schneide schräg auftrifft, wirken die Kräfte seitlich auf die Klinge – und darauf ist ein differenziell gehärtetes Katana nicht ausgelegt. Sowohl der weichere Rücken als auch die extrem harte Schneide reagieren darauf sehr empfindlich. Es kann zu Haarrissen oder gar Ausbrüchen in der Schneide kommen, und der weiche Rücken – und

Katana-Klingen: Die Qual der Wahl

Bei modernen Katana ist eine beachtliche Vielfalt von Schmiedetechniken und Stahlsorten erhältlich. Die meisten Klingen bestehen aus einer einzigen Stahlsorte (Monostahl), die differenziell gehärtet wurde. Weit verbreitet ist inzwischen auch differenziell gehärteter, gefalteter Stahl, der sowohl eine Härtelinie als auch typische Schmiedemuster im Stahl zeigt. Für die praktisch orientierten Kunden sind inzwischen auch jede Menge Federstahl-Katana erhältlich.

Für anspruchsvolle Käufer werden inzwischen auch Klingen angeboten, die auf wirklich traditionelle Art geschmiedet sind. Bei ihnen werden im sogenannten Kobuse-Verfahren ein Kern und Mantel zusammengeschweißt. Der teuerste Typ sind die Katana, bei denen auf traditionelle Art erzeugter Tamahagane-Rohstahl verwendet wird.

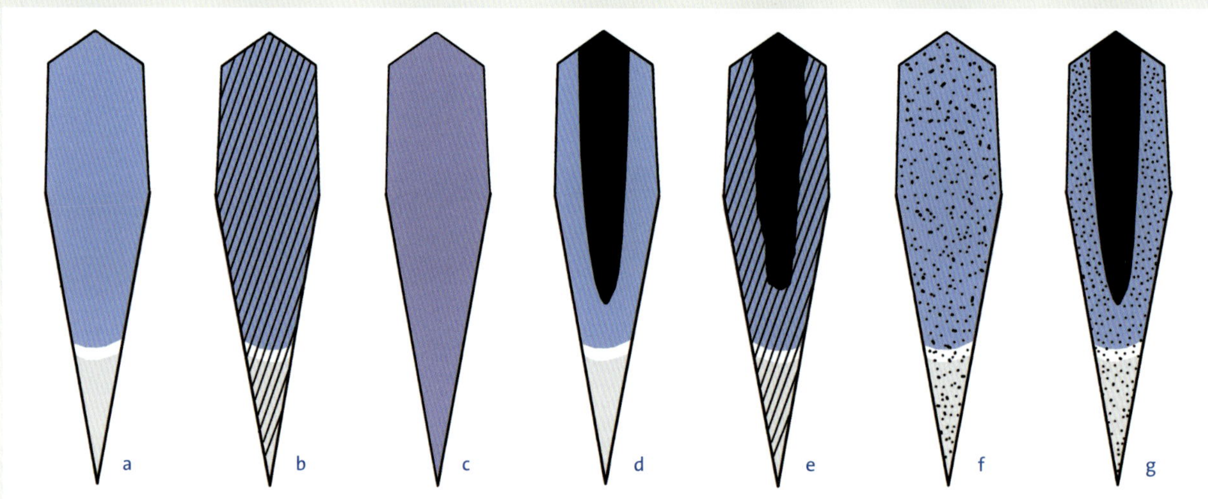

Von links: differenziell gehärteter Monostahl (a), gefalteter und differenziell gehärteter Stahl (b), durchgehend gehärteter Monostahl (c), laminierter und differenziell gehärteter Stahl (d), laminierter und differenziell gehärteter, gefalteter Stahl (e), differenziell gehärteter Tamahagane (f) und differenziell gehärteter und laminierter Tamahagane (g).

Für Schnitt-Tests optimierte Klingengeometrien bei Hanwei (von links: Elite, XL und XL light).

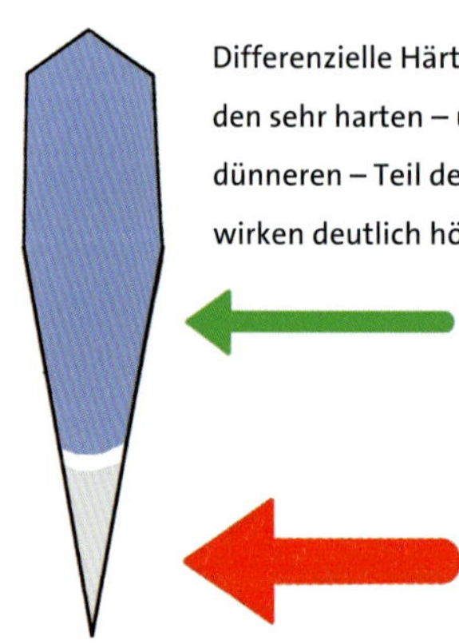

Differenzielle Härtung: Auf den sehr harten – und auch dünneren – Teil der Klinge wirken deutlich höhere Kräfte.

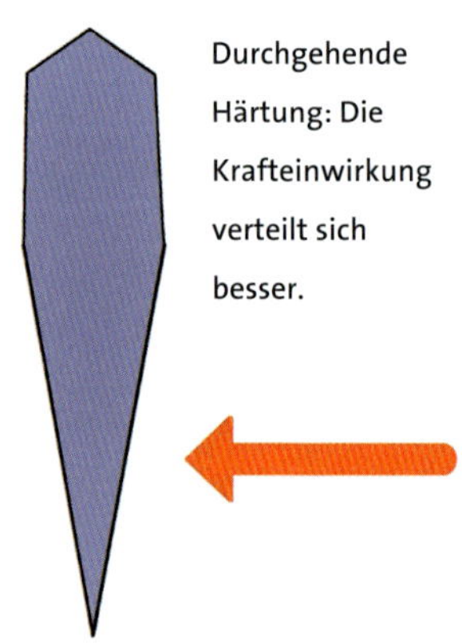

Durchgehende Härtung: Die Krafteinwirkung verteilt sich besser.

damit die ganze Klinge – kann sich verbiegen. Auch wenn man ein verbogenes Katana wieder gerade biegen kann, hat sich die Materialstruktur an dieser Stelle verändert, der Klingenkörper wird geschwächt.

Um dieses Risiko zu verringern, bieten inzwischen viele Hersteller auch Katana mit durchgehend gehärteten Klingen an. Solche Federstahl-Katana verzeihen Verkantungsfehler leichter, sie machen mehr mit. Man muss sich auch hier wieder die Frage nach den eigenen Prioritäten stellen:

- **Geht es darum, möglichst effektiv und problemlos durch das Ziel zu schneiden?**
- **Sind für mich auch die Schmiedetechnik und die Ästhetik einer richtigen Härtelinie wichtig?**
- **Will ich einen traditionellen Schnitt-Test unter möglichst historischen Bedingungen mit einem auf historische Weise gehärteten Schwert durchführen?**

Ein fast noch wichtigerer Aspekt bei der Wahl eines Schwerts für Schnitt-Tests ist das Nachschärfen: Ein Federstahl-Katana lässt sich nachschleifen und polieren, ohne dass man sich um Hamon oder Schmiedemuster Gedanken machen muss. Ein traditionelles Katana so schärfen und polieren zu lassen, dass die Muster auf der Klinge nicht beschädigt werden, ist eine Arbeit für Experten, die sich nur bei wirklich hochpreisigen Schwertern lohnt.

Bei mittelalterlichen und anderen europäischen Schwerttypen ist die Auswahl eines Schwerts für Schnitt-Tests schon etwas schwieriger, denn nicht alle sind erkennbar dafür ausgelegt. Einige Schwerter kommen ab Werk mit einer Schlagkante von rund 1,0 bis 1,5 Millimetern. Sie können normalerweise gegen eine zusätzliche Gebühr vom Händler geschärft bezogen werden, man kann sie auch mit etwas Arbeitseinsatz selbst schärfen.

Windlass-Schwerter eignen sich nach dem Schärfen gut für Schnitt-Tests.

Foto: Windlass

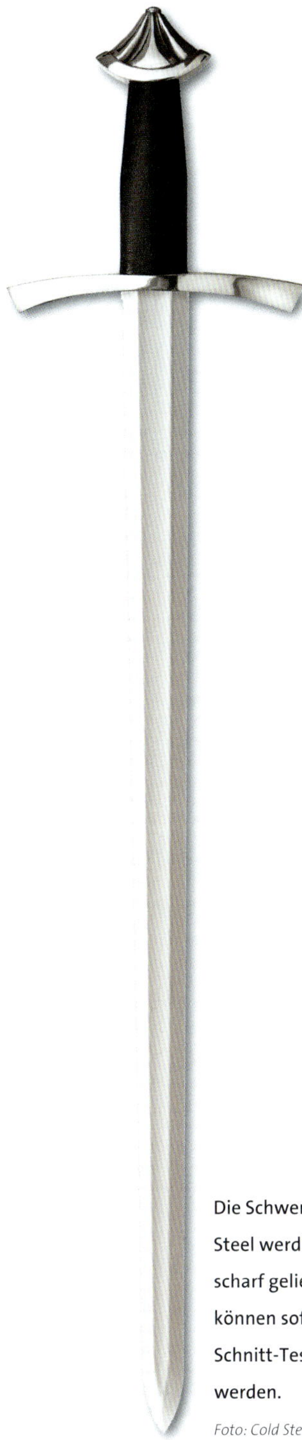

Die Schwerter von Cold Steel werden komplett scharf geliefert und können sofort für Schnitt-Tests eingesetzt werden.

Foto: Cold Steel

Gute Trainingsschwerter vereinen zwei Extreme – sie müssen einerseits realistisch, andererseits möglichst ungefährlich sein.
Foto: Agilitas.tv

Das richtige Trainingsschwert

Im Vergleich zum Schaukampf müssen Schwerter für das Training des historischen Schwertkampfs ganz andere Anforderungen erfüllen. Sie müssen nicht nur möglichst sicher für den Trainingspartner sein, sondern auch leicht und wendig genug, um jene schnellen Hiebe und Stiche echter Kampftechniken zu ermöglichen, die im Schaukampf nicht vorkommen. Wenn man regelmäßig historisches Fechten trainiert, wird man sich mittel- bis langfristig ein gutes Trainingsschwert aus Stahl zulegen. Auf dem Weg dorthin bieten sich noch diverse Alternativen an.

Welche traditionellen Typen gibt es?

Das Trainingsschwert für Einsteiger bestand früher aus Holz. In den traditionellen japanischen Schulen (Ko-ryu), in denen die klassische Schwertkampfkunst (Kenjutsu) gelehrt wird, trainiert man beispielsweise mit dem Holzschwert Bokken, ebenso in den verschiedenen Schulen des Aikido. Bokken sind auf dem Markt in verschiedensten Qualitäten und Preisklassen erhältlich. Holzschwerter sind relativ günstig und auch stabil – wenn sie aus Hartholz wie Buche, Esche oder Hickory hergestellt sind.

Kendo-Trainingsschwerter aus Bambus sind ebenfalls weit verbreitet. Kendo ist die moderne, turniersportliche Variante der klassischen Schwertkampfkunst Kenjutsu. Als offizieller Schulsport gehört es heute in Japan zu den am verbreitetsten Sportarten. Beim Kendo benutzt man ein Trainingsschwert namens Shinai, das aus dünnen, zusammengebundenen Bambusrohren besteht, die an der Spitze zusätzlich mit einer Lederhaube geschützt sind.

Beim Einsatz von Shinai für das historische Fechten scheiden sich die Geister. Einerseits sind Shinai relativ günstig, sehr flexibel bei seitlicher Belastung und beim Hieb auch ziemlich sicher. Andererseits sind sie zu leicht, im Stich relativ starr und verglichen mit anderen Materialien relativ pflegebedürftig. Die Verfechter schätzen sie, weil es reizvoll ist, damit sehr schnell zum Freikampf überzugehen. Die Gegner lehnen sie ab, weil sie sich aufgrund des geringen Gewichts nicht wie richtige Schwerter verhalten, viele der Techniken mit ihnen nicht möglich sind und sie so die Technik verfälschen.

In die Kategorie Bambus fallen auch die „Lederschwerter“, die der Schwertschmied Stefan Roth entwickelt hat. Ein sehr hochwertiges Shinai wird dabei komplett in eine Hülle aus 2,5 Millimeter starkem Leder eingenäht. Das erhöht das Gewicht, dämpft den Aufprall und verringert das peitschenähnliche Zurückspringen der Klinge, das die meisten Shinai beim Kontakt mit dem Ziel zeigen. Diese Lederschwerter sind vor allem für den Einsatz unter Wettkampfbedingungen gedacht. Am Griffende ist ein Knauf angebracht, der mit in die Lederhülle eingenäht ist.

Ist Aluminium eine gute Alternative?

Eine Zeit lang waren Trainingsschwerter aus Aluminium-Legierungen weit verbreitet. Sie kommen an die Performance eines Stahlschwerts relativ dicht heran. Aluminium muss zwar in der Stärke deutlich dicker ausfallen als Stahl, aber man kann daraus ein Trainingsgerät herstellen, das an die Abmessungen eines echten Schwerts heranreicht, und auch in Gewicht und Balance einer echten Waffe viel besser entspricht. Mit rund sechs Millimeter Schlagkante liegt ein Aluminium-Schwert im Bereich eines Schaukampfschwerts – aber da Alu wesentlich leichter ist als Stahl, liegt das Gewicht richtig. Der Knauf besteht aus Stahl, um die richtige Balance zu erreichen.

Mit Aluminium-Trainingsschwertern kann man Techniken trainieren, die sonst nur mit Stahl möglich sind. Allerdings ist Aluminium deutlich unflexibler als Stahl und gibt im Stoß nur wenig nach, so dass Stichtechniken mit großer Vorsicht und der passenden Schutzausrüstung trainiert werden müssen.

Holzschwerter für mittelalterliches Schwerttraining.

Foto: Windlass

Der Bokken – das klassische japanische Trainingsschwert.

Foto: United Cutlery

Das Shinai besteht aus zusammengebundenen Bambusstäben, mit einer Schutzkappe an der Spitze.

Foto: United Cutlery

Trainingsschwerter aus Aluminium liegen preislich bei etwa der Hälfte eines wirklich guten Stahlschwerts – und das ist das Problem. Für Einsteiger sind Aluminium-Schwerter im Vergleich zu Kunststoff zu teuer – und es dann als Zwischenschritt einzubauen, lohnt sich meist auch nicht. Die meisten historischen Fechter gehen von einem günstigen Einsteigermodell aus Kunststoff direkt zu einem Stahlschwert über.

Wie sinnvoll sind Schwerter aus Kunststoff?

Trainingsschwerter aus schlagfestem Kunststoff werden aus Polypropylen oder Polyamid hergestellt. Gegenüber Holz haben diese Kunststoffe diverse Vorteile: Sie sind witterungs- und feuchtigkeitsresistent und relativ alterungsbeständig. Zudem ist die Qualität sehr konsistent. Der größte Vorteil von Kunststoffschwertern ist, dass sie sehr günstig sind.

Sie wiegen etwas mehr als ihre hölzernen Brüder, sind aber leichter als Stahlschwerter. Die Klingen sind sehr robust. Im Gegensatz zu Holz und Aluminium biegen sie sich im Stich gut durch – allerdings nicht so gut wie ein vernünftiges Stahlschwert. Die Probleme bei Kunststoffschwertern sind falsche Balance und zu geringes Gewicht.

Für Einsteiger sehr empfehlenswert sind die vor ein paar Jahren auf den Markt gekommenen Kunststofftrainer von Black Fencer. Die Firma kombiniert Kunststoffklingen mit einer Montierung aus Stahl. Die Schwerter sind optisch zwar keine Highlights, dafür aber sehr robust, ordentlich ausbalanciert, und sie haben auch das richtige Gewicht. Mit Kunststoffschwertern von Black Fencer kann man nicht viel falsch machen. Sie eignen sich auch für erfahrene Fechter, die in Kampfstile mit anderen Waffentypen einmal hereinschnuppern wollen.

Warum Trainingsschwerter aus Stahl?

Alle Ersatzmaterialien – ob Holz, Bambus, Kunststoff oder Alu – sind für das Training des historischen Fechtens nur eine mehr oder weniger brauchbare Ersatzlösung. Man kann mit diesen Materialien nicht das richtige Gefühl entwickeln. Stahl hat ein ganz charakteristisches Biege- und Schwingungsverhalten: Beim Schwingen und ganz besonders beim Klingenkontakt, ob nun in der Bindung oder beim Abprall, fühlt sich auch Aluminium anders an.

Nur ein gutes Trainingsschwert aus Stahl reicht im Gefühl an ein richtiges Schwert heran. Die meisten Schwertkampfschüler landen deshalb über kurz oder lang bei

Die Fechtfeder

Die „Feder" ist ein historisches Trainingsschwert, das im 16. Jahrhundert häufig verwendet wurde. Charakteristisch ist eine sehr schmale Klinge, die lediglich an der Basis noch die Breite eines ursprünglichen Schwerts aufweist.
Fechtfedern werden heute wieder von verschiedenen Herstellern produziert, wobei die Qualität recht unterschiedlich ist. Kritiker der Feder bemängeln meistens, dass die Klinge für das Trainieren einiger Techniken schlichtweg zu schmal ist. Befürworter führen häufig an, dass man früher tatsächlich mit Federn trainiert hat. Ob man sich für eine Feder – vernünftige Verarbeitung vorausgesetzt – oder für ein andersartiges Trainingsschwert entscheidet, ist hauptsächlich eine Frage der persönlichen Vorliebe.

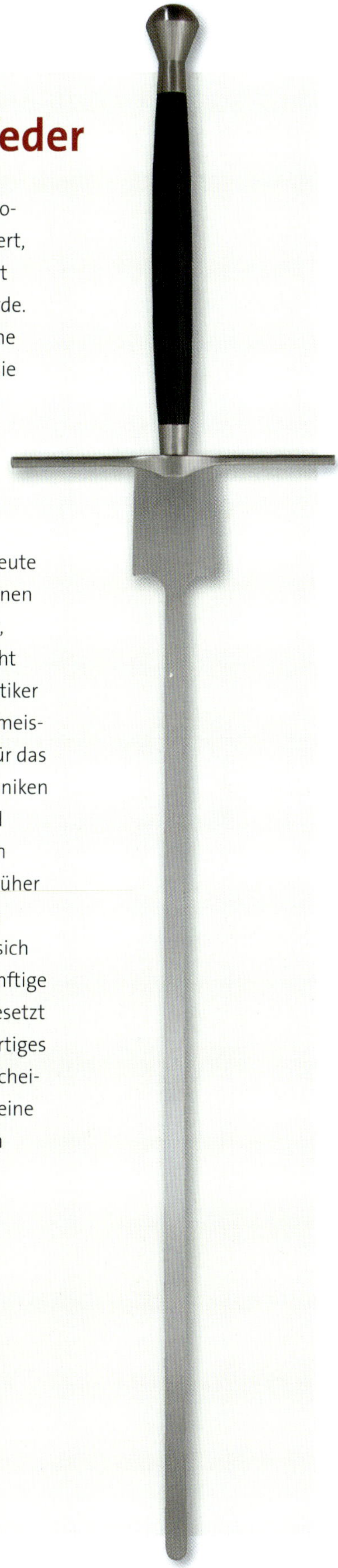

Foto: Cas Hanwei

Trainingsschwerter aus Aluminium funktionieren gut, sind aber heutzutage auch nicht mehr sehr viel günstiger als ein Stahlschwert aus einer osteuropäischen Werkstatt.

Günstige, aber wirklich gute Einsteigermodelle: Die Firma Black Fencer kombiniert robuste Kunststoffklingen mit Gefäßen aus Stahl.

einem Trainingsschwert aus Stahl. Wenn man also über das Hineinschnuppern bereits hinaus ist und sich entschlossen hat, Schwertkampf als Sport und Hobby zu betreiben, ist zu empfehlen, sich den Zwischenschritt mit Aluminium zu sparen und direkt von Kunststoff auf Stahl umzusteigen.

Was muss ein Stahlschwert können?

Ein Trainingsschwert aus Stahl muss:

- **leicht und ausbalanciert sein**
- **sicher (sauber abgestumpft) sein**
- **robust sein**
- **flexibel sein**

Ein wichtiger Faktor bei der Konstruktion ist, dass Trainingsschwerter tatsächlich die am stärksten beanspruchte Kategorie aller Schwerter darstellen. Ein Schwert für Schnitt-Tests ist normalerweise nur selten in Gebrauch, ein Schaukampfschwert hauptsächlich in der Saisonphase der Mittelaltermärkte. Wenn jemand dagegen ernsthaft historischen Schwertkampf trainiert, ist das Schwert in der Regel mehrmals pro Woche für ein bis zwei Stunden im Einsatz und muss dauerhaft harte Schläge verkraften.

Alle diese Anforderungen unter einen Hut zu bringen, ist zwar nicht die Quadratur des Kreises, aber dennoch eine Herausforderung für die Schwerthersteller. Schon beim Thema „leicht und ausbalanciert" scheidet sich schnell die Spreu vom Weizen. Viele der sogenannten Trainingsschwerter, die im Handel angeboten werden,

Auch Kunststoff ist kein Spielzeug

Im Gegensatz zu LARP-Schwertern aus Latex und Kinderspielzeugen aus hohlem Kunststoff oder Holz sind Trainingsschwerter aus Holz, Bambus oder Kunststoff keine Spielzeuge, sondern Sportgeräte mit einem gewissen Verletzungsrisiko. „Ich erinnere meine Schüler oft daran, dass ein Holzschwert nichts anderes als ein elegant geformter Baseballschläger ist", führt dazu der Schwertkampf-Experte Christian Tobler aus.

Dass man beim Training auf keinen Fall unvorsichtig oder leichtsinnig werden darf, zeigt ein Fall, der sich im März 2012 ereignet hat. Der lebensgefährliche Unfall passierte im Rahmen eines offenen Schaukampf-Trainings in Bochum. Die Spitze eines Kunststoff-Trainingsschwerts drang durch den Sehschlitz eines Helmvisiers einem Übenden ins Auge – das Opfer schwebte eine Zeit lang in Lebensgefahr und trug bleibende Schäden davon.

Fazit: Auch ein stumpfer Schwert-Simulator kann den Übungspartner verletzen. Grundsätzlich sollte es beim Training heißen: Besser übervorsichtig sein, als jemanden zu verletzen oder selbst verletzt zu werden!

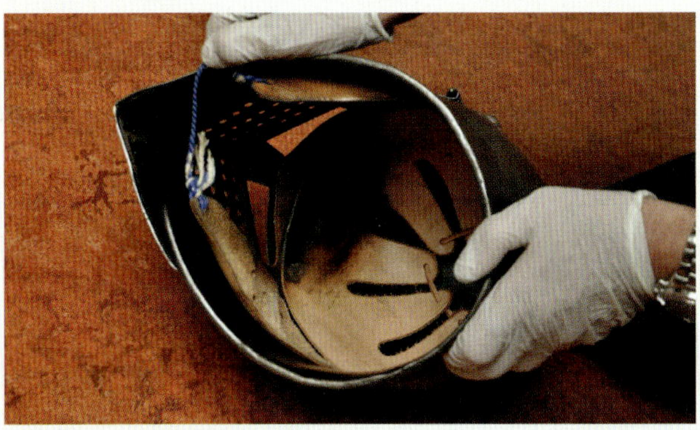

Der Kopfbereich war durch diesen Helm durchaus gut geschützt.

Fotos: Polizei Bochum

Das stumpfe Kunststoff-Schwert drang durch den Sehschlitz des Visiers ins Auge und verursachte eine lebensgefährliche Verletzung.

Fechtlehrer Stefan Dieke beim Flex-Test: Das Schwert ist flexibel genug für das Training, und die Klinge biegt sich in der Schwäche (in der vorderen Hälfte) wesentlich mehr durch als in der Stärke (der hinteren Hälfte) – so wie es sein sollte.

Nicht flexibel genug und deshalb in der Praxis versagt: Die Klinge dieses Exemplars des Modells hat sich bereits nach wenigen Hieben verbogen anstatt zurückzufedern.

Größere, scharfkantige Kerben müssen bei einem Trainingsschwert zeitnah weggefeilt werden, weil sonst Verletzungsgefahr und Bruchrisiko bestehen.

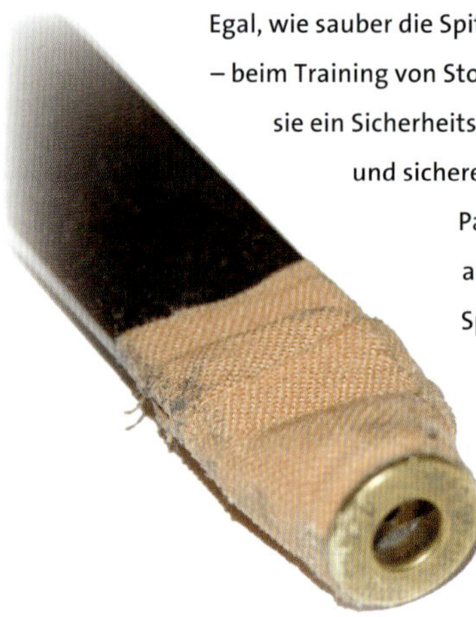

Egal, wie sauber die Spitze abgerundet ist – beim Training von Stoßtechniken bleibt sie ein Sicherheitsrisiko. Eine stabile und sichere Lösung: Eine alte Patronenhülse wird aufgesägt, über die Spitze gestülpt und mit Klebeband fixiert.

sind eigentlich Schaukampfschwerter, die eben für das Training von Schaukampf und nicht von historischer Kampfkunst gedacht sind. Für die feinen und exakten Techniken des historischen Schwertkampfs sind Schaukampfschwerter viel zu schwer und ungeschlacht. Trainingsschwerter sollten nicht mehr wiegen als etwa 1,1 Kilo (Einhandschwert) beziehungsweise rund 1,6 Kilo (Langschwert).

Für diese Probleme gibt es ganz unterschiedliche Lösungsansätze. Das beginnt bei der Klingengeometrie: Ein Ansatz ist es, der Klinge das Profil eines echten, scharfen Schwerts zu geben, sie dann aber nicht scharf auszuschleifen beziehungsweise die Kante stumpf und etwas dicker zu belassen.

Dadurch hat die Klinge natürlich mehr Masse als eine scharfe Schwertklinge gleicher Länge. Entweder man erhöht dementsprechend dann das Gewicht im Knauf, um die Klinge auszubalancieren – was natürlich suboptimal ist, da man damit auch das Gesamtgewicht erhöht – oder man verringert zum Ausgleich die Klingenbreite.

Eine andere Lösung ist ein Klingenquerschnitt, der auch als „nurkehlig“ oder „Knochenquerschnitt“ bezeichnet wird, weil die Klinge praktisch nur aus einer großen Hohlkehle besteht und lediglich an den Schlagkanten etwas mehr Masse hat. Die Kanten sind dann aber sehr stark ausgeprägt. Dieses Prinzip kennt man von Trainingssäbeln aus dem 19. Jahrhundert. Es hat verschiedene Vorteile:

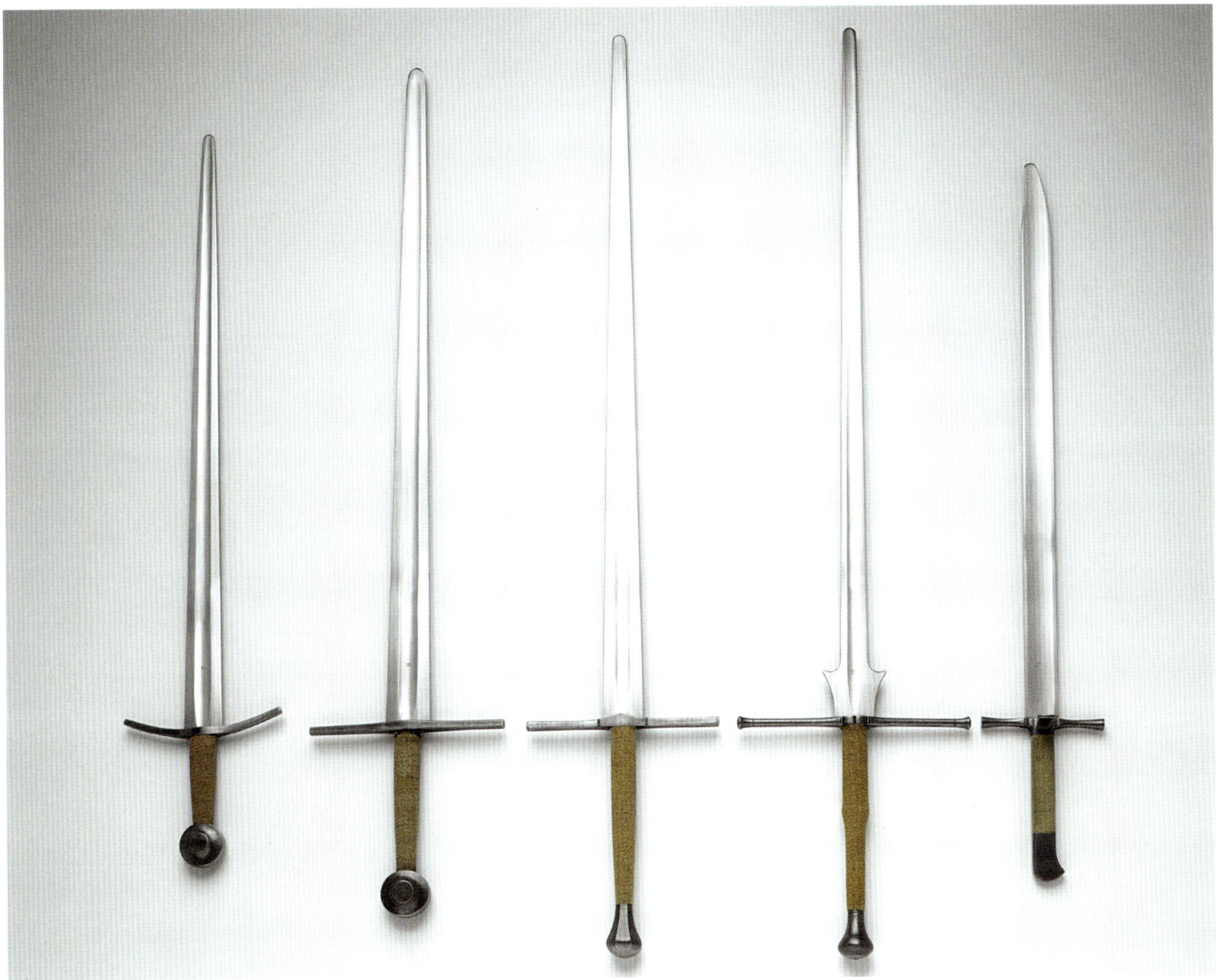

Albion ist einer der wenigen Hersteller, die hochwertige Stahl-Trainingsschwerter „von der Stange“ anbieten.

Foto: Albion

Mehr als „nur“ Mittelalter

Angesichts der großen Medien-Präsenz und der Darstellungen auf Mittelaltermärkten kann man sich manchmal des Eindrucks nicht erwehren, historisches Fechten bestünde nur aus mittelalterlichem Schwertkampf. Viele Jahre war die Community tatsächlich vor allem auf Wikinger und Ritter fokussiert. Das zeigte sich dann auch im Angebot an Trainingswaffen. Heute hat sich diese Situation verändert: Das historische Fechten wird immer vielfältiger, es werden zunehmend Stile aus anderen geschichtlichen Epochen trainiert. Auch wenn mittelalterliche Schwerter nach wie vor dominieren, findet man inzwischen auch andere Trainingswaffen.

Ein typisches Beispiel ist das militärische Säbelfechten im Stil des 18. und 19. Jahrhunderts, das immer populärer wird. Moderne Sportsäbel sind für diesen Zweck allerdings viel zu leicht. Der Ungar Peter Regenyei gehört zu den wenigen Schwertschmieden, die dafür passende Trainingssäbel anbieten. Den „Easton Säbel“ hat er zusammen mit Matt Easton von der Fechtschule „Schola Gladiatoria“ entwickelt. Als Basis diente ein historischer britischer Trainingssäbel: Der „Gymnasium Sabre 1864“ entsprach in Maßen und Gewicht dem damaligen Säbel der Infanterieoffiziere.

Beim Easton-Säbel findet man wie beim Vorbild den großen symmetrischen Stahlkorb. Die Klinge ist hinter dem Holzgriff mit einer schweren Mutter verschraubt. Diese Konstruktion erleichtert die Wartung bei den stark beanspruchten Trainingssäbeln immens. Ein deutlicher Unterschied zum Vorbild besteht in der Klingengeometrie: Aus Kostengründen hat man auf die aufwändige Hohlkehle verzichtet, stattdessen besteht die Klinge aus einem flachen Stück Stahl, dessen Stärke sich von fünf Millimetern an der Basis zu 1,5 Millimetern an der Spitze verjüngt.

Der Säbel bietet einige interessante Details, die speziell auf das historische Fechten ausgerichtet sind: Neben dem durch die Fechtmaske geschützten Kopf sind die Hände das empfindlichste Körperteil. Ein Treffer mit einem Trainingsschwert kann Finger- und Handknochen brechen. Daher werden die Hände im Freikampf durch spezielle Polsterhandschuhe geschützt. Der Griff des Easton-Säbels ist extragroß, damit auch Hände in dicken LaCrosse-Handschuhen hineinpassen.

Bei einem kraftvollen Stoß sind selbst abgerundete Stahlspitzen noch ein Risiko. Deswegen werden sie für den Freikampf meist noch mit einem zusätzlichen Polster gesichert. Dieser „Pöpsel“ geht aber während des Gefechts öfter verloren. Aus diesem Grund hat Regenyei die Spitze des Säbels gerollt. Das sorgt dauerhaft für Sicherheit an dieser kritischen Stelle.

Schutz für die empfindlichen Finger: Der extragroße Griff bietet Platz für dicke Handschuhe.

Sicherheit bei kraftvollen Stößen: Die Klingenspitze ist aufgerollt.

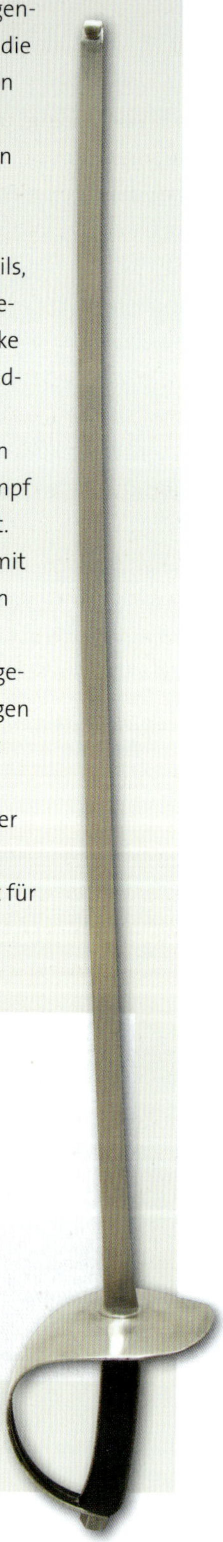

- **die Breite entspricht einer richtigen Schwertklinge (wichtig bei Techniken in der Klingenbindung)**
- **geringes (richtiges) Gewicht**
- **die am meisten beanspruchten Stellen – die Schlagkanten – sind sehr stark ausgeprägt**

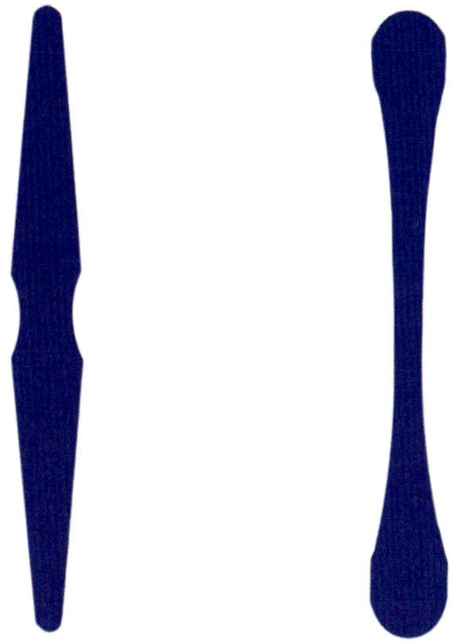

Unterschiedliche Klingengeometrien bei Trainingsschwertern: Links eine schlicht abgestumpfte Klinge, rechts eine „nurkehlige" Klinge mit Knochenquerschnitt.

Wie wichtig die Flexibilität ist, wurde ja bereits schon mehrfach ausgeführt. Ein Schwert muss Hiebe abfedern können. Beim Training des historischen Fechtens kommt noch ein anderer Aspekt hinzu: Im Gegensatz zum Schaukampf werden hier auch Stichtechniken trainiert. Damit man seinen Übungspartner nicht gefährdet, muss sich das Trainingsschwert im Stich durchbiegen.

Zusätzlich ist darauf zu achten, dass sich das Schwert im vorderen Teil – der Schwäche – stärker durchbiegt als im hinteren Teil. In der Stärke soll sich das Schwert nur gering biegen, weil sonst die Kampftechniken aus der Klingenbindung heraus nur schwer oder gar nicht mehr möglich sind. Zudem soll die Klinge zwar flexibel, aber nicht wabbelig sein – in der Peking-Oper und in altmodischen Kung-Fu-Filmen mag es zum guten Stil gehören, dass die Klinge beim Hieb in der Luft flattert, aber beim realen Schwertkampf hat das nichts zu suchen.

Wenn man die Flexibilität eines Trainingsschwerts testet, sind 15 Zentimeter Durchbiegung das Minimum. Besser sollte sich die Klinge um 30 oder 40 Zentimeter zu Seite biegen lassen und danach problemlos wieder zurückfedern. Die Flexibilität im Stich ist ein Aspekt, in dem sich Trainingsschwerter stark unterscheiden. Man sollte darauf achten, dass sich im Stich wirklich gut durchbiegt.

Bei aller Flexibilität muss die Schlagkante robust und hart genug sein, um kraftvollen Klingenkontakt zu überstehen. Das bedeutet nicht, dass sie nach mehrmaligem Training immer noch makellos ist, sondern nur, dass sie nicht zur übermäßigen Schartenbildung neigt. Ein Trainingsschwert ist kein Sammlerstück, sondern ein Gebrauchsgegenstand – es liegt in der Natur der Sache, dass die Klinge sehr bald Macken bekommt und über kurz oder lang wie eine „Buckelpiste" aussieht. Wenn diese Kerben scharfkantig sind, besteht Verletzungsgefahr für die Trainingspartner. Deshalb sollte die Schlagkante umgehend mit Feile oder Schleifpapier geglättet werden.

Schon beim „trockenen" Schwingen ohne Klingenkontakt fühlt sich ein Stahlschwert in der Hand ganz anders an als eine Aluminium-Version.

Foto: Herbert Schmidt

Ein weiterer Bereich, der oft eine Modifikation nötig hat, ist die Klingenspitze. Je nach Bauart und Qualität sind

Schwerter für Iaido

Iaido wird oft verkürzt als „Die Kunst, das Schwert zu ziehen“ beschrieben. Insgesamt geht es aber nicht nur darum, das Schwert blitzschnell zu ziehen, sondern aus der Ziehbewegung heraus den Hieb, beziehungsweise Hiebkombinationen gegen den Gegner zu führen – Ziehen und Schnitt sind eine Bewegung.

Einsteiger trainieren Iaido mit einem Bokken, der mit einer Scheide aus Kunststoff versehen ist. Fortgeschrittene benutzen ein stumpfes Schwert – das sogenannte Iaito. Nur die wahren Meister sind gut genug, um bei den blitzschnellen Bewegungen ein scharfes Schwert einzusetzen, ohne sich selbst zu verletzen. Iaito können sowohl Klingen aus Stahl als auch aus einer Aluminiumlegierung besitzen. Elementar wichtig ist, dass Gewicht und Balance einem richtigen Schwert entsprechen und dass die Montierung und die Scheide sehr hochwertig verarbeitet sind. Durch das permanente Ziehen und Zurückstecken werden sie nämlich sehr stark beansprucht.

Verglichen mit Iaito ist das Angebot an scharfen Katana viel größer – ein hochwertiges scharfes Schwert mit guter Balance ist vielfach deutlich günstiger als ein entsprechendes Iaito. Ein vorsichtig abgestumpftes Katana ist deshalb eine preislich attraktive Alternative zum Iaito. Wichtig ist, dass von der scharfen Schneidkante nur soviel weggenommen wird wie unbedingt nötig, damit Balance und seitliches Profil erhalten bleiben. Einige Schwerthändler bieten mittlerweile auch professionelles „Entschärfen“ als Dienstleistung an.

Iaito mit Aluminiumklinge. *Foto: Messer Magazin*

Iaito aus Stahl. *Foto: Messer Magazin*

Trainingsschwerter in diesem Bereich unterschiedlich stark abgestumpft und abgerundet. Dennoch ist abgesehen von den „gerollten“ Spitzen, die einige Schmiede anbieten, normalerweise kein handelsübliches Trainingsschwert ohne zusätzliche Sicherung für das Trainieren von Stoßtechniken geeignet: Auch eine stumpfe Spitze kann bei Stößen – egal wie wenig kraftvoll sie erscheinen – Verletzungen verursachen.

Es gibt viele Möglichkeiten, eine stumpfe Spitze noch besser zu sichern – beispielsweise mit einem Gummiaufsatz von einem LARP-Pfeil oder von einem Spazierstock. Mann kann auch mehrere Schichten aus altem Leder oder ähnlichem mit Band über die Spitze kleben. Eine ebenso praktische wie stabile Lösung sind ausgediente Patronenhülsen, die längs aufgesägt, über die Spitze geschoben und dann mit Band festgeklebt werden.

Was muss ein Stahl-Trainingsschwert kosten?

Ein gutes Trainingsschwert ist nicht für einen Spottpreis zu haben. Im unteren Preissegment findet man meist nur Schaukampfschwerter, die für das Training historischer Kampftechniken nicht geeignet sind. Nach oben hin sind den Preisen keine Grenzen gesetzt. Man kann sich ein Trainingsschwert von einem guten Schmied ganz nach Bedarf anfertigen lassen. Als Einsteiger muss man nicht in den obersten Preisgruppen suchen, aber Pfennigfuchserei ist hier fehl am Platz.

Ein Trainingsschwert ist ein Sportgerät, das viele Jahre durchhalten und gute Leistungen bringen soll. Ein Schwert mit schlechter Performance erschwert nicht nur das Erlernen der Techniken und somit die fechterische Entwicklung, sondern ist eventuell auch gesundheitsschädlich. Das Training mit einem schweren, schlecht ausbalancierten Schwert ist eine unnötige Belastung für die Gelenke. Man kann ein Trainingsschwert gut mit einem Joggingschuh vergleichen – wenn man regelmäßig laufen geht, kauft man sich auch nicht den billigsten Schuh, sondern einen, in dem man gut laufen kann und der die Belastung für Fuß- und Kniegelenke verringert.

Man muss kein Krösus sein, um sich ein vernünftiges Trainingsschwert leisten zu können. Es gibt vor allem in Osteuropa Schmiede, die sich auf Waffen für historisches Fechten spezialisiert haben. Einer der bekanntesten ist Pavel Moc aus Tschechien, dessen Trainingsschwerter in der Szene für ihr gutes Preis-Leistungs-Verhältnis bekannt sind.

Trainingsschwerter von Pavel Moc sind für ihr gutes Preis-Leistungs-Verhältnis bekannt.

Foto: Herbert Schmidt

Historischen Schwertkampf lernen

Auch wenn es inzwischen viele Lehrbücher und -filme über die Schwertkampftechniken des Mittelalters gibt, so ist selbstverständlich auch praktisches Training unerlässlich. Glücklicherweise bieten sich heutzutage zahlreiche Gelegenheiten dazu. Diverse Schulen, Vereine und Arbeitsgemeinschaften bieten neben regelmäßigem Training auch Seminare und Wochenendkurse im gesamten deutschsprachigen Raum an. Ein Beispiel dafür ist die Schule „Alte Kampfkunst" aus Wuppertal (www.alte-kampfkunst.de). Trainer Stefan Dieke unterrichtet verschiedene Stile historischer Kampfkunst und bringt seinen Schülern bei, wie man seine Gegner mit dem Schwert oder mit anderen Blankwaffen – beispielsweise Säbel oder Dolch – besiegen kann.

Der studierte Historiker Dieke beschäftigt sich seit vielen Jahren mit europäischer Schwertkampfkunst und gilt als einer der Top-Experten für das Langschwert der Deutschen Schule und den Militärsäbel, sowie die Rapiertechniken nach Fechtmeister Joachim Meyer. Stefan Dieke ist einer der wenigen Lehrer, die hauptberuflich historisches Fechten unterrichten.

Das Ziel von Stefan Diekes Trainingsmethoden ist das Erlernen historisch belegter Kampftechniken – und das bedeutet realistische Kampftechniken, da Schwerter zu ihrer Zeit keine Sportgeräte, sondern Waffen für den Krieg oder den Gerichtskampf darstellten. Die Grundlage für das Training sind die Fechtbücher der alten Meister. „Die in diesen Büchern beschriebenen Kampfsysteme stammen aus Zeiten, in denen die Fähigkeiten zur Handhabung der blanken Waffe häufig über Leben und Tod entschied", führt Stefan Dieke aus. „Um ihre Kenntnisse zu perfektionieren, sind Fechtmeister häufig weit gereist, haben unter anderen Meistern gelernt, Techniken zusammengetragen,

Eine moderne Schwertkampfschule: Trainer Stefan Dieke von der „Alten Kampfkunst" in Wuppertal zeigt die richtige Technik.

verworfen, angepasst und ergänzt, so dass hocheffiziente Kampfsysteme entstanden, die die Erkenntnisse mehrerer Generationen umfassen."

Das Hauptproblem ist herauszufinden, was die alten Meister in ihren Schriften wirklich ausdrücken wollten. „Das Interpretieren von Quellen zum Thema Kampfkunst ist ein iterativer Prozess. Wenn man fertig ist, fängt man wieder von vorne an und stellt seine Interpretation vor dem Hintergrund der inzwischen dazugewonnenen Kenntnisse und Erfahrungen erneut in Frage", so Dieke.

Der Unterricht in historischer Fechtkunst unterscheidet sich deutlich von Sportfechten oder Schaukampf. Trainiert wird so, als hätte man tatsächlich irgendwann einmal einen Schwertkampf auf Leben und Tod auszufechten – abgesehen davon, dass man natürlich heute nicht mehr dem enormen psychologischen Druck ausgesetzt ist, sich tatsächlich mit dem Schwert in der Hand seiner Haut wehren zu müssen.

Im historischen Fechten gehen Sicherheit und effektives Training vor, wie Dieke erklärt: „Da die Techniken ein zentrales Element jeder Kampfkunst darstellen, müssen gerade in diesem Bereich die Kompromisse vermieden oder zumindest so gering wie möglich gehalten werden, um die Techniken und damit die gesamte Kampfkunst nicht zu verfälschen – es bleiben also Waffen und Schutzkleidung, um die Sicherheit der Beteiligten bei der historischen Fechtkunst als Kampfkunst zu gewährleisten."

Neben dem Trainieren dieser kämpferischen Fähigkeiten, die in sich einen hohen Wert für die körperliche und geistige Entwicklung haben, ist aber beim historischen Fechten noch ein ganz anderer Aspekt wichtig: Es macht jede Menge Spaß!

Stile aus allen Zeiten und Epochen: Historisches Fechten umfasst mehr als „nur" Ritter und Mittelalter.

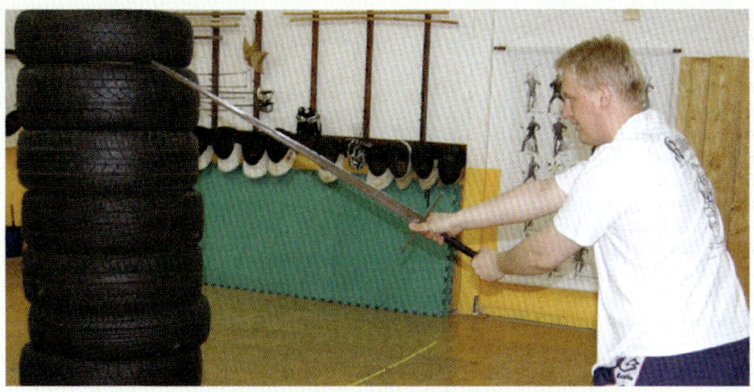

Der Reifendummy ist hart im Nehmen: Selbst mit stumpfen Schwertern reichen handelsübliche Sandsäcke nicht aus.

Sicherheit im Fokus: Wenn die Techniken in schnellem Tempo durchgeführt werden, sind Handschuhe und Maske Pflicht.

Albion Armourers bietet echte High-End-Schwerter an.

Foto: Albion

Die bekanntesten Hersteller

Dieses Kapitel bietet eine Übersicht über die populärsten Marken. Die Sortierung ist alphabetisch und stellt keine Wertung dar. Die Liste ist eine aktuelle Momentaufnahme und erhebt auch nicht den Anspruch vollständig zu sein (allein die chinesischen Werkstätten, die Katana produzieren, könnten ein eigenes Buch füllen).

Albion-Schwerter werden heiß vernietet, um eine bombenfeste Verbindung zu erzeugen.

Foto: Albion

Albion Swords

Die US-Firma Albion liegt qualitativ und preislich am oberen Ende der Skala. Die Schwerter werden teilweise vom renommierten schwedischen Schwertschmied Peter Johnsson entworfen und dann in den USA produziert. Die Klingen werden CNC-gefräst und dann geschliffen, Knäufe und Parierstangen werden in Stahl gegossen, die Montierung wird am Schluss heiß vernietet, um eine sichere Verbindung zu erhalten. Durch diese Herstellungsmethode wird eine gleichbleibend hohe Qualität erreicht, die durch eine umfangreiche Garantie untermauert wird.

Allerdings lässt sich die Firma das auch gut bezahlen. Insbesondere bei den hochpreisigen Albion-Modellen relativiert sich der Preisabstand zu einem individuell geschmiedeten Schwert. Ein Problem bei Albion waren die teilweise sehr langen Lieferfristen, und generell die Verfügbarkeit in Europa. Nachdem es einige Jahre keinen Vertrieb in Europa gab, existiert derzeit (Stand 2019) ein Händler in Deutschland (www.albion-schwerter.de).

www.albion-swords.com

Arms & Armor

Arms & Armor ist eine der ältesten Firmen der Branche und hat sich ebenfalls im High-End-Bereich einen Namen gemacht. Zum Programm zählen Repliken konkreter historischer Modelle, die allesamt als komplett funktionstüchtige Modelle gearbeitet sind. Die Bandbreite reicht von mittelalterlichen Schwertern bis hin zu Degen aus der Renaissance. Die Schwerter werden durch ein Sortiment von Dolchen, Stangenwaffen, Helmen und Schilden sowie einigen Trainingswaffen ergänzt. Bei der Herstellung wird sowohl klassisch geschmiedet als auch mit einfachen Maschinen wie Bandschleifern gearbeitet.

www.armor.com

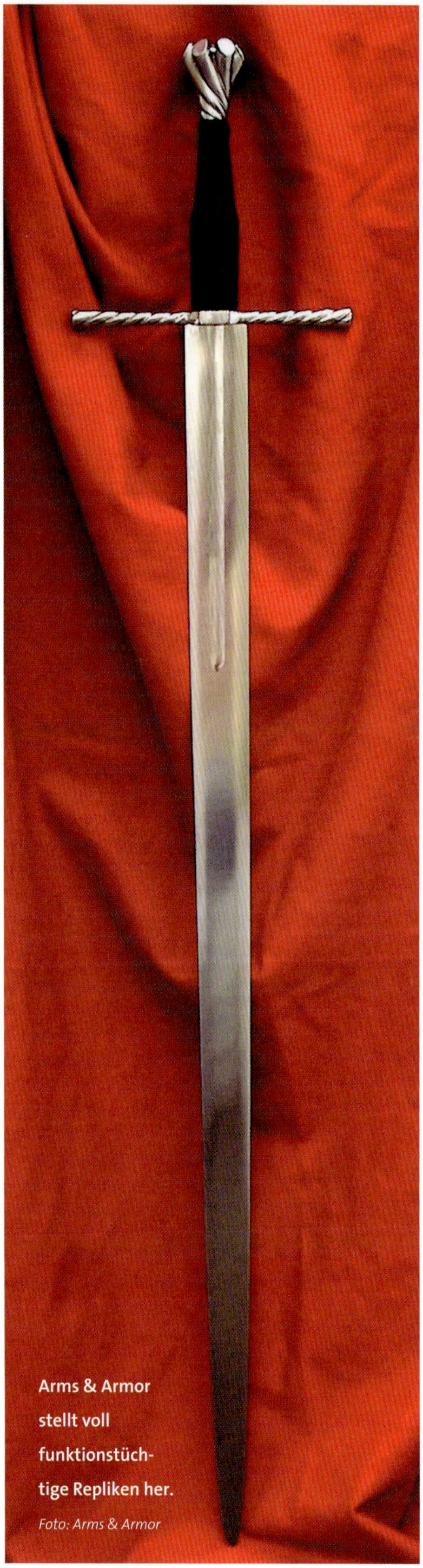

Arms & Armor stellt voll funktionstüchtige Repliken her.

Foto: Arms & Armor

Paul Chen – der Eigentümer von Cas Hanwei.

Foto: Cas Hanwei

Die Modelle aus der europäischen Practical-Linie von Hanwei werden fast überall als günstige Schaukampfschwerter gehandelt – sie sind für den harten Gebrauch aber weniger geeignet.

Foto: Messer Magazin

Cas Hanwei

Cas Hanwei ist eine der bekanntesten Firmen der Branche, die Schwerter sind bei vielen Händlern zu finden, der Deutschland-Vertrieb erfolgt über Battle Merchant (www.battle-merchant.com). Einsteiger sind manchmal etwas verunsichert, da die Firma unter den verschiedensten Bezeichnungen auftaucht (Cas Iberia, Hanwei, Paul Chen, PC oder auch liebevoll „Paulchen"). Cas Hanwei ist ein chinesischer Hersteller, der Eigentümer ist Chen Chao-Po, der international als Paul Chen bekannt ist.

Aufgrund der großen Bandbreite von Produkten ist es nicht ganz einfach, bei Hanwei den Überblick zu behalten. Man findet im Programm Schwerter japanischen, chinesischen und europäischen Typs, sowie andere Waffen und Rüstungen, aber der Schwerpunkt liegt auf den japanischen Schwertern. Bei den europäischen Schwertern werden auch Modelle angeboten, die als Einsteigerwaffen für leichtes Training einzuordnen sind.

Bekannt wurde Hanwei vor allem durch sein „Practical Katana". Hier wurde zum ersten Mal bei einem Katana aus moderner Produktion zugunsten einer Performance-Klinge auf ein tolles Finish und eine aufwändig gestaltete Montierung verzichtet. Das „Practical Katana" war damit das erste auf Schnitt-Tests ausgelegte Katana im Einsteigerbereich.

www.cashanwei.com

Citadel

Die Firma Citadel in Kambodscha wurde vom französischen Auswanderer Dominique Eluere gegründet, um scharfe Koch- und Steakmesser für die Gastronomie in Asien herzustellen. Schon bald folgten auch Freizeit- und Jagdmesser. Auf die Bitte eines Freundes hin versuchte sich Citadel dann auch an einem Katana: „Wenn ich damals gewusst hätte, wie schwierig und kompliziert das Projekt werden würde, hätte ich niemals angefangen – aber glücklicherweise wusste ich es nicht", ezählt Eluere. „Es benötigte dann

Citadel zeichnet sich durch eine hochwertige Verarbeitung aus.

Foto: Citadel

Die preisgünstigen Katana von Hanwei setzten viele Jahre den Standard für scharfe Schwerter zum Einsteiger-Preis.

Foto: Messer Magazin

noch jede Menge Versuch und Irrtum, aber schließlich konnten wir ein Katana fertigen, das diese Bezeichnung wert war." Bei Citadel werden die Klingen von Hand aus Carbonstahl geschmiedet und dann auf traditionell japanische Art in einer Lehmhülle differenziell gehärtet. Citadel ist nicht nur für die Qualität der Klingen bekannt, sondern auch für sehr hochwertige Montierungen. Allerdings sind die Schwerter auch nicht billig.

Cold Steel

Die US-Firma Cold Steel ist einer der umstrittensten Hersteller – mit vielen Fans und vielen Gegnern. Dafür gibt es zwei Ursachen: einerseits die Produkte selbst, andererseits das ziemlich aggressive Marketing.

Cold-Steel-Schwerter verstehen sich nicht als exakte Repliken historischer Exemplare, sondern als modernisierte Neu-Interpretationen historischer Typen. Die Schwerter sind auf intensives Cutting ausgelegt – und darauf, einen Großteil der möglichen Anwenderfehler wegzustecken. Sie sind einerseits sehr scharf und größtenteils sehr widerstandsfähig, andererseits sind sie gewöhnlich auch ziemlich massiv und vergleichsweise schwer – was sich auf Handling und Balance auswirkt.

Cold-Steel-Schwerter sind moderne Neu-Interpretationen, die komplett auf Schnitt-Tests ausgerichtet sind.

Foto: Cold Steel

Cold-Steel-Chef Lynn Thompson ist ein großer Schwert-Fan.

Cold Steel ist bekannt für scharfe Praxis-Schwerter, die fast alles mitmachen.

Foto: Cold Steel

Fulvio Del Tin ist einer der Pioniere auf dem Gebiet der funktionalen Schwerter. *Foto: Del Tin*

Cold Steel produziert regelmäßig DVD mit Cutting-Videos („Sword Proof"). Diese Filme sind für empfindsame Gemüter nicht unbedingt geeignet: Neben extremen Biegetests – die man selbst besser nicht durchführen sollte – und Schnitt-Tests an Tatami und Wasserflaschen werden auch jede Menge Tests an Fleisch durchgeführt. Cold-Steel-Mitarbeiter hauen hier mit ihren Schwertern munter auf Schweine-Kadaver und Rinderhälften aus dem Schlachthof ein. Solche Szenen wirken doch einigermaßen schockierend.

Im Sortiment von Cold Steel sind japanische, chinesische und mittelalterliche Schwerter sowie diverse Militärsäbel zu finden. Obwohl in Fernost produziert wird, werden die Schwerter aus den USA vertrieben. Cold-Steel-Produkte genießen im Allgemeinen den Ruf guter Qualität, und viele Kunden nehmen dafür das höhere Gewicht und auch die gehobenen Preise in Kauf. Der Vertrieb in Deutschland läuft zur Drucklegeung dieses Buchs über den Importeur Battle-Merchant Wacken GmbH (www.cold-steel.de).

www.coldsteel.com

Del Tin

Seit den 1960er Jahren stellt der kleine italienische Handwerksbetrieb Del Tin schöne Repliken historischer Schwerter her. Die Schwerter von Del Tin sind für eine hohe Qualität und akkurate Verarbeitung bekannt. Den Großteil der Arbeit übernimmt Fulvio Del Tin selbst. Das Herstellen der Montierung erfolgt bei anderen kleinen Handwerksbetrieben in der Umgebung. Die Endmontage übernimmt dann wieder der Chef persönlich.

Zu den Kunden von Del Tin gehören Museen und Sammler, aber auch die Filmindustrie. Teilweise werden Spezialanfertigungen auch für das szenische Fechten verwendet, für den harten Schaukampf im herkömmlichen Sinn sind sie wegen der relativ dünnen Schlagkanten weniger geeignet.

Aufgrund des italienischen Waffenrechts liefert Del Tin alle Schwerter grundsätzlich nur mit stumpfer Schlagkante (1,5 bis 2 Millimeter) aus. Wenn man sie für Schnitt-Tests benutzen will, muss man sie noch nachträglich schärfen.

www.deltin.it

Del Tin fertigt gute Repliken historischer Originale.
Foto: Messer Magazin

Einfach, aber stabil: Preisgünstiges Schaukampfschwert von Fabri Armorum.
Foto: Messer Magazin

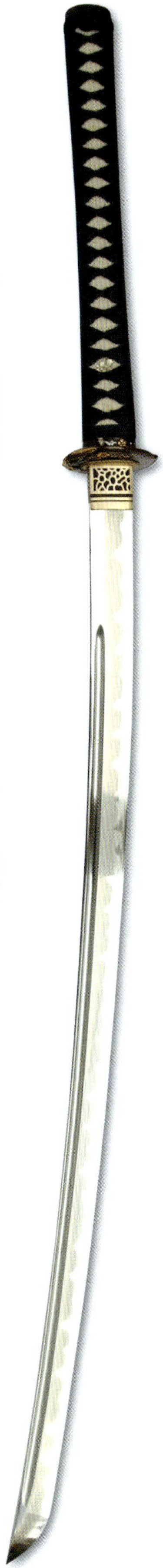

Fabri Armorum

Jiri Krondak, der auch unter dem Firmennamen Fabri Armorum bekannt ist, ist einer der populärsten tschechischen Hersteller von Schaukampfschwertern. Er ist auf vielen Mittelaltermärkten präsent – also genau dort, wo auch der Großteil der Kundschaft die Zeit verbringt.

Krondak ist vor allem für seine günstigen Preise bekannt. Die Verarbeitung ist einfach, aber sehr robust. Bei Knauf und Parierstange gibt es nur wenige Varianten zur Auswahl, das Finish ist relativ grob – man könnte auch sagen „mittelalterlich-rustikal". Aufgrund der standardisierten Formen erkennt man Schwerter von Fabri Armorum oft auf den ersten Blick. Das Ziel von Krondak ist es nicht, historische Repliken herzustellen, sondern Sportgeräte für den Schaukampf. Seine Schwerter haben sich als sehr stabil erwiesen, sind aber dennoch relativ leicht.

www.fabri-armorum.cz

Die Schwerter von Godai: Die Ku-Modelle (oben und rechts) vereinen Schmiedekunst und anmutiges Design.

Godai

Godai ist eine neue Marke für Samuraischwerter. Sie bietet derzeit fünf verschiedene Linien, die nach den Elementen benannt und für verschiedene Zwecke und Ansprüche gedacht sind. Den Einstieg bildet die „Chi"-Linie mit

Fabri Armorum verkauft zahlreiche Schwerter auf Mittelaltermärkten. Das etwas merkwürdig aussehende Schwert, das Jiri in der Hand hält, entstand nach einer Abbildung in der sogenannten Kreuzfahrer-Bibel (Maciejowski-Bibel) aus dem 13. Jahrhundert.

günstigen Modellen aus scharfem 1060-Kohlenstoffstahl. Die „Sui"-Linie legt mit ihren Damastklingen Wert auf eine edle Optik. Practical-Schwerter für Schnitt-Tests finden sich in der „Ka"-Linie: Diese Modelle besitzen Klingen aus differenziell gehärtetem 1095-Carbonstahl oder Federstahl 9260. Den Abschluss macht die „Ku"-Linie: Ihre Klingen bestehen aus gefaltetem Carbonstahl, sind differenziell gehärtet und im Kobuse-Stil aufgebaut.

www.messerundschwertshop.de

Das Shimaru der Japanischen Schwertgalerie ist speziell auf Schnitt-Tests ausgelegt.

Foto: japanische-schwert-galerie.de

Japanische Schwert-Galerie

Normalerweise importiert Karl-Heinz Peuker ausschließlich Schwerter japanischer Meisterschmiede. Aber Peuker hat auch Schwerter im gehobenen Einsteiger-Bereich im Programm. „Die Klingen werden im Verfahren Kobuse geschmiedet. Ein harter Stahlmantel umschließt einen weicheren Kern", erläutert Karl-Heinz Peuker. „Dabei legen wir besonderen Wert auf kräftige, aber dennoch gut ausgewogene Klingen. Diese sind speziell Shimaru geschliffen, das heißt extra scharf!"

www.japanische-schwert-galerie.de

Kovex Ars

Kovex gehört zu den bekannten tschechischen Schmiedewerkstätten. Das hängt nicht zuletzt damit zusammen, dass der Betrieb über mehrere transportable Feldschmieden verfügt, mit denen er auf den Mittelaltermärkten unterwegs ist. Die Kovex-Schwerter sind auf harten Schaukampf ausgerichtet – also massiv und relativ schwer. Sie genießen den Ruf, auch bei regelmäßigem hartem Gebrauch sehr lange durchzuhalten.

www.kovex-ars.cz

John Lee

Die Samuraischwerter dieser Marke werden für den deutschen Großhändler Haller Stahlwaren in China hergestellt. Die einfacheren Katana von John Lee richten sich vor allem an Einsteiger, die an leichtem Cutting interessiert sind. Das John-Lee-Programm wurde zudem um höherwertige Klingen ergänzt, die für intensive Schnitt-Tests gedacht sind. Mit einer eigenen, für Einsteiger wirklich attraktiven „Practical"-Linie hat sich John Lee sehr gut auf dem Markt etabliert. Dank der guten Großhandelsstruktur sind John-Lee-Schwerter im Fachhandel sehr gut vertreten.

www.haller-stahlwaren.de

Pavel Moc

Pavel Moc gehört zu den tschechischen Handwerkern, die auch unter den anspruchsvollen historischen Fechtern einen guten Ruf haben. Ursprünglich aus dem Schaukampfbereich kommend, zeichnen sich seine Schwerter durch ein realistisches Gewicht und eine gute Balance aus. Die Klingen werden maschinell aus Flachstahl herausgearbeitet und auf rund 50 HRC gehärtet. Sie sind sehr flexibel. Die Montierungen werden aus Stahl geschmiedet, das Ganze wird dann bombenfest vernietet.

Die Schwerter werden grundsätzlich im Kundenauftrag gefertigt, es gibt keine Lagerhaltung. Die Lieferzeit beträgt zwischen drei und sechs Monaten. Normalerweise kann man bei den Standardmodellen auch leichte Variationen bekommen, die dann für geringen (oder gar keinen) Aufpreis vorgenommen werden. Moc arbeitet auch komplett nach Kundenwünschen.

www.swords.cz

Tao Forge

Tao Forge ist eine neue Marke für Samuraischwerter. Sie werden im Auftrag der Hamburger Firma Swords & More gefertigt. Die Modelle von Tao Forge sind als sogenannte Shinken für den praktischen Einsatz bei Schnitt-Tests konzipiert. Die Schwerter sind je nach Budget und Geschmack in verschiedenen hochwertigen Ausführungen und Preisklassen erhältlich, das Einsteigermodell derzeit ab gut 300 Euro.

www.taoforge.com

Ulfberth

Die Schaukampf-Schwerter von Ulfberth sind vor allem auf ein gutes Preis-Leistungs-Verhältnis ausgerichtet. Die Klingen bestehen aus 55Si7-Federstahl und sind auf relativ weiche, aber auch flexible 48-50 HRC gehärtet. Die handgeschmiedeten Klingen besitzen eine Schlagkante von rund zwei Millimetern und eine breite abgerundete Spitze.

www.battlemerchant.com

John Lee bietet viele schöne Katana sowohl für Einsteiger als auch im hochpreisigen Bereich.

Foto: Haller

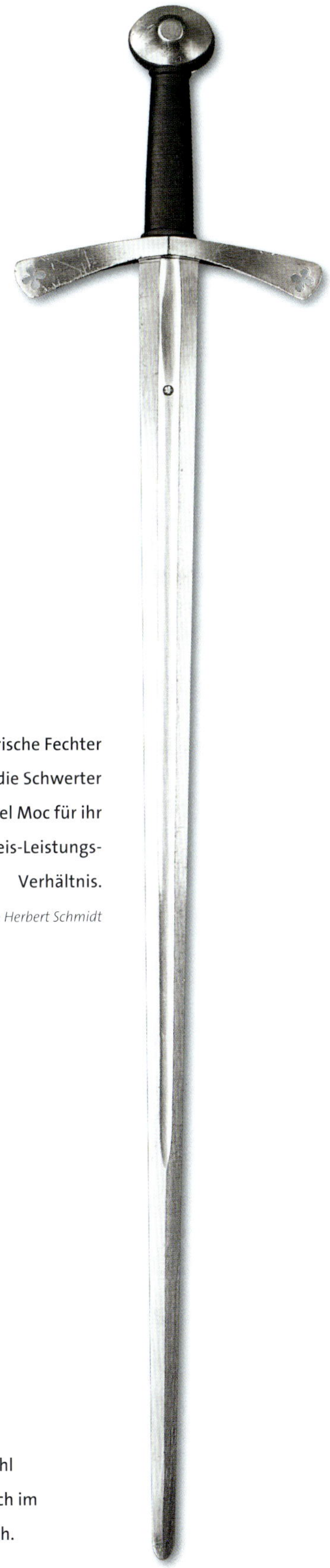

Historische Fechter schätzen die Schwerter von Pavel Moc für ihr gutes Preis-Leistungs-Verhältnis.

Foto: Herbert Schmidt

United Cutlery

Bis 2009 ließ United Cutlery vor allem reine Dekoschwerter aus dem Fantasy- und Filmbereich produzieren (beispielsweise „Herr der Ringe"). Heute bietet die Firma aber auch funktionstüchtige Katana in modernem Design an. Die Modelle der Honshu-Serie sind gewissermaßen eine Mischung aus klassischem Schwert und modernem Messer: Die Klingen sind aus 1060-Carbonstahl geschmiedet, die Montierung besteht aus einseitigem Handschutz, Knauf und Gummi-Griff. Wer einen klassischen Look sucht, sieht sich besser woanders um, aber für Schnitt-Tests sind die Honshu-Schwerter durchaus geeignet.

www.unitedcutlery.com

Urs Velunt

Genau wie bei John Lee handelt es sich bei Urs Velunt um eine Eigenmarke des Großhändlers Haller Stahlwaren. Die Schwerter werden in Fernost hergestellt, die Klingen haben eine Schlagkante von rund zwei Millimeter und sind zur Gewichtsreduzierung mit Hohlkehlen versehen. Urs Velunt richtet sich an Einsteiger, die auf der Suche nach günstigen Modellen sind.

www.haller-stahlwaren.de

Windlass Steelcrafts

Windlass Steelcrafts ist einer der wichtigsten Schwerthersteller, auch wenn die Firma vielfach nicht unter diesem Namen auftritt. Museum Replicas (auch „MRL") ist mit Sicherheit die bekannteste Bezeichnung. Windlass Steelcrafts – Teil der familiengeführten Windlass-Gruppe aus Indien – ist seit 1943 als Hersteller von Blankwaffen im Geschäft. Alles begann mit der Herstellung von Kukri-Hackmessern für die indische Armee.

Von der Bandbreite her ist Windlass eindeutig die größte Firma der Branche. Das Sortiment umfasst Produkte von den alten Römern bis hin zum Militär des 19. Jahrhunderts, von Blankwaffen wie Schwertern, Äxten und Dolchen über Schilde, Helme, Rüstungen und diverse Bekleidung bis hin zu Alltagsgegenständen wie Weinkelchen und Schmuck. Dazu kommen Lizenzprodukte zu Filmen und TV-Serien, Comics, Computerspielen und Fantasy-Romanen. Diese Filmschwerter sind teilweise auch funktional konstruiert, wodurch Windlass eine gewissen Sonderstellung hat.

Windlass bietet eine sehr große Auswahl an Waffen, Rüstungen und Kostümen aus allen Geschichtsperioden. *Foto: Windlass*

Preislich liegen die Produkte im unteren Segment, und gemessen daran ist die Qualität in der Regel gut. Windlass-Schwerter verlassen das Werk mit einer dünnen Schlagkante von rund 1,5 Millimetern – man kann sie also relativ gut selbst schärfen. Im vernünftig geschärften Zustand sind Windlass-Schwerter gut für Schnitt-Tests geeignet. Nachdem Windlass die auf Dekoschwerter spezialisierte spanische Firma Marto gekauft hat, werden Händler direkt aus Spanien beliefert – richtig geschärfte Windlass-Schwerter bietet der Shop www.jagdundkunst.de an

www.windlass.com

Die meisten Windlass-Schwerter geben bei einem guten Preis-Leistungs-Verhältnis den historischen Typ recht authentisch wieder.

Foto: Windlass

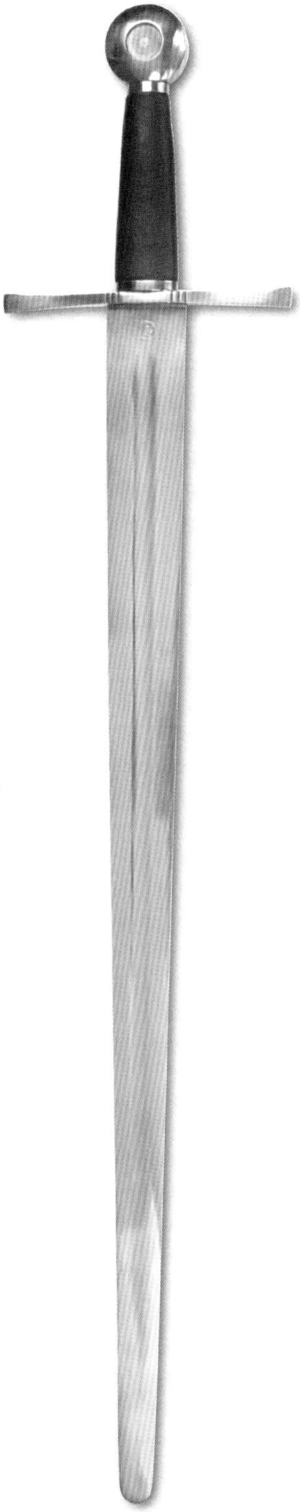

Ulfberth produziert Schaukampfschwerter in recht hoher Qualität und schöner Optik.

Foto: Battle Merchant

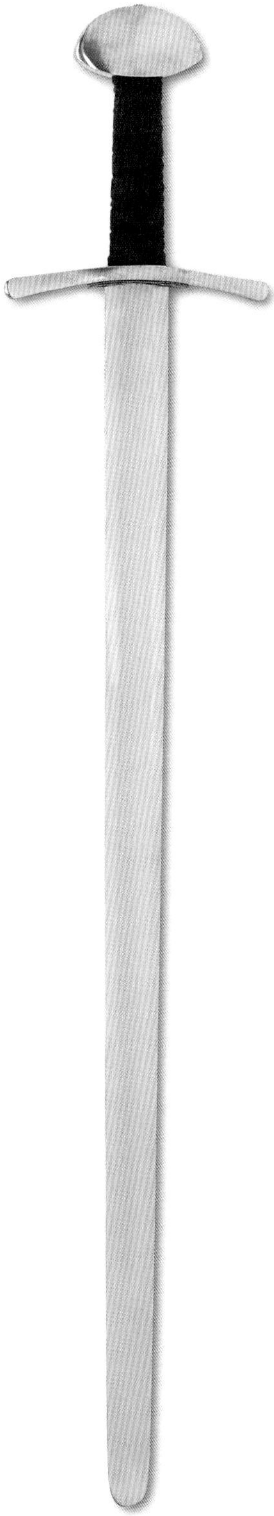

Die Schaukampf-schwerter von Urs Velunt sind im Fachhandel weit verbreitet.

Foto: Haller

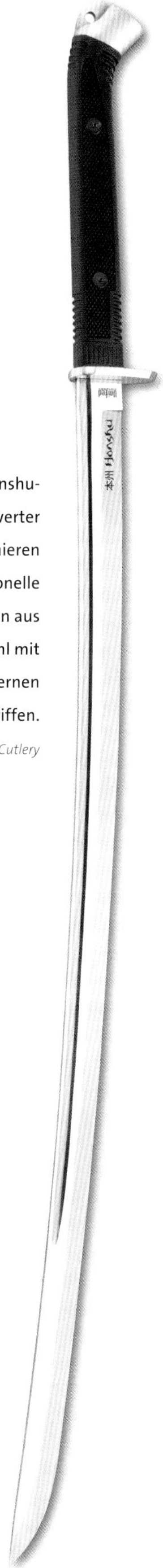

Die Honshu-Schwerter kombinieren traditionelle Klingen aus Carbonstahl mit modernen Messergriffen.

Foto: United Cutlery

Das Königsschwert von Sutton Hoo: Diese detailgetreue Rekonstruktion stammt vom Schwertschmied Patrick Bárta.

Foto: Patrick Bárta / Tomás Balej

Die besten Schwertschmiede

Natürlich sind Schwerter aus Serienproduktion zum Teil auch handgeschmiedet – aber die Arbeit von echten Top-Schwertschmieden hat ein anderes Niveau. Hier sieht man die Ferraris und Rolls-Royces unter den modernen Schwertern: erstklassig verarbeitet, hervorragend ausbalanciert, schneidend scharf und künstlerisch gestaltet.

Solche Kostbarkeiten findet man nicht auf Mittelaltermärkten. Ebenso wenig sind sie in Waffengeschäften oder Onlineshops erhältlich. Der Kunde muss sich direkt an die Schmiede selbst wenden – und deren Kunst ist sehr gefragt. Die meisten arbeiten nur auf Bestellung, und die Wartezeit für ein Meisterstück kann leicht bei einem Jahr oder länger liegen.

Ein meisterliches Schwert liegt natürlich auch in einer anderen Preisklasse als Waffen aus Serienproduktion. Selbst für relativ einfache Modelle der günstigeren Schmiede muss man in der Regel rund 2000 Euro kalkulieren – nach oben sind praktisch keine Grenzen gesetzt. Hier muss man berücksichtigen, dass es sich bei einem Meisterschwert um das Produkt eines hochkarätigen Kunsthandwerkers handelt, in das er viele Arbeitsstunden investieren muss. Jeder Schmied hat seine eigene Herangehensweise und seine eigenen Spezialitäten.

Patrick Bárta

Patrick Bárta aus Tschechien ist auf detailgetreue Repliken von historischen europäischen Schwertern spezialisiert. Er arbeitet sehr eng mit Museumskuratoren und Universitäten zusammen. Bárta (Jahrgang 1971) arbeitet seit 1992 als hauptberuflicher Schmied, lehrte zwischenzeitlich an der Fachschule für Kunsthandwerk in Brno und an der Universität Masaryk.

Patrick Bárta fertigt Repliken von Schwertern aus der Römerzeit bis hin zum 17. Jahrhundert. Dabei verwendet er möglichst authentische, zeitgenössische Methoden: Für seine Schmiede hat er altertümliches Werkzeug restauriert oder speziell angefertigt. Seine Spezialitäten sind die genaue Rekonstruktion von Klingen aus Damaszenerstahl – exakt bis in den Kern hinein – und historische Verzierungen wie Gra-

An der exakten Rekonstruktion des Blatnica-Wikingerschwerts lassen sich viele einzelne Details erkennen.

Fotos: Patrick Bárta

Patrick Bárta aus Tschechien ist auf aufwändig verzierte Repliken spezialisiert.

Foto: Patrick Bárta

Replik eines Degens um 1690 von Patrick Bárta. Das Gefäß ist mit Verzierungen in Gold und Silber versehen.

Foto: Patrick Bárta

Wikingerschwert von Vince Evans: Die Klinge besteht aus Damaszenerstahl, Knauf und Parierstange sind goldtauschiert.

Foto: Evans / Point Seven Studios

Schwertschmied Vince Evans bei der Arbeit: Hier entsteht die Klinge eines türkischen Säbels.

Foto: Vince Evans

vuren, Vergoldungen, Tauschierungen und Beschläge mit Edelsteinen. Besonders bekannte Schwerter aus der Werkstatt von Bárta sind die Replik des Schwerts aus dem angelsächsischen Königsgrab von Sutton Hoo und ein Wikingerschwert aus der Zeit um 900, das in Blatnica in der Slowakei gefunden wurde).

www.templ.net

Vince Evans

Vince Evans aus Hawaii ist einer der bekanntesten Schwertschmiede in den USA. Evans Vater war Kunstschmied und Metallbildhauer, was seinen Werdegang schon früh beeinflusst hat. Seit 1981 arbeitet Evans hauptberuflich als Klingenschmied. Erste Erfahrungen mit Schwertern sammelte er bei Restaurationen, später fertigte er exakte Repliken an.

Inzwischen hat sich Vince Evans auf kunstvolle Interpretationen von historischen Vorbildern spezialisiert: Er übernimmt das Design von historischen Originalen und schmiedet dafür Klingen aus Damaszenerstahl. Seine Frau Grace versieht die Montierungen mit kunstvollen Gravuren und Tauschierungen, die zur jeweiligen Epoche passen. Ein besonderer Schwerpunkt von Vince und Grace Evans' Arbeiten liegt auf persischen und türkischen Schwertern, vor allem aber auf keltischen, angelsächsischen, schottischen und Wikinger-Schwertern.

www.picturetrail.com/vevans

Kontakt: evansvk@gmail.com

Christian Fletcher

Der Amerikaner aus Boise, Idaho, ist eine Ausnahme unter den hier vorgestellten Künstlern. Während heute die meisten Schwertschmiede alle Arbeiten bis zum fertigen Schwert selbst ausführen, praktiziert der professionelle Schwertfeger die ursprüngliche Arbeitsteilung. Wie seine historischen Vorgänger im Spätmittelalter bezieht er von bekannten Schmieden und Top-Herstellern nur die Rohklingen, um sie dann mit ästhetischen und kunstvollen Montierungen zu versehen.

Christian Fletcher studierte Kunst und Bildhauerei. Er spezialisierte sich bald auf Metallarbeiten. Sein besonderes Interesse an mittelalterlicher Kunst führte ihn dazu, sich an Reproduktionen historischer Rüstungen zu versuchen. Seit 1990 fertigt er hauptberuflich Waffen und Rüs-

Christian Fletcher aus den USA versteht sich als modernen Schwertfeger.

Foto: Christian Fletcher

Ein phantasievoller „Elfen-Säbel" von Christian Fletcher.

Foto: Christian Fletcher

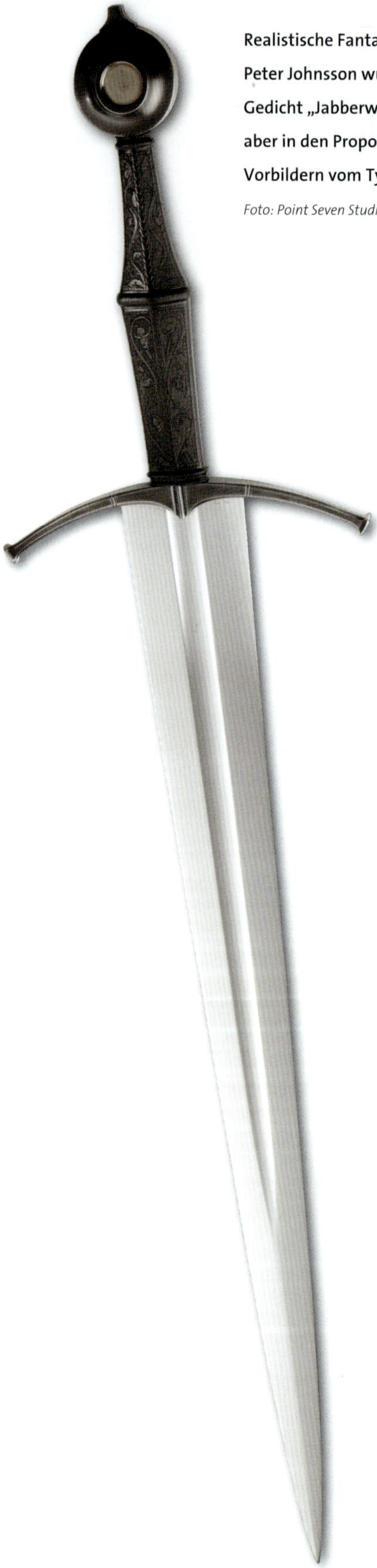

Realistische Fantasy: Das Vorpal-Schwert von Peter Johnsson wurde zwar von Lewis Carrolls Gedicht „Jabberwocky" inspiriert, entspricht aber in den Proportionen historischen Vorbildern vom Typ XVIIIc.

Foto: Point Seven Studios

tungen an. Grundlage seiner Schwert-Kompositionen sind Rohklingen oder Standardschwerter von Angus Trim oder Albion, die er dann weiter verarbeitet: mit komplett neuen Montierungen – Scheide, Griff, Knauf und Parierstange sowie komplexen Spangengefäßen.

Fletcher bietet diverse Standardmodelle an, arbeitet aber auch ganz nach Kundenwunsch. Das Design kann historisch korrekt oder ausgefallen und fantasievoll sein. Besonders bekannt ist Fletcher für seine Montierungen im „Herr der Ringe"-Stil.

www.christianfletcher.com

Peter Johnsson

Peter Johnsson aus dem schwedischen Uppsala ist ein renommierter Schwertschmied, der vor allem für seine Forschungsarbeit an historischen Schwertern und als Designer für die Firma Albion bekannt ist. Johnsson war schon immer von Schwertern fasziniert. Im Alter von acht Jahren schenkte ihm sein Vater einen kleinen Amboss, auf dem er die ersten Erfahrungen sammeln konnte. Später arbeitete Johnsson einige Zeit als Illustrator, bevor er eine zweite Ausbildung zum Kunstschmied absolvierte.

Seit 1999 arbeitet Johnsson hauptberuflich als Schwertschmied. Er hat zahlreiche historische Schwerter

Der Schwertschmied Peter Johnsson ist vor allem für seine Forschungsarbeiten an historischen Schwertern bekannt.

Elegantes Bastardschwert von Peter Johnsson: Wer solch ein Meisterstück sein eigen nennen kann, darf sich glücklich schätzen.
Foto: Herbert Schmidt

untersucht und exakt vermessen. Seine Theorien zum geometrischen Schwert-Design erregten internationales Aufsehen. Durch seine Forschung sieht sich Johnsson in der Lage, Details von verschiedenen Originalen zu eigenen Kreationen zu kombinieren, die historischer Funktionalität entsprechen. Johnssons Nachbauten sind authentisch bis ins letzte Detail. Seine Repliken sind in vielen Museen direkt neben den historischen Originalen zu finden – sie zeigen, wie ein heute verrostetes Stück Stahl in seiner ursprünglichen Pracht ausgesehen hat.

www.peterjohnsson.com

J. T. Pälikkö

J.T. Pälikkö aus Helsinki ist gelernter Schmied und arbeitet seit den 1990er Jahren hauptberuflich als Klingenschmied und Messermacher. Pälikkö hat in den ersten Jahren seiner Karriere hauptsächlich Messer geschmiedet, vor allem kunstvolle Varianten der traditionellen finnischen Puuko-Messer. Heute arbeitet er hauptsächlich an Schwertern. Die Bandbreite reicht von eisenzeitlichen Modellen und römischen Schwertern über das gesamte Mittelalter bis zur frühen Neuzeit sowie einigen orientalischen und Fantasy-Versionen. Pälikkö verwendet für seine Schwerter moderne Stähle und selbst geschmiedeten Damaszenerstahl.

www.kp-art.fi

Für dieses Wikingerschwert verwendete Pälikkö selbstgeschmiedeten Damaszenerstahl.

Foto: J.T. Pälikkö

Stefan Roth

Stefan Roth aus Braunschweig ist der „Krieger unter den Schwertschmieden“. Er betrachtet alle seine Schöpfungen unter dem kämpferischen Aspekt. Bereits als kleiner Junge begann er mit dem Training von Karate und Taekwondo, später lernte er traditionellen japanischen Schwertkampf – unter anderem bei dem legendären Meister Toshishiro Obata – und auch europäische Schwertkünste. Wenn er nicht gerade schmiedet, unterrichtet Stefan Roth heute auch selbst Schwertkampf.

Das Training weckte Roths Interesse an historischen Schwertern. Nach einer handwerklichen Ausbildung fasste er den Entschluss, sich ganz der Schwertschmiedekunst zu widmen. Seit Ende der 1990er Jahre arbeitet er

J.T. Pälikkö aus Finnland schmiedet seine Schwerter immer so, dass man sie auch tatsächlich benutzen kann.

Foto: J.T. Pälikkö

Stefan Roth bei der Feilarbeit an einem Katana. Er schmiedet sowohl europäische als auch japanische Schwerter.

Foto: Stefan Roth

als hauptberuflicher Schwertschmied. Die Performance der Waffe ist Roths Schwerpunkt, Verzierungen und ästhetische Überlegungen sind untergeordnet. Dabei kommen ihm das Feedback von historischen Fechtern und seine eigenen Kampfkunsterfahrungen zugute.

Roth schmiedet Schwerter im japanischen und europäischen Stil, er verwendet moderne Industriestähle und auch selbst raffinierten Stahl. Seine Spezialität sind spätmittelalterliche Langschwerter. Gewöhnlich arbeitet Stefan Roth – wie die meisten seiner Kollegen – mit modernen Stählen, weil sie die besten Leistungen bringen. Für bestimmte Projekte werden aber auch historische Stähle rekonstruiert. Für japanische Schwerter benutzt Roth importierten Original-Tamahagane, für einige Modelle verwendet er als Ausgangsmaterial rund 500 Jahre alte Stahlreste, die bei Restaurierungsarbeiten historischer Gebäude übrig blieben.

www.seelenschmiede.de

Langschwerter sind Stefan Roths Spezialität. Die Klinge dieses Exemplars besteht aus 1200 Lagen Damaszenerstahl.

Foto: Messer Magazin/Lang

Stefan Roth (rechts im Bild) trainiert seit seiner Jugend verschiedenste Kampfkünste. Er meint: „Ein guter Schmied sollte auch selbst mit dem Schwert umgehen können."

Foto: Stefan Roth

Egal wie kunstvoll die Schmiedekunst: Scharfe Schwerter unterliegen generell dem Waffenrecht.

Schmied: Matt Parkinson

Foto: Sharp by Coop

Das Schwert im Gesetz

Ein scharfes Schwert ist eine Waffe im Sinne des Gesetzes, und auch für das Tragen von Schwertern auf Mittelaltermärkten gibt es Vorschriften. Jeder, der sich mit Schwertern befasst, sollte die wichtigsten gesetzlichen Regeln kennen. Wir geben hier die aktuelle Rechtslage in Deutschland wieder.

Brauche ich für ein Schwert einen Waffenschein?

Nein. Schwerter sind so genannte „freie Waffen" – sie stehen nicht auf der Liste der erlaubnispflichtigen Waffen (Anlage 2 zum WaffG). Eine Waffenbesitzkarte oder gar ein Waffenschein werden nicht benötigt. Jeder volljährige Bürger darf sie ohne besondere Genehmigung erwerben, besitzen, damit umgehen und aus dem Ausland importieren (§ 2 Abs. 1 WaffG).

Muss ich mich beim Schwertkauf per Versand ausweisen?

Ja. Schwerter sind „Hieb- und Stoßwaffen" im Sinne des Gesetzes (§ 1 Abs. 2.2a und Anlage 1 Unterabschnitt 2 Nr. 1.1 WaffG). Schwerter sind nicht „erlaubnispflichtig", aber erst „frei ab 18" – es handelt sich schließlich um Waffen, die in den Händen von Jugendlichen nichts zu suchen haben (Schaukampf- und Trainingsschwerter sind eine Ausnahme). Das bedeutet, dass ein Händler verpflichtet ist, den Altersnachweis zu kontrollieren. Wenn man ein Schwert per Versand bestellt, muss man der Bestellung eine Kopie des Personalausweises beifügen.

Sind Schaukampf- und Trainingsschwerter auch Waffen?

Nein. Nur scharfe Schwerter sind Waffen im Sinne des Gesetzes. Rechtlich entscheidend ist die Zweckbestimmung: Wenn ein Gegenstand dazu bestimmt ist, mit „Muskelkraft durch Hieb, Stoß, Stich, Schlag oder Wurf Verletzungen beizubringen", handelt es sich gesetzlich gesehen um eine „Hieb- und Stoßwaffe" (§ 1 Abs. 2. 2a und Anlage 1 Unterabschnitt 2 Nr. 1.1 WaffG). Weil stumpfe Schaukampf- und Trainingsschwerter zum Sport und nicht zum Verletzen von Menschen hergestellt werden, handelt es sich bei ihnen rechtlich nicht um Waffen, sondern um Sportgeräte. Genau erklärt wird das in der Waffengesetzverwaltungsvorschrift (WaffVwV), die besagt: „Keine Hieb- und Stoßwaffen sind solche Geräte, die zwar Hieb- und Stoßwaffen [...] nachgebildet, aber wegen abgestumpfter Spitzen oder stumpfer Schneiden offensichtlich nur für den Sport oder als Zierde geeignet sind." Das bedeutet, dass alle rechtlichen Beschränkungen für Waffen nicht für Deko-, Schaukampf- und Trainingsschwerter gelten.

Gibt es auch verbotene Schwerter?

Ja. Stockdegen und -schwerter sind verbotene Gegenstände. Nach § 2 Abs. 3 WaffG sind alle Hieb- und Stoßwaffen verboten, die „ihrer Form nach geeignet sind, einen anderen Gegenstand vorzutäuschen, oder die mit Gegenständen des täglichen Gebrauchs verkleidet sind" (WaffG, Anlage 2, Abs. 1.3.1). Man darf sie weder besitzen, noch kaufen, importieren oder sonstwie damit umgehen. Der Verstoß gegen diesen Paragraphen ist keine Ordnungswidrigkeit, sondern eine ausgewachsene Straftat.

Wie muss ich mein Schwert aufbewahren?

Das Gesetz verlangt grundsätzlich, dass alle Waffen so aufbewahrt werden, dass sie nicht „abhanden kommen oder Dritte sie unbefugt an sich nehmen" können (§ 36 WaffG). In der Verwaltungsvorschrift ist das für Schwerter und andere Blankwaffen im Abschnitt 36.2.1 so präzisiert: „Als Mindeststandard für die Aufbewahrung von erlaubnisfreien Gegenständen, die den Waffenbegriff des

Solche Verbrechen bringen den Besitz von Schwertern immer wieder in die Kritik.

Schlagzeile auf Bild Online

Bei Taschen für Schwerter sollte man unbedingt darauf achten, dass die Reißverschlüsse geeignet sind, um mit einem kleinen Schloss gesichert zu werden – denn scharfe Schwerter müssen laut Gesetz in einem verschlossenen Behältnis transportiert werden.

Der Besitz von Stockdegen ist in Deutschland streng verboten.

Foto: Cold Steel

Abgestumpfte Spitzen und Schlagkanten: Schaukampf- und Trainingsschwerter sind im Sinne des Gesetzes keine Waffen, sondern Sportgeräte.

Foto: Messer Magazin

Gesetzes erfüllen [...], reicht ein festes verschlossenes Behältnis oder eine vergleichbare Sicherung wie z. B. die Sicherung von Blankwaffen an der Wand durch aufschraubbare oder gleichwertig gesicherte (abschließbare) Wandhalterungen."

Wie muss ich mein Schwert transportieren?

Im Jahr 2008 wurde in Deutschland ein generelles Führverbot für Hieb- und Stoßwaffen im öffentlichen Raum eingeführt. Nach § 42a WaffG dürfen scharfe Schwerter außerhalb des eigenen Grundstücks oder der eigenen Wohnung nur noch in einem „verschlossenen Behältnis" transportiert werden. Entscheidend ist, dass das Schwert nicht sofort zugriffsbereit ist. Insofern ist ein verschlossenes (nicht nur geschlossenes!) Behältnis nötig, beispielsweise eine Tasche, deren Reißverschluss mit einem Schloss gesichert ist, oder ein mit Band zugeklebter Karton, der nicht einfach schnell aufgemacht werden kann.

Der § 42a ist eine komplizierte, weil schwammige Angelegenheit. Nach Abs. 2 gilt das Führverbot nämlich dann nicht, wenn „ein berechtigtes Interesse" vorliegt, wozu Berufsausübung, Brauchtum, Sport oder ein „allgemein anerkannter Zweck" gehören. Leider ist das Auslegungssache. Beispielsweise ist schon die Frage, ob der Weg mit öffentlichen Verkehrsmitteln zur Sporthalle unter die Ausnahme fällt oder nicht, nicht eindeutig geklärt. Deshalb sollte man, um Bußgelder zu vermeiden, scharfe Schwerter trotz „berechtigtem Interesse" grundsätzlich immer im verschlossenen Behältnis transportieren. Um unnötigem Ärger mit der Polizei aus dem Weg zu gehen, sollte man auch juristisch einwandfreie Trainingsschwerter zumindest verdecken.

Bei privaten Schnitt-Tests dürfte es besonders schwierig werden, Polizei und Staatsanwälten das „berechtigte Interesse" zu erklären. Deshalb sollte man sie nicht auf öffentlichem Gelände veranstalten. Wenn man sie nicht auf privatem Gelände durchführen kann, sondern nur in einer Sporthalle oder in einer ähnlichen Umgebung, sollte man das mit den Besitzern oder Verwaltern absprechen und den Schnitt-Test zusätzlich noch zur „geschlossenen Gesellschaft" erklären, bei der Außenstehende keinen Zutritt haben.

Mittelaltermärkte sind normalerweise recht problemlos. Zudem fallen stumpfe Schaukampfwaffen nicht unter das Waffenrecht.
Foto: fictum

Tipps für Schwert-Taschen

„He Sie, bleiben Sie mal stehen!" Diese energische Aufforderung einer Polizistin galt mir selbst, weil ich mit einem offen, ohne Scheide getragenen Übungsschwert auf dem Weg zum Training durch die Innenstadt marschierte. Nach Beantwortung einiger Fragen – „Wo wollen Sie denn damit hin?" – und nachdem sich die Beamtin davon überzeugt hatte, dass es ein stumpfes Schwert war, durfte ich wieder meiner Wege ziehen.

Obwohl ich hier absolut im Recht war, weil es sich nicht um eine Waffe im Sinne des Gesetzes handelte, hätte es auch anders ausgehen können. Im Zweifelsfall heißt es vor Ort nämlich: Ein schlecht gelaunter Polizist hat immer Recht. Um also unnötigen Ärger mit den Behörden – ein konfisziertes Trainingsschwert, Papierkram, Telefonate – zu vermeiden, empfiehlt es sich, eine Transporttasche fürs Traningsschwert anzuschaffen (für scharfe Schwerter ist sie ohnehin notwendig).

Während sich ein Katana oder ein einhändiges Schwert normalerweise auch in großen Sporttaschen unterbringen lassen, sieht das bei einem Langschwert anders aus. Selbst viele Gewehr-Futterale sind für ordentliche Langschwerter nicht groß genug – ganz zu schweigen davon, dass meistens auch die Parierstange nicht quer hineinpasst. Manche Schwertanbieter führen passende Spezialtaschen, aber die sind in der Regel nicht ganz preiswert und reichen auch nicht immer für große Zweihänder. Einige Schwertbesitzer haben sich Snowboard- oder große Golftaschen zugelegt. Nach meiner Erfahrung haben sich große Anglertaschen sehr gut bewährt, die schon relativ preiswert zu haben sind.

Angeltaschen sind normalerweise aus stabilem Nylongewebe gefertigt und recht wetterfest. Ein umlaufender Reißverschluss hält selbst das Gewicht von zwei bis drei Schwertern problemlos aus. In der Tasche lässt sich normalerweise zusätzlich zu einem Schwert auch noch Sportkleidung unterbringen. Häufig bieten aufgesetzte Außentaschen noch Platz für Zubehör wie Pflegemittel und Verbandspäckchen. Bei Angeltaschen ist darauf zu achten, dass sie zusätzlich zu einem Handgriff noch mit Schultertragegurten ausgestattet sind – das erleichtert den Transport doch sehr.

Enorm wichtig bei allen Taschen ist ein Zwei-Wege-Reißverschluss, der dazu geeignet ist, ein kleines Vorhängeschloss anzubringen, um so dem § 42a Genüge zu tun.

Handelsübliche Angeltaschen bieten auch für große Langschwerter genug Platz.

Darf man auf Mittelaltermärkten scharfe Schwerter tragen?

Nach § 42 dürfen auf „öffentlichen Vergnügungen, Volksfesten, Sportveranstaltungen, Messen, Ausstellungen, Märkten oder ähnlichen öffentlichen Veranstaltungen" keine Waffen geführt werden. Das betrifft scharfe Schwerter, nicht aber stumpfe Schaukampfwaffen. § 42 Absatz 4 besagt jedoch, dass das Führverbot nicht anzuwenden ist „auf die Mitwirkenden an Theateraufführungen und diesen gleich zu achtenden Vorführungen". Im Prinzip sind Mittelaltermärkte und „Ritterspiele" eine ähnliche Vorführung wie ein Theaterstück und fallen eigentlich unter diese Ausnahme – man kann sich aber nicht darauf verlassen, dass Polizei und Staatsanwälte diese Meinung teilen.

Ein anderer Punkt im Waffengesetz ist der Handel. Nach § 35 Abs. 3 sind der Vertrieb und das Überlassen von Hieb- und Stoßwaffen im Reisegewerbe, auf Veranstaltungen, Volksfesten und Sammlertreffen verboten. Aber nach § 42 Abs. 4 ist „das gewerbliche Ausstellen [...] auf Messen und Ausstellungen" erlaubt. Dementsprechend dürfen Händler scharfe Schwerter ohne Genehmigung zwar nicht verkaufen, aber Bestellungen annehmen.

Ausnahmegenehmigungen nach § 35 und § 42 kann die zuständige Behörde (in der Regel die lokale Polizei oder das Ordnungsamt) entweder für eine Einzelperson oder die gesamte Veranstaltung erlassen, wenn „öffentliche Interessen nicht entgegenstehen". Das Problem: Es sind sogenannte „Kann-Paragraphen". Die Behörde kann Ausnahmegenehmigungen erteilen, der Antragsteller hat aber keinen Rechtsanspruch darauf. Es liegt also komplett im Ermessenspielraum der örtlichen Behörde (manchmal sind auch mehr oder weniger geheime Weisungen aus den Länderinnenministerien ergangen).

Hier muss man nochmal betonen, dass die Paragraphen 35 und 42 nur scharfe Schwerter betreffen, weil Schaukampfschwerter keine Waffen im Sinne des Gesetzes sind. Da auf Mittelaltermärkten zu 99 Prozent nur stumpfe Schaukampf- und Dekowaffen anzutreffen sind, ist das Verbot meist gar nicht relevant. Allerdings bleibt das Problem, im Fall der Fälle einem Polizisten den rechtlichen Unterschied zwischen scharfer Hieb- und Stoßwaffe und Schaukampfschwert klar zu machen.

Wenn man mit seinem Schaukampfschwert nicht gerade irgendeinen Unfug treibt, gibt es in der Regel bei Mittelaltermärkten keinen Ärger mit der Polizei. Sobald eine Veranstaltung angekündigt ist, reagieren Polizisten und Sicherheitskräfte normalerweise recht gelassen, wenn gerüstete Freizeit-Ritter mit Bus und Bahn zum Markt fahren. Wichtig ist hier vor allem, dass Gewandete friedlich bleiben – und natürlich ihre Schaukampfschwerter bis zum Eintreffen auf dem Marktgelände in den Scheiden stecken lassen.

Anmerkung:
Die Ausführungen in diesem Buch geben den juristischen Stand bei Drucklegung (September 2019) wieder und sind ohne Gewähr. Die aktuellen Gesetze kann man auf der offiziellen Gesetzesseite der Bundesregierung nachschlagen: www.gesetze-im-internet.de

Nicht den Kopf in den Sand stecken

Es wäre ein großer Fehler, die Problematik Waffenrecht zu ignorieren. Der Gesetzgeber könnte tatsächlich alle Schwerter verbieten, wenn die Community nicht politisch aktiv wird. So hat die Republik Irland 2009 ein Verbot von Samuraischwertern beschlossen. In Großbritannien dürfen seit 2008 Samuraischwerter und Säbel (alle gekrümmten Klingen ab 50 Zentimeter Klingenlänge) nur noch von Personen besessen werden, die eine offizielle Ausnahmegenehmigung haben, weil sie Mitglied in einem behördlich (!) anerkannten Kampfkunst- oder Fechtverein sind. Das in Deutschland geltende Führverbot für Schwerter, Einhandmesser usw. (§ 42a WaffG) wurde 2008 fast handstreichartig durch den Bundestag „gepeitscht".

In Deutschland herrscht, was Waffen betrifft, eine sogenannte Anlass-Gesetzgebung. Sehr oft wird ein Verbrechen zum Anlass genommen, um Verbote durchzusetzen, und auch die eher gemäßigten Stimmen in Regierung und Behörden reagieren auf spektakuläre Medienberichte grundsätzlich reflexhaft mit Verboten und Verschärfungen, um die aufgebrachte Öffentlichkeit zu beruhigen.

Foto: Cas Hanwei

Praktische Schnitt-Tests

Das erste „richtige", funktionstüchtige Schwert ist mit dem Paketdienst angekommen und hängt nun an der Wand oder steht auf einem speziellen Ständer im Wohnzimmer. Es juckt in den Fingern, das Schwert auch einmal auszuprobieren. Es einfach nur in der Hand zu halten oder „trocken" durch die Luft zu schwingen, befriedigt auf Dauer nicht wirklich. Da nicht damit zu rechnen ist, dass im Hausflur ein Ork oder Ninja lauert, gegen den man das Schwert einsetzen könnte, mangelt es aber an Gelegenheit – aber nur scheinbar.

Durch japanische Kampfkunstarten bekannt geworden, haben sich Schnitt-Tests an zusammengerollten Strohmatten (Tatami) und anderen Zielen zu einem beliebten Hobby entwickelt. Und so sind auf Videoplattformen wie Youtube unzählige Clips von Schnitt-Tests zu finden. Cutting ist die beste Möglichkeit, mit einem scharfen Schwert auch praktisch Spaß zu haben. Allerdings ist grundsätzlich immer zu beachten: Ein scharfes Schwert ist kein Spielzeug, sondern eine Waffe und muss entsprechend vorsichtig gehandhabt werden – es besteht grundsätzlich immer ein großes Verletzungsrisiko.

Wie haben Schnitt-Tests mit Kampfkunst zu tun?

Neben dem Spaß gibt es mehrere Aspekte, die Schnitt-Tests wichtig für jedes Kampfkunsttraining machen:

- **Man bekommt ein Gefühl für den Unterschied zwischen Trocken-Training und der realen Technik, einem ernsthaft geführten Schwerthieb.**

- **Man bekommt ein Gefühl für das jeweilige Schwert, seine Eigenheiten:**
  - Ist das Schwert komplett für Schnitt-Tests optimiert oder gleichermaßen auf Angriff und Verteidigung ausgerichtet?
  - Mit welchem Schwert kann ich am besten schneiden?

- **Man kann die Qualität des Schwerts testen:**
  - Wie ist die Balance? Wie gut lässt sich das Schwert schwingen?
  - Wie hoch ist die Schärfe?
  - Wie bewährt sich die Klingengeometrie?
  - Ist die Klinge zwar flexibel, aber steif genug für einen Hieb und nicht zu „wabbelig"?

- **Man kann die eigene Technik überprüfen:**
  - Ist meine Hiebführung sauber, ohne zu verkanten?
  - Stimmt meine Körperhaltung und meine Balance?
  - Ist meine Mensur – der Abstand zum Ziel – richtig?
  - Ist mein Bewegungsablauf, die Koordination zwischen Beinarbeit und Schwerthieb richtig?
  - Kann ich aus einer korrekt ausgeführten Kampftechnik heraus (ohne mich der Gefahr auszusetzen, vom Gegner getroffen zu werden) einen erfolgreichen Hieb durchführen?
  - Sind Hiebkombinationen oder ein Hieb durch mehrere Ziele möglich?

Die richtige Hiebtechnik wird von Übenden, die bisher nur Partnerübungen mit mehr oder weniger geeigneten Schwertsimulatoren oder Iaido durchgeführt haben, oft gewaltig unterschätzt. Ein leichtes Verkanten des Schwerts bei der Hiebführung genügt, und man trifft nicht mit der Schneidkante der Klinge auf, sondern mit der Seitenfläche. Anstatt das Ziel sauber zu durchtrennen wird es vom Ständer nur heruntergeschlagen.

Das ist bei einhändigen Schwertern ein besonderes Problem, vor allem, wenn sie mit einfachen Hammerfaust-Griffhaltung geführt werden. „Der Griff bewegt sich und rutscht in deiner Handfläche herum, und deine Schneidenausrichtung geht verloren", bemerkte dazu schon der englische Fechtmeister Captain John Godfrey im Jahr 1747. Und er führt weiter aus: „Für jeden Hieb,

Schnitt-Tests sind für das Training jeder Schwertkampfkunst enorm wichtig.

Erfolgreiche Schnitt-Tests machen auch jede Menge Spaß, wie man hier beim Autor sehen kann. *Foto: Christian Wiemer*

Die Hinrichtung eines verurteilten Verbrechers per Schnitt-Test.

(Zeichnung nach einem zeitgenössischen japanischen Holzschnitt)

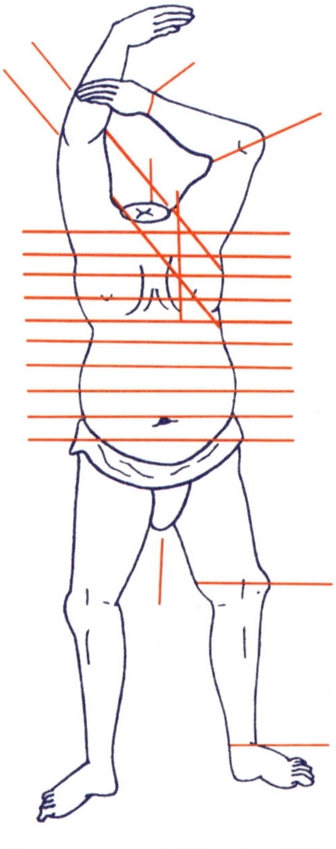

Diagramm von möglichen Schnitt-Tests an menschlichen Körpern.

(nach einer zeitgenössischen Darstellung)

den ich richtig durchgeführt gesehen habe, habe ich zehn schlechte Hiebe gesehen, die mit der Fläche aufgetroffen sind."

Fazit: Es ist vollkommen illusorisch zu denken, man könne ohne es jemals ausprobiert zu haben, gegen ein festes Ziel einen effektiven Hieb führen. Davon sollte man sich aber nicht abschrecken lassen. Man muss kein Schwertmeister sein, um mit einem scharfen Schwert eine Tatami zu durchtrennen – dazu ist nur etwas Übung nötig. Schwierig wird es erst, wenn man die Hiebe sauber und exakt durchführen und dabei gleichzeitig auch noch auf die richtige Beinarbeit achten will.

Was ist Tameshigiri?

Durch den großen Medienhype um das Samuraischwert sind insbesondere die Schnitt-Tests aus der japanischen Tradition (Tameshigiri) bekannt geworden. Im Lauf der Geschichte wurden in Japan verschiedene Methoden entwickelt, um das Können der Schwertkämpfer und die Qualität der Klingen zu testen. Der Schwert-Tester war ein eigenständiger Beruf. Ein Spezialist war deshalb nötig, weil er fähig sein musste, perfekt ausgeführte – absolut gleichförmige – Hiebe auf Abruf durchzuführen, um die verschiedenen Schwerter auch wirklich miteinander vergleichen zu können. Entgegen populärer Mythen war dazu ein durchschnittlicher Samurai nicht immer in der Lage.

Eine beliebte Methode, um die Schnittfähigkeit von Schwertern zu testen, bestand darin, sie an Leichen auszuprobieren – bei den andauernden Bürgerkriegen in Japan standen nach den Schlachten genügend leblose Körper zur Verfügung. Teilweise wurden aber auch noch lebende Kriegsgefangene per Schnitt-Test hingerichtet. Ein Schwert galt als wirklich gut, wenn es drei Köper mit einem Hieb durchtrennen konnte, bei noch mehr Körpern wurde es als „großartig" eingestuft.

Eine weitere Gelegenheit, ein Schwert zu testen, war die Hinrichtung eines verurteilten Verbrechers. Praktischerweise war der Schnitt-Tester gleichzeitig oft auch der offizielle Henker. Legendär ist jene Geschichte, in der der Verurteilte den Henker fragt, mit welchem Hieb er getötet wird. Der Henker antwortet, dass er den Hieb mitten durch den Rumpf verwenden wird. Daraufhin erklärt der Verurteilte: „Wenn ich das gewusst hätte, hätte ich heute morgen Steine geschluckt – nur um Euer Schwert zu ruinieren!"

Ein Halstuch in der Luft zerteilen.

(aus „Lessons in Sabre" von 1880)

Ein echtes Kunststück: Einen Besenstiel auf zwei Gläsern spalten, ohne Wasser zu verschütten. *(aus „Lessons in Sabre" von 1880)*

Gut geeignet für Schnitt-Tests: Eine Tatami-Strohmatte aus dem Schwert-Versandhandel.

Ein eingerollter Stock simuliert einen harten Knochen.

Foto: Herbert Schmidt

Strohmatten müssen vor dem Test gründlich gewässert werden – hier die preisgünstige Variante aus handelsüblichen Badematten.

Foto: Herbert Schmidt

Gab es auch in Europa Schnitt-Tests?

Man findet solche Tests auch in der europäischen Geschichte. Allerdings wurde diese Tradition nicht lebendig gehalten, und die Geschichte ist hier auch bei weitem nicht so gut erforscht wie die japanischen Schnitt-Tests. Wir wissen beispielsweise aus historischen Zeitungsberichten von Schaukampf-Shows im viktorianischen Großbritannien, die als „Assault at Arms" bekannt waren. Neben Vorführungen im Ringen, Boxen und Fechten gehörten auch Schwert-Kunststücke („sword feats") zum Programm. Bei diesen Schnitt-Tests wurden beispielsweise mit dem Säbel Bleibarren, Besenstiele und Tücher in der Luft zerschnitten (wofür Säbel mit verschiedenen Klingenquerschnitten verwendet wurden).

Eine der wenigen bekannten Anleitungen zu diesem Thema stammt aus dem Fecht-Handbuch „Lessons in Sabre, Singlestick, Sabre and Bayonet" von Corporal-Major John M. Waite aus dem Jahr 1880. Er war einer der bekanntesten Fechtmeister Englands und wurde von manchen Zeitgenossen für den besten Fechter der Armee gehalten. Waite führte viele Schnitt-Tests vor. In seinem Buch widmet er den „sword feats" ein ganzes Kapitel. So führt er aus, dass man durch Schnitt-Tests lernt, „seine Kraft und die Schneide richtig einzusetzen und die Schnitte mit der richtigen Geschwindigkeit durchzuführen, so dass sie effektiver werden".

Zu den dargestellten Methoden gehören kraftvolle Schnitt-Tests an Bleibarren (dafür gab es schwere Spezialsäbel mit stark balliger Schneide, die als „lead cutter" bezeichnet wurden), Hammelbeinen (mit Knochen) oder ganzen Schafskadavern und kunstvolle Schnitt-Tests an Seidenkissen, Halstüchern und Orangen, die in die Luft geworfen wurden. Waite konnte einen frei auf zwei Wassergläsern liegenden Besenstiel spalten, ohne die Gläser zu zerstören oder Wasser zu verschütten.

Wie werden Schnitt-Tests durchgeführt?

In der Regel werden heute dafür zusammengerollte Strohmatten verwendet. Diese Methode stammt aus Japan. Ursprünglich wurden dafür alte Reisstrohmatten (Tatami) eingesetzt – der Bodenbelag in japanischen Wohnräumen. Die Strohmatten werden vorher durchnässt und haben im feuchten Zustand ungefähr den Schnittwiderstand menschlicher Gliedmaßen – das klingt etwas makaber, aber es geht ja darum, einen Schwerthieb gegen einen Gegner möglichst realistisch zu simulieren.

Bevor es losgeht: Zur richtigen Befestigung der Tatami ist ein wackelsicherer Ständer nötig.

Ständer kann man fertig kaufen, oder nach Anleitungen aus dem Internet auch selber bauen.

Schnitt-Tests mit Fleisch...

Für die Werbevideos von Cold Steel werden Schwerter und Messer an Schweinekadavern getestet.

Foto: Cold Steel

Ein Schwert ist ursprünglich dazu gedacht, gegen einen Gegner aus Fleisch und Blut eingesetzt zu werden. Dementsprechend ist es natürlich logisch, einen Schnitt-Test an einem Stück Fleisch zu versuchen, so wie es auch die Fechtmeister des 19. Jahrhunderts getan haben – oder heute die Firma Cold Steel, die für Werbevideos reihenweise Schweine- und Rinderhälften mit Schwertern zerlegt.

Abgesehen davon, dass Fleisch ein extrem kostspieliges Test-Ziel ist, gibt es hier noch diverse andere Aspekte zu bedenken: Man kann solche Schnitt-Tests eigentlich nur in einer „geschlossenen Gesellschaft" durchführen – es sollte keine zufälligen Zuschauer geben, die vielleicht die Polizei rufen. Wenn man die Überreste hinterher nicht auf den Grill legt, sind auch rechtliche Aspekte zu beachten (es gibt Vorschriften zur Entsorgung eines Tierkadavers). Und dann sollte man sich auch immer vor Augen halten, dass ein Schinken einmal ein lebendes Tier gewesen ist.

Kurzum – es spricht vieles dafür, Schnitt-Tests an Fleisch nur dann durchzuführen, wenn man eine ernsthafte militärhistorische Untersuchung über Verwundungen durch Schwertklingen im Sinn hat. In allen anderen Fällen kann man gut darauf verzichten.

Schnitt-Tests an Fleisch waren auch in Europa üblich.

(aus „Lessons in Sabre" von 1880)

Der größte Vorteil von Strohmatten als Testziel ist, dass man an der geschnittenen Matte die Schnittspur ablesen kann und dadurch Erkenntnisse über den Schnittverlauf und mögliche Fehlerquellen gewinnt.

Viele Händler aus dem Schwert- und Kampfsportbedarf bieten fertig gerollte Tatami zum Kauf an. Sie sind in verschiedenen Qualitätsstufen, also unterschiedlichen Widerstandsgraden, zu haben. Diese ergeben sich durch eine dichtere Flechtstruktur, so dass die Matte mehr Fasern hat. Für Einsteiger, die zum ersten Mal schneiden, empfiehlt sich die einfache Qualität, die leichter zu durchtrennen ist. Ein beliebter Ersatz für richtige Tatami sind geflochtene Strandmatten, die zur Beginn der Urlaubszeit fast überall für kleines Geld erhältlich sind. Erfahrungsgemäß bieten zwei ineinander gerollte Strandmatten etwa den Schnittwiderstand einer dickeren Tatami.

Tatami und andere Strohmatten müssen vor dem Test gewässert werden, damit sie die für Schnitt-Tests richtige Konsistenz bekommen. Es reicht nicht, sie einmal kurz mit dem Gartenschlauch zu bespritzen. Die Feuchtigkeit muss tief in die Fasern eindringen. Die Matten sollten daher 24 Stunden lang in Wasser gelegt werden. Danach lässt man das überschüssige Wasser eine halbe Stunde lang abfließen.

Für das Wässern sind große Regentonnen aus Bau- und Gartenmärkten gut geeignet. Wegen des natürlichen Auftriebs müssen die Strohmatten während der Tauchprozedur beschwert werden. Man kann sie auch zu Hause in der Badewanne wässern, dann transportiert man die feuchten Matten in zugebundenen Müllsäcken zum Ort des Schnitt-Tests. Fertig gewässerte Tatami sollte man nicht länger als einen Tag im feuchten Zustand lagern – sie beginnen sonst recht schnell zu „gammeln" und sehr unangenehm zu riechen!

Viele handelsübliche Tatami-Rollen sind nur mit zwei oder drei Schnüren zusammengebunden. Wenn eine weggeschnitten ist, beginnt sich die Tatami selbst zu entrollen – sie hat in sich selbst und auch auf dem Ständer nicht mehr genug Halt. Es gab schon Situationen, in denen man die Rolle dann vor lauter Verzweiflung noch einmal mit Tape zusammengeklebt hat – was weder besonders ästhetisch noch toll für die Schwertklinge ist (wenn man gerade dort mit dem Schwert trifft, hinterlässt der Klebstoff sehr mühsam zu entfernende Rückstände auf der Klinge). Sinnvoller ist es, die Rolle vor dem Wässern noch einmal zusätzlich mit stabilen Einmach-Gum-

Dicke, freihängene Seile sind ein schwieriges, aber gutes Ziel.

Foto: Cold Steel

Gemüse der Saison: Schwert gegen Kürbis.

Foto: Herbert Schmidt

Fleischtomaten sind eine Herausforderung für Klinge und Kämpfer.

Foto: Stefan Roth

Das Ziel bei Flaschen aus PET-Kunststoff: Die Flasche mit einem Hieb so zu zerschneiden, dass das Unterteil stehen bleibt.

Foto: Cold Steel

mis zu sichern, so dass man bei einer Tatami insgesamt mindestens fünf Verbindungen hat.

Welche alternativen Schnittziele gibt es?

Ein sehr beliebtes Ziel sind PET-Flaschen und Getränkekartons aller Art: Sie fallen in jedem Haushalt an und werden nach Gebrauch meist weggeworfen oder recycelt. Selbst wenn es sich um eine PET-Pfandflasche handelt, so sind die Kosten pro Ziel – 25 Cent nicht zurück erhaltener Pfand – wirklich vernachlässigbar. Die Flaschen werden einfach mit Wasser gefüllt, verschlossen, aufgestellt, und los geht's. Das Ziel ist es, die Flasche sauber durchzutrennen – so dass das Unterteil stehen bleibt und es möglichst wenig spritzt.

Noch besser als PET-Flaschen sind nur noch alte Zeitungen oder Zeitschriften. Oft flattern in aller Regel wöchentlich ein bis zwei kostenlose Regionalblätter mit jeder Menge Werbung ins Haus. Falls vorhanden werden die Heftklammern herausgelöst, die Zeitungen werden gerollt und mit Schnur oder Einmach-Gummis zusammengebunden. Zeitungen müssen nur kurz in Wasser getränkt werden – im Gegensatz zu Strohmatten weicht das Papier sehr schnell auf und wird matschig.

Je nach Erntezeit erhält man auch preisgünstig Kürbisse, Melonen, Kohl oder Salatköpfe. Große Fleischtomaten sind beispielsweise ein sehr anspruchvolles Ziel – sowohl für die Schärfe als auch das eigene Können (das Schwert soll die Tomate schließlich sauber schneiden und nicht zermatschen). Bei Melonen und Kürbissen sollte man darauf achten, dass sie einigermaßen fest sind. Was zu beachten ist: Frucht- und Gemüsesäfte wirken aufgrund des Säuregehalts wesentlich aggressiver auf den Stahl der Klinge als die Feuchtigkeit einer Strohmatte. Deshalb muss das Schwert nach solchen Tests sofort sehr sorgfältig gesäubert, getrocknet und eingeölt werden.

Für viele Schwert-Fans hat es fast schon Tradition, den Versandkarton, in dem das Schwert gekommen ist, voller Begeisterung über die Neuerwerbung in kleine Stücke zu schneiden. Das sollte man aber erst tun, nachdem bei dem Schwert die wichtigsten Fehlerprüfungen durchgeführt sind, weil der Karton eventuell noch für eine Rücksendung zum Händler benötigt wird.

Wie werden Schnittziele befestigt?

Grundsätzlich benötigt man für fast alle Schnittziele einen Ständer. Ein solcher Ständer lässt sich mit großen Vierkantbohlen aus dem Baumarkt (die man im Markt vorsägen lässt) relativ einfach selber bauen. Im Internet kursieren dafür etliche Bauanleitungen. Wenn man Techniken in der engen Mensur (mit geringem Abstand) üben will, empfiehlt es sich, zwei der Bohlen für den Standfuß auf einer Seite etwas kürzer zu machen, damit man näher herantreten kann. Wenn man einen eigenen Garten hat, ist vielleicht auch schon ein Ständer für einen großen Sonnenschirm vorhanden, der sich zweckentfremden lässt. Ansonsten bietet der Fachhandel, der Tatami im Angebot hat, inzwischen auch preisgünstige fertige Tameshigiri-Ständer an, die allerdings oft zu leicht oder zu klein sind.

Schnittziele wie Tatami, Zeitungsrollen oder Wasserflaschen kann man natürlich auch an eine Schnur binden und frei hängend befestigen. Das ist eine ganz besondere Herausforderung an Schwert und Schwertkämpfer, denn beim kleinsten Fehler während des Hiebs schwingt ein aufgehängtes Ziel einfach zur Seite anstatt durchtrennt zu werden. Ein Ziel der gleichen Kategorie ist ein frei hängendes Seil von einigen Zentimetern Durchmesser. Dickes Tau aus Hanf oder Kunstfaser (natürlich darf man keine Seile mit Drahtanteil nehmen) erhält man als Meterware im Baumarkt. Um Frust zu vermeiden, sollte man sich aber erst als Fortgeschrittener und mit einem sehr scharfen Schwert an frei hängende Ziele wagen.

Auf keinen Fall sollte man als Einsteiger versuchen, ein geworfenes Ziel in der Luft zu treffen – auch wenn es bei Youtube so cool aussieht! Im Gegensatz zu einem statischen Ziel auf dem Ständer, muss man hier Flugbahn von Ziel und Schwert koordinieren, was schon zu erheblichen Selbstverletzungen geführt hat. Bitte unbedingt einen Ständer oder eine Aufhängung benutzen!

Welche Sicherheitsvorkehrungen sind nötig?

Der erste Gedanke bei Schnitt-Tests muss der Sicherheit gelten. Scharfe Schwerter sind gefährliche Waffen, und es besteht bei Schnitt-Tests durchaus das Risiko, sich selbst zu verletzen. Wenn man mit dem Schwert vorsichtig umgeht, ist dieses Risiko minimal – aber dennoch: Shit happens! Wenn möglich, sollte man den ersten Schnitt-Test nach Möglichkeit mit jemandem zusammen durchführen, der darin Erfahrung hat. Er kann wertvolle Tipps geben und vor allem auf Gefahrenquellen hinweisen, die man als Anfänger nicht erkennt. Einige Schwertkampf-Vereine und Schulen bieten mehr oder weniger regelmäßig Cut-

Der richtige Winkel ist entscheidend, sonst wird die Matte nur vom Ständer geschlagen. Bei sehr dicken Klingen erfolgt der Schnitt oft in einem anderen Winkel als der geführte Hieb.

Das ideale Ergebnis: Ein glatter, sauberer Schnitt durch die Matte.

ting-Seminare an – das ist eine ideale Gelegenheit für Einsteiger.

Obwohl es manchmal „Cutting-Party" heißt, sollte eigentlich selbstverständlich sein: Beim Hantieren mit Schwertern wird kein Alkohol getrunken (oder anderweitige Drogen konsumiert)! Dann sollte man grundsätzlich bei Schnitt-Tests einen Erste-Hilfe-Kasten dabei haben (eine kleine Verbandstasche für unterwegs passt meistens sogar in die Schwert-Tasche mit hinein und sollte zur ständig mitgeführten Ausrüstung gehören). Ein Handy, mit dem man gegebenenfalls einen Notarzt oder Krankenwagen verständigen kann, sollte ebenfalls parat liegen.

Wenn man Schnitt-Tests vor Publikum durchführt, muss man darauf achten, dass die Zuschauer nicht in der „Fluglinie" des Schwerts stehen und dass keine Mattenreste oder ähnliches ins Publikum fliegen können. Natürlich muss man auch auf ausreichenden Sicherheitsabstand zur Umgebung (je nach Klingenlänge etwa drei bis vier Meter) achten – ein Langschwert am ausgestreckten Arm hat eine erstaunliche Reichweite, die oft unterschätzt wird. Schwerter sind grundsätzlich so abzulegen, dass sie in einer sicheren Zone irgendwo am Rand liegen, wo man nicht aus Versehen hineintreten kann.

Schnitt-Tests verursachen einiges an Abfall: Ausreichend Müllsäcke sollten unbedingt bereit stehen.

Foto: Christian Wiemer

Zur weiteren Vorbereitung gehören ausreichend Müllsäcke für die Überreste der Schnitt-Tests. Je nachdem, wo man sie durchführt, ist es gegebenenfalls auch ratsam, den Boden direkt unter dem Ständer und innerhalb der Fluglinie mit einer Folie für Malerarbeiten aus dem Baumarkt auszulegen – das erleichtert das Aufräumen und Saubermachen sehr. Diese Folie darf natürlich nicht dort liegen, wo sich die Füße des Schneidenden bewegen, sonst sind gefährliche Stolperfallen gegeben – sie liegt also vom Schwert aus gesehen hinter dem Ziel.

Material zur Schwertpflege – Putztücher und vor allem Öl – darf bei einem Schnitt-Test natürlich ebenfalls nicht fehlen. Eine Rolle Küchenpapier dient dazu, zwischen den einzelnen Hieben die Feuchtigkeit von der Klinge zu entfernen.

Was sollten Einsteiger beachten?

Falls möglich sollte man beim ersten Mal ein bewährtes Schwert benutzen, mit dem andere schon erfolgreich geschnitten haben. Wenn man dann einen Hieb nicht erfolgreich durchgeführt hat, liegt es eindeutig nicht am Schwert, sondern an einem Fehler bei der Durchführung.

Es hat sich gezeigt, dass nicht wenige Einsteiger bei ihrem allerersten Schnitt-Test mit einem Katana besser zurechtkommen und eher ein Erfolgserlebnis haben als mit einem europäischen Schwert. Ein Katana ist deutlich verwindungssteifer als viele mittelalterliche Klingen oder neuzeitliche Militärsäbel. Deren flexible Klingen stellen deutlich höhere Ansprüche an das Können.

Bei einem Katana sollten Einsteiger nach Möglichkeit eher ein Modell aus durchgehärtetem Stahl wählen und kein Schwert mit einer differenziell gehärteten Klinge. Durchgehärtete Katana verzeihen Fehler wie einen falschen Auftreffwinkel viel leichter. Differenziell gehärtete Katana erfordern die richtige Technik, sonst kann das Schwert durch einen Fehler schwer beschädigt werden.

Bei einem Katana sollte man übrigens grundsätzlich vor jedem (!) Schnitt-Test überprüfen, ob der Haltestift (Mekugi) auch richtig im Griff sitzt. Eine Klinge, die sich während des Schwungs aus dem Griff löst und davonfliegt, könnte eine Katastrophe hervorrufen.

Wie bereits erwähnt, sind Strohmatten das bevorzugte Testziel, weil man an ihnen den Schnittverlauf gut ablesen

Schnitt-Test-Vorführung vor Publikum: Hier ist unbedingt auf ausreichend Abstand zu den Zuschauern zu achten. Hier ist das Schwert auch mit einem Fangriemen am Handgelenk gesichert.

Wenn genügend Platz vorhanden ist, sind Schnitt-Tests in jedem Garten oder Hinterhof möglich.

Foto: Christian Wiemer

Schnitt-Tests und Kampftechniken

von Stefan Dieke

Es gibt Schwerter, die für Schnitt-Tests optimiert sind. Da Tatami sich nicht wehren – oder man sich gar gegen den bewaffneten Angriff einer Tatami verteidigen muss – können diese Schwerter ein anderes Verhalten an den Tag legen als Waffen, mit denen man sowohl angreifen als auch sich verteidigen können muss. Das gleiche gilt auch für die Techniken.

Jeder Angriff mit einer Blankwaffe soll mit einem Treffer die vom Gegner ausgehende Gefahr unterbinden – idealerweise indem er ihn sofort kampfunfähig macht, die eigene Waffe aber nicht außer Gefecht setzt. Wie viele Tatami man darüber hinaus mit dem Hieb noch durchhauen hätte, ist für die wirkliche Kampfsituation irrelevant.

Stefan Dieke unterrichtet hauptberuflich historische Kampfkunst.

Ein idealer Kampf dauert aus Sicht eines Schwertkämpfers genau eine Aktion lang. Ein Angriff – Kampf vorbei! Soweit zum Ideal. In der Realität passiert das sehr selten – nur wenn man einfach Glück hat (oder der Gegner Pech) oder man seinem Gegner deutlich überlegen ist. Generell wird der Gegner nämlich etwas tun, um den Angriff abzuwehren. Für diesen Fall sollte man auch den Folgeangriff noch sauber ausführen können – und das ohne den initialen Angriff zugunsten des Folgeangriffs zu schwächen. Hier kommen die Hiebkombinationen bei Schnitt-Tests ins Spiel.

Schnitt-Tests haben heutzutage eine sportliche Komponente. Allerdings darf ein ernsthafter Kampfkünstler seine Disziplin nicht auf diese athletische Komponente reduzieren. Zweikampf ist nämlich ein komplexes Konstrukt aus vielen physischen, taktischen und psychologischen Faktoren, die zusammenspielen müssen. Dazu muss der Kampfkünstler einen Kompromiss zwischen all diesen Faktoren finden, der der jeweiligen Situation angemessen ist. Denn extreme Leistungen bei einem dieser Faktoren gehen immer zu Lasten der anderen Faktoren.

Bei Schnitt-Tests bedeutet das, dass man deutlich kräftigere Hiebe führen kann, wenn man mit dem Schritt eine Körperspannung aufbaut, die man anschließend mit dem Hieb „entlädt". Um mit einem Schwert einen Hieb zu führen, der durch eine oder gar mehrere Tatami geht, benötigt man sowohl Präzision bei der Hiebausrichtung als auch Kraft.

Die meiste Kraft kann man (als Rechtshänder) entwickeln, indem man zunächst mit dem rechten Bein vortritt, die rechte Schulter aber noch zurück gezogen hält und schließlich mit dem Hieb die Körperspannung, die sich so aus der widersprüchlichen Orientierung von Hüfte und Schultergürtel ergibt, auflöst und in Hiebenergie verwandelt. Batter beim Baseball entwickeln so ihre Schlagkraft.

Nicht zu vergessen ist: Wenn man seinen Gegner mit dem Schwert erreichen kann, gilt das gleiche auch andersherum. Beim normalen Schnitt-Test tritt man in die nahe Mensur – die Distanz, in der man den Gegner mit der Waffe nur durch eine Armbewegung erreichen kann. Dummerweise kann einen der Gegner zu diesem Zeitpunkt auch mit seiner Waffe erreichen – und was sollte ihn davon abhalten? Daher kann man es sich im Schwertkampf nicht erlauben, in die Reichweite des Gegners einzutreten, ohne eine konkrete Bedrohung für diesen darzustellen.

Damit man für den Gegner zur Bedrohung und nicht zum sicheren Ziel wird, muss sich die Waffe als erstes auf den Gegner zu bewegen: Bei der taktisch korrekten Ausführung folgt also der Schritt in die enge Mensur der Waffe nach. Das Timing der Bewegung von Schwert und Fuß widerspricht somit der Koordination, die für maximale Kraftentwicklung nötig wäre: Der Hieb ist schwächer – dafür ist das Risiko, selber getroffen zu werden, aber auch erheblich geringer.

Die wichtige Frage ist: Wie effektiv kann man einen Hieb führen, wenn man sich an den Bewegungsablauf hält, der für den ernsthaften Kampf erforderlich ist. Und kann man anschließend auch noch eine effektive Folgeaktion durchführen?

www.alte-kampfkunst.de

Schnitt-Test mit Schrittfolge: Die Technik beginnt aus realistischer Angriffsdistanz.

kann. Egal ob man Schnitt-Tests zur Verbesserung der Schwertkampf-Technik oder einfach nur „just for fun" durchführt: Ein sauberer, erfolgreicher Hieb ist auf jeden Fall immer befriedigender als eine nur „angeknabberte" Matte. Deshalb sollte man auf jeden Fall auf ein paar Dinge achten.

Zunächst sollte das Schwert für den Schnitt-Test wirklich scharf geschliffen sein. Raue Stellen auf der Schneide, die man mit dem Daumennagel spüren kann, oder gar echte Scharten, sollten nicht zu finden sein. Bei einem sehr flexiblen Schwert empfiehlt es sich, erst den Center of Percussion zu lokalisieren. Wie Waite in „Lessons in the Sabre" ausführt, erzielt man das beste Resultat, wenn der CoP mit hoher Geschwindigkeit auf das Ziel trifft. Waite empfiehlt sogar, den CoP-Bereich mit Schmierfett zu markieren: „Es zeigt, mit welchem Teil der Klinge man schneiden soll und unterstützt den Schnitt."

Ein häufiger Fehler beim Cutting ist das Verkanten der Schwertklinge, die dann nicht mit der Schneidkante, sondern mehr oder weniger stark mit der Seitenfläche auftrifft. Zu einem solchen Verkanten kann es bereits während des Hiebs kommen – das Resultat ist ein unvollständiger oder unsauberer, welliger Schnitt. Im ungünstigsten Fall kratzt man die Matte nur oberflächlich an, bevor sie vom Ständer heruntergeschlagen wird. Deshalb gilt auch hier: Saubere Technik geht vor Kraft. Natürlich bringt es nicht viel, die Matte mit dem Schwert nur zu „tätscheln" – aber ein sauber und zügig durchgeführter Hieb hat genug kinetische Energie, um eine Matte zu durchtrennen. Es ist nicht nötig, die gesamte Kraft hineinzulegen. Das führt eher zu unsauberer Technik.

Während der Cutting-Session sollte man das Schwert zwischen den einzelnen Hieben immer wieder säubern und mit einem Tuch Feuchtigkeit und Überreste der Ziele von der Klinge entfernen. Wenn der Schnitt-Test beendet ist, sollte das Schwert komplett gesäubert und abgetrocknet werden (mehr dazu im nächsten Kapitel). Für den Rücktransport wird es dann leicht eingeölt. Zu Hause sollte dann zeitnah eine gründliche Reinigung und Ölung erfolgen. Dabei kann das Schwert dann auch gleich nachgeschärft werden.

Typische Schnitt-Fehler

Durch die Schnittspuren an der Tatami lassen sich Fehler an der Technik erkennen: Hier war der Abstand zu groß.

Typisch für Schnittfehler: Die Matte wird beinahe vom Ständer geschlagen, und der Schnitt ist nicht glatt, sondern fransig.

Foto: Christian Wiemer

Sehr flexible Klingen sind bei Schnitt-Tests besonders anspruchsvoll. Die Gefahr, dass man die Matte nur „angekratzt" vom Ständer schlägt, ist recht hoch.

Solche „angeknabberten" Matten ergeben sich bei einem zu stumpfen Schwert – fehlerhafte Technik ist aber der weitaus häufigere Grund.

Ein welliger, unvollendeter Schnitt: Vermutlich lag das Schwert nicht richtig in der Hand, und der Hieb wurde nicht komplett durchgezogen.

Wenn die Matte nicht mehr richtig verschnürt ist, kommt es häufig zum Ausfransen – hier helfen Gummibänder.

Caramba
Super
Vielzweck-Spray
PLUS
Ein's für Alles
von Caramba
ako
BLANKEN
METALLE
NOVA
SCHUH
CREME
FARBLOS
BRUNOX
LUB & COR
Schmiermittel &
High-Tec-Korrosionsschutz
Lubricant &
High-Tec-long-term
corrosion inhibitor
maximo
Edelstahlpfleger
250 ml e
für strahlenden Glanz

Das Schwert richtig pflegen

Je nach Gebrauch muss jedes Schwert mehr oder weniger regelmäßig gepflegt werden. Selbst ein Schwert, das nicht benutzt wird, sondern nur zur Dekoration an der Wand hängt, setzt über kurz oder lang Flugrost an. Spätestens dann, wenn ein stumpfes Schwert zum Training oder ein scharfes Schwert für Schnitt-Tests benutzt wird, ist regelmäßige Wartung angesagt.

Die folgenden Tipps sind auf keinen Fall als allein selig machende Weisheit gedacht. Es handelt sich vielmehr um relativ einfache Methoden zur Pflege und zum Schärfen von Schwertern der günstigeren Preisklassen. Sie haben sich nach Erfahrung des Autors als gut brauchbar erwiesen – es gibt aber noch viel mehr Methoden, die von anderen Schwert-Fans vorgezogen werden. Die Tipps hier sollen als erste Orientierung dienen.

Zunächst noch ein grundsätzlicher Hinweis: Selbst nur mäßig scharfe Schwerter können sehr schnell hässliche Schnittwunden hinterlassen. Durch die lange Klinge bleibt die Schneide im Fall der Fälle viel länger mit dem Körper in Kontakt als selbst ein großes Kochmesser – deshalb ist auch das Verletzungspotenzial deutlich höher. Gerade beim energischen Polieren passiert es schneller als man denkt, dass man sich richtig tief die Finger schneidet. Beim Pflegen und Schärfen sollte man deshalb sehr vorsichtig vorgehen und das Schwert stets respektvoll behandeln. Zudem sind bei jedem Umgang mit einem Schwert ausreichend Pflaster in der Nähe einfach ein Muss.

Schwerter rosten – je nach Umgebung, Klima und Einsatz mehr oder weniger schnell. Die natürliche Luftfeuchtigkeit kann für eine langsame Korrosion sorgen, der Stahl läuft an und setzt schließlich Rost an. Wenn man sein Schwert in die Hand nimmt, sorgt das ebenfalls für Rost – Hautschweiß verhält sich gegenüber dem Stahl sehr aggressiv.

Rost ist der Hauptfeind eines Schwerts. Dagegen muss regelmäßig etwas unternommen werden. Diese Schwertpflege ist aber keine Hexerei und lässt sich mit einfachen Mitteln durchführen.

Was braucht man zur Schwertpflege?

Die zur normalen Schwertpflege benötigte Ausrüstung erhält man ganz einfach im Baumarkt oder Drogeriemarkt:

- **Vielzwecköl mit rostlösender Wirkung**
- **hochwertiges Mineralöl (Feinmechaniköl usw.)**
- **Putzschwämme**
- **Stahlwolle**
- **Schleifpapier**
- **Metallpolitur**
- **Lederfett / farblose Schuhcreme (für Griff und Scheide)**

Für Samuraischwerter mit gefalteter Klinge bietet der Handel spezielle Pflegesets an. Bei der Frage des Öls scheiden sich die Geister. Grundsätzlich kann man unterscheiden zwischen

- **Öl für die Reinigung und kurzfristige Pflege und**
- **Öl für die längerfristige Konservierung**

Natürlich kann man auch für beide Zwecke dasselbe Öl nehmen, aber die Anforderungen sind doch ziemlich unterschiedlich.

Um die Klinge vor Korrosion zu schützen, sollte man das Schwert nach Möglichkeit nicht für längere Zeit in der Scheide aufbewahren – Gerbstoffe im Leder und ins Holz

Um altes Öl und sonstigen „Schmodder" von der Klinge zu entfernen, nimmt man Toilettenpapier oder einen feuchten Lappen.

Zur Reinigung und Rostentfernung ist handelsübliches Vielzweck-Öl sehr gut geeignet.

Die Klinge wird mit der rauen Seite vom Schwamm und einem guten Spritzer Öl sauber gerieben.

eingezogene Feuchtigkeit können eine Klinge schädigen. Wie immer gibt es auch Ausnahmen von der Regel: In passgenau gearbeiteten Scheiden aus trockenem, hochwertigem Holz – beispielsweise die japanischen Aufbewahrungs-Scheiden (Shirasaya) – können Schwerter auch lange gelagert werden.

Wie wird das Schwert richtig gesäubert?

Wenn das Schwert nach einem Schnitt-Test gesäubert oder eine alte Schicht Öl entfernt werden muss, eignen sich dafür ganz normales Toilettenpapier oder eine Küchenrolle sehr gut. Damit werden Feuchtigkeit von Tatami, Säfte von Kürbissen und Melonen sowie der alte Ölfilm entfernt. Sind die Rückstände schon etwas angetrocknet, benutzt man dafür einen leicht angefeuchteten Lappen. Wenn der „Schmodder" renitent ist und partout nicht abgehen will, kann man das Tuch auch leicht mit Spiritus befeuchten.

Der nächste Schritt besteht dann darin, einen guten Schuss Öl auf die Klinge zu spritzen und sie dann mit der rauen Seite eines Putzschwamms sauber zu reiben (vorher an unauffälliger Stelle testen, denn einige Schwämme sind so hart, dass sie Kratzer verursachen). Man reibt dabei kräftig in der Längsrichtung der Klinge. Dafür benötigt man kein Spezialöl. Man kann praktisch jedes Vielzwecköl aus dem Haushaltswarenbedarf verwenden. Das bekannte Universal-Spray WD-40 beispielsweise hat sich gut bewährt, ist preisgünstig und in jedem Baumarkt erhältlich. Anschließend wird das Schwert wieder mit einem Lappen trocken gerieben.

Wie kann man Rost entfernen?

Putzschwamm und Vielzwecköl benutzt man auch bei normalem Rostbefall. Dafür sprüht man die verrosteten Stellen gut ein und lässt das Öl erst einmal seine lösende Wirkung entfalten. Je nach Verrostungsgrad lässt man das Öl auch mal über Nacht einwirken, bevor man der Korrosion dann mit dem Putzschwamm zu Leibe rückt. Um den Rost zu entfernen, muss man kräftig und ausdauernd reiben. Manchmal muss man den ganzen Vorgang auch zwei oder drei Mal wiederholen, bevor das Schwert wieder ohne Rost erscheint.

Handelsübliche chemische Rostentferner sollte man, auch wenn es verführerisch erscheint, auf keinen Fall benutzen! Die Chemikalien greifen den Stahl der Klinge stärker an, als einem lieb ist. Hier geht man am besten auf die altmodische Art vor – mit Öl und Muskelkraft. Ein weiteres bewährtes Mittel sind Rost-Radierer, die man im Messerfachhandel erhält. Hier sind kleine Schleifpartikeln in einem Radiergummi eingebunden, mit dem sich die Klinge gut bearbeiten lässt. Für ganz leichten Flugrost eignet sich auch flüssige „Edelstahl-Politur".

Bei hartnäckigerem Rost hat sich Metall-Politurpaste aus der Tube gut bewährt. Die mikroskopisch kleinen Partikel in der Paste schmirgeln den Rost gewissermaßen herunter. Die Paste wird auf die Klinge aufgetragen, und dann wird – bei leichtem Rost mit einem Tuch, bei hartnäckigerem mit der rauen Schwammseite – so lange kräftig darüber gerieben, bis der Rost entfernt ist. Auf jeden Fall empfiehlt es sich auch hier, den Rost über Nacht mit Öl einzuweichen.

Bei starkem Rostbefall, und wenn man leichte Kratzer auf der Klinge nicht scheut, kann man statt der Kombination von Öl und Putzschwamm auch Öl und Stahlwolle verwenden. Die feinen Kratzer verleihen einem Schwert auch einen charakteristischen „Used Look".

Wenn dieser Look nicht gewünscht ist, muss man zur Rostentfernung und zum Auspolieren von tieferen Kratzern (leichte Kratzer lassen sich noch mit Metallpolitur entfernen) zu gröberen Mitteln greifen: Hier benutzt man

Pflaster für den Fall der Fälle gehören bei Pflege und Schärfen unbedingt dazu.

Wenn man leichte Kratzer bei einem Gebrauchsschwert nicht scheut, kann man zum Entfernen von Rost statt Öl und Putzschwamm auch Öl und Stahlwolle benutzen.

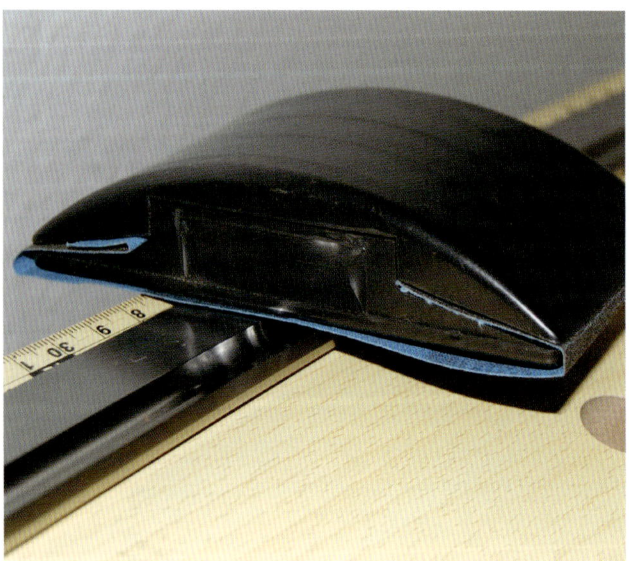

Tiefe Kratzer werden mit Schleifpapier entfernt: Man streicht erst mit grobem, dann mit feinem Schleifpapier in eine Richtung.

Oberflächlicher Rost lässt sich auch gut mit einer handelsüblichen Metallpolitur entfernen.

grobes, mittleres und feinkörniges Schleifpapier. Man legt das Schwert flach auf den Arbeitstisch und streicht erst mit dem groben Schleifpapier (Körnung 120) in Längsrichtung über die ganze Länge der Klinge. Nicht erschrecken: Es erscheinen neue Kratzer.

Man streicht so lange über die Klinge, bis sich die Kratzer des Schleifpapiers aneinander angeglichen haben und ein gleichmäßiges Längsmuster bilden. Das wiederholt man dann in Querrichtung mit dem Schleifpapier mit mittlerer Körnung (240-400) – dieser Durchgang entfernt das Kratzmuster des groben Schleifpapiers und hinterlässt ein feineres Muster (je nach Tiefe der ursprünglichen Kratzer sollte man das grobe Schleifpapier auslassen und gleich mit dem mittleren beginnen). Der letzte Durchgang wird mit dem feinen Schleifpapier (Körnung 600-800) durchgeführt, nun wieder in Längsrichtung. Das hinterlässt eine matt schimmernde Oberfläche.

Man sollte sich überlegen, ob man Kratzer wirklich mit Schleifpapier entfernen will – denn das ist zeit- und arbeitsintensiv, und hat man einmal damit begonnen, muss man die Arbeit auch zu Ende führen, um die Spuren des Schleifpapiers komplett zu entfernen. Außerdem muss man sehr gleichmäßig arbeiten, in möglichst geraden Zügen, ohne Absetzen und ohne seitlich zu „verwackeln", um ein schönes Finish zu erzeugen. Und das ist bei einer Schwertklinge, die ja viel länger als eine Messerklinge ist, ausgesprochen schwierig.

Wie wird das Schwert poliert?

Auch nachdem Rost und Kratzer entfernt sind, erscheint der Stahl manchmal matt oder auch dunkel – er ist angelaufen. Wem das nicht gefällt, der poliert das Schwert mit Metallpolitur. Dafür kann man eigentlich jede handelsübliche Stahl- oder Chrompolitur-Paste verwenden. Sie enthält kleine Polierpartikel, die in Kombination mit Druck Unebenheiten beseitigen, die Oberfläche glätten und zum Glänzen bringen. Man gibt reichlich Politurpaste auf die Klinge und reibt dann kräftig mit einem Putzschwamm oder einem Lappen über das Schwert. Hier sind Muskelkraft und Ausdauer gefragt, aber mit etwas Mühe zeigt das Schwert wieder einen feinen Schimmer.

Einige Schwerter sind ab Werk hochglanzpoliert. Hier muss man sich bewusst sein, dass ein solcher Hochglanz mit normalen Mitteln nicht wieder herzustellen ist. Eine Schwabbelscheibe für die Bohrmaschine sollte nur verwendet werden, wenn man über die entsprechende Erfahrung verfügt, weil man sonst unbeabsichtigt die Schneide stumpf polieren könnte. Außerdem besteht bei solchen Scheiben eine enorme Verletzungsgefahr!

Wie werden die Schlagkanten von Trainingsschwertern gewartet?

Je nach Qualität weisen Schaukampf- und Trainingsschwerter schon nach dem ersten Einsatz mehr oder weniger tiefe Kerben und Scharten auf. Scharfkantige Ker-

Zum eigentlichen Polieren wird die Paste direkt auf die Klinge aufgetragen (nicht knausern!).

Mit einem Lappen wird dann so lange poliert, bis die Klinge schließlich blank ist.

Ein Film Öl wird zum Schutz auf die Klinge aufgetragen. Man gibt einige Tropfen Öl auf ein sauberes Tuch...

... und reibt die Klinge dann damit komplett ein, bis sie von einem hauchdünnen Ölfilm überzogen ist. Das Öl sollte nicht tropfen.

ben sind gefährlich – im günstigsten Fall fängt man sich einen Splitter ein, im ungünstigsten Fall reißt man sich ernsthaft die Haut auf. Deshalb müssen Kerben zeitnah entschärft werden. Bei kleinen Macken reicht es gewöhnlich, ein paar Mal mit Schleifpapier über die Schlagkante zu gehen, bis die scharfen Kanten weg sind. Tiefe Kerben müssen richtig ausgefeilt werden. Nach der Behandlung sollte die Schlagkante so glatt sein, dass man mit der Hand daran entlang streichen kann, ohne sich zu verletzen oder unangenehme Spitzen und Kanten zu spüren.

Wie werden gefaltete Klingen gepflegt?

Bei einem Katana mit differenziell gehärteter oder gefalteter Klinge spielt neben der Performance auch die Ästhetik der Härtelinie und der Schmiedemuster eine wichtige Rolle. Solche Klingen sollen natürlich nicht mit Polierpaste oder gar einer Schwabbelscheibe auf Glanz poliert werden. Damit das Muster zu sehen bleibt, ist eine Abriebpolitur mit feinstmöglicher Schleifkörnung gefragt, die das Muster erhält.

Dafür bietet der Fachhandel spezielle Pflegesets für japanische Schwerter an. Wie die Schwerter selbst stammen diese Sets meistens aus China und enthalten normalerweise ein kleines Fläschchen Schwertöl, eine Puderquaste (bestehend aus Polierpuder in einem Seidenball mit Griff) und einen kleinen Messinghammer, mit dem man das Mekugi entfernen und das Schwert zerlegen kann. Es gibt auch teure Sets, die mit sogenanntem Nelkenöl und speziellem Reispapier ausgestattet sind.

Zunächst entfernt man alte Ölreste und Schmutz vom Schnitt-Test von der Klinge. Wenn man nicht ein Set mit Reispapier zur Verfügung hat, benutzt man am besten feine Kosmetiktücher oder Papiertaschentücher aus dem Drogeriemarkt (man sollte darauf achten, dass beides nicht mit Aloe Vera, Kamille oder ähnlichem versetzt ist). Die Klinge wird sorgfältig abgewischt, bis sie optisch völlig sauber ist.

Die „porentiefe" Reinigung erfolgt mit dem Polierpuder (Uchi-ko) aus fein gemahlenem Kalkstein, das Ölreste und Feuchtigkeit bindet. Dazu wird die Klinge mit der Puderquaste sorgfältig eingestäubt, anschließend wird sie mehrfach sehr sorgfältig abgewischt. Man wischt so lange in einer Richtung über die Klinge, bis das Puder komplett entfernt und die Klinge sauber ist. Beim Abwischen sollte die Klinge auf dem Papier keine Schmutzspuren mehr hinterlassen. Nach der Reinigung trägt man mit einem frischen Tuch einen wirklich nur hauchdünnen Ölfilm auf die Klinge auf. Die Klinge darf nicht triefen und tropfen, auch das Holz der Scheide soll sich nicht mit dem Öl vollsaugen. Ein dünner Ölfilm reicht völlig aus, um die Klinge vor Feuchtigkeit und möglichem Rostbefall zu schützen.

Natürlich muss man diese Pflege nach einem Schnitt-Test jedes Mal möglichst zeitnah durchführen. Ansonsten reicht es völlig aus – wenn man nicht gerade in extrem salzhaltiger und feuchter Meeresluft lebt – die Schwertpflege alle paar Monate durchzuführen. Auch wenn diese Art der Schwertpflege sehr schonend ist: Allzu häufiges Benutzen des Polierpuders schadet der Oberfläche, da winzig feine Kratzer entstehen.

Es ist etwas mühselig, Nachschub für die Pflegemittel im Set zu besorgen. Die meisten Anbieter führen abgesehen vom Öl nur komplette Sets. Da das Polierpuder vor allem aber als Bindemittel für Öl und Schmutz dient, kann man für die günstigen Klingen auch handelsübliches Talkumpuder verwenden, das deutlich günstiger ist.

Je nach Qualität zeigt die Schlagkante bei Trainingsschwertern schon nach dem ersten Einsatz Kerben, die geglättet werden müssen.

Tiefe Kerben sollten richtig ausgefeilt werden.

Die Härtelinie und die Schmiedemuster in der Klinge müssen geschont werden: Man darf an ein Katana nicht mit normaler Metallpolitur herangehen – dafür werden spezielle Pflegesets angeboten.

Foto: Messer Magazin

Handelsübliches Pflegeset für japanische Schwerter: Öl, Messinghammer für die Mekugi und eine Quaste mit Polierpuder.

Mit einem Papiertaschentuch werden Ölreste und Schmutz abgewischt.

Mit der Quaste wird gleichmäßig Puder auf die Klinge gestäubt.

Ist Nelkenöl wirklich so gut?

Rost wird mit Öl verhindert. Auf vielen Webseiten zu Schwertern ist zu lesen, dass man zur Schwertpflege unbedingt nur „Nelkenöl" verwenden sollte. Dazu muss man erstens sagen, dass das so nicht richtig ist: Das sogenannte Nelkenöl ist überhaupt kein Nelkenöl. Das original japanische Nelkenöl (Choji) ist ein sehr teures Naturöl, das ganz leicht mit ätherischem Nelkenöl „parfümiert" wird. Bei den in Europa meistens angebotenen günstigeren Nelkenölen zur Schwertpflege handelt es sich häufig um Mineralöle, die mit Nelkenöl parfümiert werden. In beiden Fällen beträgt der Anteil von ätherischem Nelkenöl nicht mehr als ein Prozent.

Wer nun in die nächste Drogerie marschiert, für kleines Geld ein Fläschchen reines Nelkenöl erwirbt, und dann glaubt, er hätte ein gutes Geschäft gemacht, der täuscht sich – und wenn er damit auch noch sein Schwert einreibt, dann kann er sein blaues Wunder erleben: Ätherisches Nelkenöl schützt die Schwertklinge nicht, sondern wirkt auf Stahl sogar oxidierend.

Wenn man sie nicht als reine Dekorations- oder Sammelobjekte ansieht, sind Schwerter aus moderner Serienproduktion – egal ob stumpf für das Training oder scharf für Cutting – funktionstüchtige Sportgeräte für den praktischen Einsatz. Für den Rostschutz braucht man keine „Zaubertränke". Wenn man es sich sehr einfach machen will, kann man auch die bereits erwähnten Vielzwecköle (WD-40 und Co.) verwenden – sie sind aber deutlich flüchtiger als Spezialöle. Deshalb muss die Pflege häufiger wiederholt werden.

Wenn man sich nicht auf Vielzwecköle verlassen will, gibt es eine ganze Reihe von Alternativen. Im Prinzip kann man jedes hochwertige Mineralöl verwenden, das vollkommen säurefrei ist und nicht flüchtig ist und auch nicht verharzt. Bewährt haben sich Feinmechaniköl oder Waffenöle. Wenn die Montierung des Schwerts aus Buntmetallen wie Messing oder Bronze besteht, sollte man „Ballistol" eher vermeiden, da es Buntmetallen erfahrungsgemäß nicht sehr zuträglich ist. Gut geeignet sind auch nicht-ätherisches Kamelienöl, das in Asien schon ewig zur Klingenpflege eingesetzt wird, und die speziellen „Schwertöle" (Zusammensetzung unbekannt), die von einigen Herstellern und Händlern angeboten werden. Überzeugte Japan-Fans müssen für importiertes echtes Choji am tiefsten in die Tasche greifen. Welches Öl man auch immer verwendet: Man gibt einige Tropfen davon auf ein sauberes Tuch und reibt die Klinge damit ein. Das Öl soll nicht tropfen – ein dünner Film reicht völlig aus.

Wie werden Montierung und Scheide gepflegt?

Viele Militärsäbel- und -schwerter besitzen ein Gefäß aus gegossenem Messing, bei Fantasyschwertern findet man oft auch Bronze. Diese Metalle pflegt man am besten mit einer Metallpoliturpaste. Scheide und Griff sind normalerweise mit Leder überzogen – dafür benutzt man farblose Schuhcreme. Wenn das Leder schon etwas brüchig geworden ist, nimmt man Lederfett für die Schuhpflege. Das Lederfett lässt man einen Tag einziehen – nach Bedarf wiederholt man das – um dann anschließend das Leder mit einem weichen Lappen zu polieren.

Der Puder wird mitsamt allen Verunreinigungen sehr sorgfältig abgewischt, bis die Klinge vollkommen sauber ist.

Nachdem das Puder komplett entfernt wurde, wird eine dünne Schicht Öl aufgetragen. Dafür nimmt man ein frisches Tuch.

Cold Steel ist eine der wenigen Marken, bei denen die Schwerter ab Werk scharf geschliffen sind.

Foto: Cold Steel

Das Schwert richtig schärfen

Bevor wir zur Sache kommen, ein wichtiger Hinweis: Es ist keine Schande, wenn man sich nicht zutraut, sein Schwert selbst zu schärfen und das lieber einem Profi überlässt. Aber auf keinen Fall sollte man Schwerter zu einem Allround-Schuh-Schlüssel-Schleif-Service bringen – das Resultat wäre eine ruinierte Klinge. Auch von fahrenden Messerschleifern ist abzuraten. Man kann Glück haben und an jemanden geraten, der sein Handwerk versteht, man kann aber auch an einen Stümper kommen.

Wenn man selbst keinen Profi kennt, wendet man sich am besten an die renommierten Schwerthändler, die entweder einen guten Schleifer nennen können oder selbst einen Schleifservice anbieten. Bei teuren und hochwertigen Schwertern ist generell zu empfehlen, sich an einen Fachmann zu wenden.

Wenn ein Schwert für Schnitt-Tests benutzt wird, wird es dadurch irgendwann stumpf – daran führt kein Weg vorbei. Der äußerste Bereich der Schneidkante nutzt sich ab und wird rund. Um das Schwert wieder scharf zu bekommen, muss an den Seitenflächen der Schneidkante Stahl abgeschliffen werden, bis die Schneidkante wieder „spitz" ist. Wenn eine Scharte in die Schneide geschlagen wurde, muss entsprechend mehr Material abgeschliffen werden.

Für die Praxis des Schleifens muss man noch die Klingengeometrie berücksichtigen. Optimalerweise ist die Schneide im Flachschliff oder balligem (konvexen) Schliff in einer einzigen Ebene bis hinunter zur äußeren Schneidkante geschliffen – auf Null geschliffen, wie der Fachmann sagt. So wird die Klinge am schärfsten, da der Keilwinkel der Schneide so klein wie möglich bleibt.

Auch die preisgünstigen Katana aus moderner China-Fertigung sind meist auf Null geschliffen. Bei Schwertern im europäischen Stil sieht das anders aus: Die Hersteller, die „out of the box" einen Schliff auf Null bieten, sind sehr selten. Oft sind die Klingen nur angeschliffen – entweder bis zu einer Schlagkante von rund einem Millimeter oder zu einer mehr oder weniger stumpfen Fase.

Wozu hat man eine sekundäre Schneidfase?

Im Gegensatz zum Schliff auf Null sind viele Klingen in zwei Fasen geschliffen. Diese Schneidfase an der Klinge wird in vielen Schwert-Foren generell abgelehnt – weil es mit Blick auf die Schneideigenschaften nicht optimal ist, da der Winkel der Schneidfase immer stumpfer ist als der Keilwinkel der Klinge. Ein zweiter Grund ist, dass die optisch sichtbare Schneidfase manche Fans ästhetisch stört.

Optimal oder nicht: Für die Leistungen beim Schnitt-Test ist es nicht entscheidend, ob eine Fase angeschliffen wurde, sondern ob die Schneidfase den richtigen Keilwinkel hat. Sobald der Winkel zu groß ist, kann das Schwert nicht vernünftig schneiden. Nur eine im richtigen Winkel ausgeführte Schneidfase liefert gute Schnittleistungen.

Kritiker der Schneidfase sagen oft, dass sie historisch nicht korrekt sei. Für japanische Schwerter trifft das zu, und auch viele erhaltene europäische Schwerter weisen einen flachen oder balligen Schliff auf Null auf – aber es gibt auch viele historische Originale, bei denen eindeutig Fasen geschliffen sind. Ob das nun von einem Schwertfeger so angelegt oder später vom Benutzer nachgeschliffen wurde, ist relativ gleichgültig. Eine Schwertklinge auf Null zu schleifen, ist sehr viel Arbeit und erfordert auch einen erfahrenen Schwertfeger mit der richtigen Ausrüstung. Man kann davon ausgehen, dass vor allem im Kampfeinsatz die einfachere und praktischere Lösung gewählt wurde.

Der große Unterschied zwischen Schliff auf Null und Schneidfase offenbart sich beim Nachschleifen: Beim Schliff auf Null muss praktisch die gesamte Fläche der Klinge geschliffen werden. Und weil dabei die gesamte

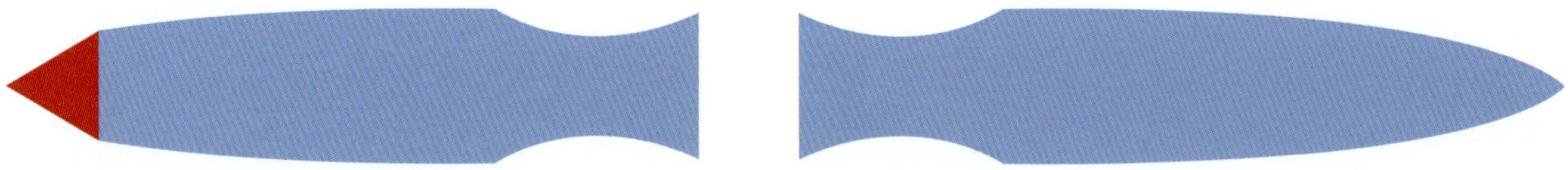

Schwertklinge mit Schneidfase (links) und balligem Schliff auf Null (rechts). Wenn die Schneidfase im richtigen Keilwinkel geschliffen ist, wirkt sich das nicht negativ aus.

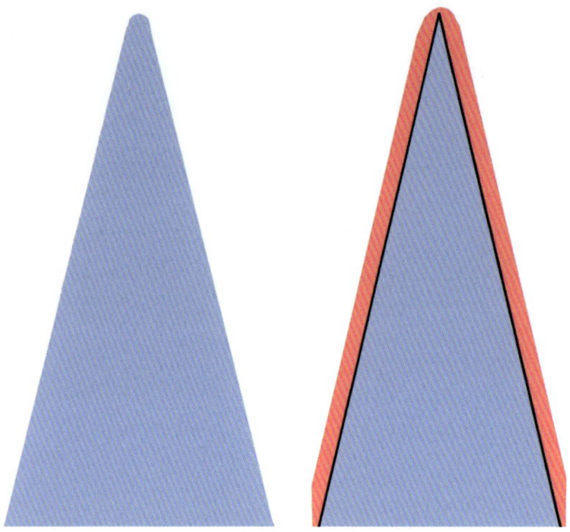

Stumpfe Schneide (links): Der äußerste Bereich der Schneidkante ist abgenutzt und rund. Durch Abschleifen der Seiten wird wieder eine scharfe Schneidkante hergestellt.

Beim Schliff auf Null muss die gesamte Klingenfläche geschliffen und anschließend poliert werden.

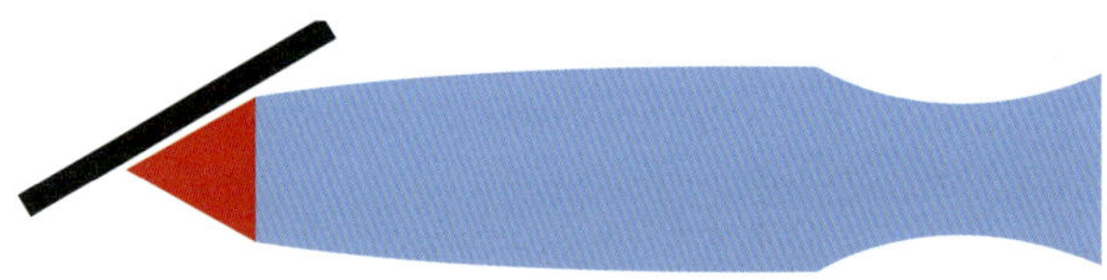

Bei einer Schneidfase muss nur die tatsächliche Fase bearbeitet werden.

Die Klinge wird an der Kante des Arbeitstisches festgespannt, dann wird die Schneidfase mit dem Schleifstein geschliffen.

Fläche verkratzt wird, müssen die Schleifspuren auch sehr sorgfältig auspoliert werden. Beim Fasenschliff muss dagegen nur die etwa drei bis sechs Millimeter breite Schneidfase bearbeitet werden. Hier reicht es auch aus, nur die Schneidfase anschließend sauber zu glätten. Da die restliche Klinge nicht durch den Schliff verkratzt wird, ist eine umfangreiche Politur nicht nötig.

Selbst mit Schleifmaschine und Schwabbelscheibe ist ein sauberer Schliff auf Null eine zeitaufwändige Arbeit. Wenn man ein Schwert beim Händler geschliffen bestellt oder ein Schwert zum Nachschleifen einschickt, so wird deshalb dort in aller Regel eine Fase geschliffen.

Wenn man das Schwert sehr häufig benutzt und die Schneidfase entsprechend oft schleifen oder öfter eine tiefe Kerbe ausschleifen muss, rückt die Schneidfase immer dichter an den starken Mittelbereich der Klinge heran. Die Klinge wird dann unmittelbar hinter der Schneidfase so dick, dass sie nicht mehr gut schneiden kann. Dann muss die Klingengeometrie neu geschliffen werden, am besten von einem Fachmann. Das passiert aber nur dann, wenn man Schnitt-Tests sehr intensiv betreibt.

Wie kann man das Schwert neu schleifen?

Die Schärf-Methode richtet sich normalerweise nach dem eigenen handwerklichen Geschick und der vorhandenen Ausrüstung. Ich stelle hier nur die Methoden vor, die sich auch von handwerklich weniger begabten Schwert-Fans mit einer Grundausstattung erledigen lassen.

Noch eine Warnung: Es ist sehr verführerisch, eine billige elektrische Schleifmaschine aus dem Baumarkt zu verwenden. Ich rate aber dringend davon ab. Abgesehen davon, dass man sich so sehr schnell die Klinge krumm und schief schleift, arbeiten diese Maschinen in der Regel mit viel zu hohen Drehzahlen und zu grobem Korn: Es besteht die Möglichkeit, dass die empfindliche Schneide überhitzt, dadurch ihre Härte verliert und damit letztlich das Schwert ruiniert wird.

Zunächst wird das Schwert mit einer Schraubzwinge flach auf den Arbeitstisch gespannt – und zwar so, dass die Schneidkante bündig mit der Tischkante ist. Dann kommt das Schleifmittel zum Einsatz.

Zum Schleifen eines Schwerts kann man viele Mittel verwenden, die man oft schon zum Messerschärfen im Haus hat – beispielsweise einen Schleifstein, einen Schleifklotz mit Schleifpapier in Kombination mit Öl oder einen grobkörnigen Diamantschärfer. Beim Einsatz eines Was-

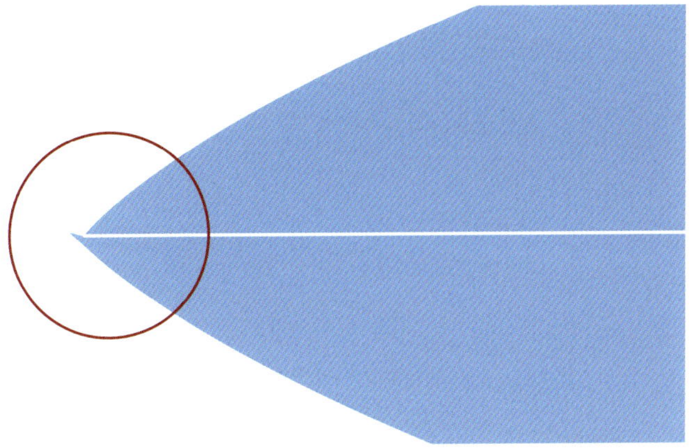

Wenn beim Schleifen der Scheitelpunkt der abgerundeten Schneidkante erreicht wurde, wirft sich ein kleiner Grat auf, den man mit der Fingerspitze fühlen kann. Dann ist die entgegengesetzte Seite an der Reihe.

Die geschliffene Schneidfase wird mit einem feinkörnigen Diamantschärfer geglättet.

Zum Glätten kann auch ein Keramik-Schärfstab verwendet werden.

Der Test an einem Blatt Papier zeigt: Die Klinge ist wieder scharf.

Wenn eine Scharte ausgeschliffen und viel Stahl entfernt werden muss, verwendet man für den ersten Schritt eine Metallfeile.

Ein klappbarer Diamantschärfer mit je einer Seite grober und feiner Körnung hat sich besonders für das Nachschärfen während der Schnitt-Tests bewährt. *Foto: Lansky*

serschleifsteins ist darauf zu achten, dass er vorher mindestens zehn Minuten in Wasser getaucht war und richtig vollgesogen ist. Bei der Verwendung von Schleifpapier sollte man nicht mit dem Öl sparen. Diamantschärfer verwendet man am besten trocken. Wenn im Folgenden von Schleifstein die Rede ist, schließt das auch die anderen Schleifmittel mit ein – das Grundprinzip bleibt gleich.

Der Schleifstein wird zunächst flach auf die Schneidfase aufgesetzt. Das Schwierige ist, den Stein auf der schmalen Fase während der Bewegung im gleichen Winkel zu halten – wenn man den Schleifstein dabei verkantet, schleift man die Schneidfase kaputt.

Von oben gesehen hält man den Stein leicht schräg, beginnt am vorderen Ende des Steins und bewegt ihn dann mit leichtem (!) Druck diagonal und gleichzeitig in einer leichten Längsbewegung gegen die Schneidkante. So wird die gesamte Länge des Steins genutzt und die Schneide in der Länge bearbeitet. Dabei muss man sorgfältig vorgehen, um nicht zu verkanten.

Wenn genug Material abgeschliffen wurde und man den Scheitelpunkt der abgerundeten Schneidkante erreicht hat, bildet sich auf der entgegengesetzten Seite der Schneidkante ein feiner Grat. Wenn man diesen Grat mit den Fingerspitzen auf der ganzen Länge der Schneide fühlen kann, ist es an der Zeit, das Schwert zu wenden und die andere Seite zu bearbeiten.

Nach dem ersten Schliff ist die Schneidfase in der Regel noch rau und muss geglättet werden. Dafür verwendet

Auch bei relativ günstigen Katana zeigt die Klinge normalerweise einen Schliff auf Null ohne Schneidfase.

Foto: Messer Magazin

Der Karbidschärfer wird beginnend bei der Klingenbasis in gleichmäßigen Bewegungen über die volle Länge der Schneidkante gezogen.

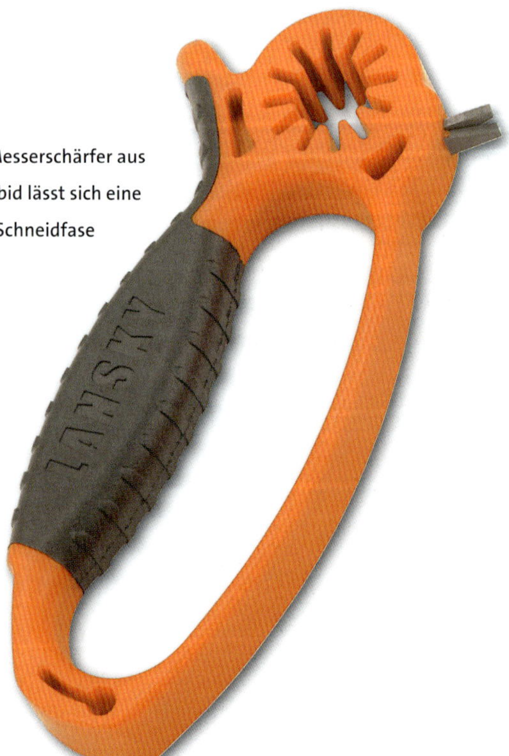

Mit einem Messerschärfer aus Wolframkarbid lässt sich eine brauchbare Schneidfase anbringen.

Foto: Lansky

Nach der Bearbeitung mit dem Karbidschärfer ist die Schneidfase noch rau und muss geglättet werden.

man ein Schleifmittel mit einer feineren Körnung – Stein, Diamant oder Schleifpapier – oder auch einen handelsüblichen Keramikschärfstab. Auch hier bildet sich wieder ein feiner Grat. Um den Grat zu entfernen, wird der Schleifstein in einem etwas steileren Winkel mit ein paar leichten Strichen die Klinge entlang geführt. Anschließend sollten mit dem Daumennagel keine rauen Stellen mehr auf der Schneidkante zu fühlen sein – ansonsten muss man noch einmal nachbessern. Nun ist das Schwert wieder bereit für den nächsten Schnitt-Test.

Wenn die Schneidkante nur ganz leicht abgestumpft ist, kann man sich den Schritt mit grobem Schleifmittel eigentlich sparen. Gewöhnlich reicht es dann aus, mit feiner Körnung kurz über die Schneidfase zu gehen. Wenn man bei einer Cutting-Party zwischendurch einmal kurz nachschärfen muss, hat sich ein klappbarer Diamantschärfer mit feiner Körnung als praktisch erwiesen. Ein Kombi-Modell ist etwas teurer, kann aber dann auch für das ausgiebige Schleifen zu Hause eingesetzt werden.

Für das normale Schleifen reichen grob- und feinkörniges Schleifmittel aus. Wenn eine Scharte in die Schneide geschlagen wurde (beispielsweise weil das Schwert nicht die Tatami, sondern den Ständer getroffen hat) und viel Stahl von der Schneidfase abgeschliffen werden muss, sollte der erste Schritt mit einer Metallfeile ausgeführt werden – das geht deutlich schneller. Die Feile hinterlässt jedoch eine sehr grobe Oberfläche. Sie muss sorgfältig mit grob- und feinkörnigem Schleifmittel nachbearbeitet werden.

Kann man selbst eine neue Schneidfase schleifen?

Wenn ein mittelalterliches Schwert ab Werk keine vernünftige Schneidfase aufweist, muss diese nachträglich angebracht werden. Am einfachsten ist es, wenn man das Schwert beim Händler direkt scharf geschliffen bestellt. Falls das nicht möglich sein sollte, oder man sich erst später dazu entscheidet, mit dem Schwert auch Schnitt-Tests durchzuführen, kann man es entweder zum Schleifen einer neuen Schneidfase einschicken oder selbst schleifen.

Mit einer Feile eine Schneidfase selbst anzubringen, erfordert eine qualitativ sehr hochwertige Metallfeile, etwas Erfahrung sowie auch handwerkliches Geschick – und es dauert seine Zeit. Die Bewegung ist die gleiche wie beim Schleifen, allerdings muss man den Winkel zwischen Klinge und Feile selbst bestimmen und auch konstant einhalten.

Was ist die einfachste Methode, um ein Schwert zu schärfen?

Für alle, die nicht so viel handwerkliches Geschick mitbringen, gibt es eine Alternative: Eine durchaus brauchbare Schneidfase kann man relativ einfach mit einem Karbidschärfer für Messer erreichen. Diese Methode wird in der Schwert-Community sehr kontrovers diskutiert – meiner Erfahrung nach ist sie vor allem für Anwender geeignet, die „zwei linke Hände" haben.

Bevor jetzt großer Protest aufkommt – vergegenwärtigen wir uns kurz, worüber wir sprechen: Es geht hier nicht um historische Originale oder „Ferrari-Schwerter" von Meisterschmieden, sondern um relativ preisgünstige Schwerter aus Serienproduktion, die zu 95 Prozent in Fernost hergestellt werden. Hier machen überproportionale Kosten für einen professionellen Schliff keinen Sinn.

Karbidschärfer sind mit zwei Schabeklingen aus Wolframkarbid ausgestattet. Wolframkarbid ist deutlich härter als Stahl, deshalb kann man damit auch von einer gehärteten Stahlklinge richtiggehend Späne herunterschaben. Mit Karbidschärfern lässt sich daher sehr schnell ein Ergebnis erzielen. Der größte Vorteil ist aber, dass man einen vorgegebenen Winkel hat. Die Karbidklingen sind in der Regel so angeordnet, dass sich für die Schneidfase ein Keilwinkel von etwa 40 Grad ergibt. Man kann zwar so den Winkel nicht der jeweiligen Schwertklinge oder den eigenen Vorlieben anpassen, aber man läuft auch nicht mehr Gefahr, unbeabsichtigt einen zu stumpfen Winkel zu schleifen. Das Resultat ist vom Optimum für eine Schwertklinge ein gutes Stück entfernt, aber es lässt sich eine funktionierende Grundschärfe erzielen.

Karbidschärfer sind in den verschiedensten Formen erhältlich. Für Schwerter sind nur die etwas teureren Modelle geeignet, die einen vernünftigen Handgriff mit Handschutz aufweisen und über die Klinge gezogen werden können, ohne dass man sich dabei verletzt.

Das Schwert wird mit der Schneidkante nach oben fest in einen Schraubstock eingespannt (abpolstern, um die Klinge nicht zu verkratzen!). Dann zieht man den Karbidschärfer mit mäßigem Druck von der Klingenbasis zur Spitze. Nach Möglichkeit bearbeitet man die ganze Schneide in einer Bewegung.

Schon beim ersten Strich sieht man feine Späne purzeln. Je nach Kantendicke der Klinge hat man nach rund 20 Minuten eine Schneidfase hergestellt. Die Klinge sollte nun scharf genug sein, um damit etwas zu schneiden.

Für das Schleifen eines Flachschliffs (hier ein Federstahl-Katana) ist Schleifpapier in Kombination mit reichlich Öl das einfachste Mittel.

Der Schleifklotz wird flach aufgelegt, die ganze Klingenfläche wird bearbeitet.

Nach dem Schärfen ist die Schneide noch sehr rau. Daher muss sie mit einem feinkörnigen Schleifmittel sorgfältig nachgearbeitet und geglättet werden.

Wie schärft man auf Null?

Bevor wir uns damit befassen, erst noch eine bittere Pille für Fans von Samuraischwertern: Es gibt keine Möglichkeit, ein Katana aus Serienproduktion für wenig Geld so nachschleifen und polieren zu lassen, dass Schmiedemuster (Hada) und Härtelinie (Hamon) erhalten bleiben. Es ist oft günstiger, ein neues Schwert zu kaufen, weil Nachschärfen und Politur in keinem vernünftigen Verhältnis zum Anschaffungspreis stehen. Entweder man findet sich damit ab, dass die Muster (manchmal auch der Hamon) irgendwann weggeschliffen sind, oder man kauft sich gleich zwei Schwerter und benutzt nur eines davon für Schnitt-Tests.

Wenn die Schneide nur leicht abgestumpft ist, kann man sie mit einem feinen Keramik-Schärfstab leicht – in sehr flachem Winkel – nacharbeiten. Wenn das nicht ausreicht, muss man die gesamte Klingenfläche bearbeiten, um den Flachschliff zu erhalten. Das einfachste Mittel dazu ist grobes und feines Schleifpapier auf einem Schleifklotz. Das Schwert wird flach an der Tischkante eingespannt, man gibt einen Spritzer Öl auf die Klinge und bewegt den Schleifklotz mit Schleifpapier (Körnung ca. 240) in 90-Grad-Richtung entgegen der Schneide, bis die ganze Länge bearbeitet ist. Die Schneidenfläche zeigt ein Kratzmuster von feinen Linien. Man sollte auf der anderen Seite den Grat fühlen können.

Dann wechselt man zum feinen Schleifpapier (ca. 600). Diesmal wird der Klotz im 45-Grad-Winkel zu Schneide geführt. An den Stellen, wo noch das 90-Grad-Muster zu sehen ist, muss noch weitergearbeitet werden. Zum Schluss zeigt die ganze Fläche das 45-Grad-Finish. Der Grat lässt sich mit feinem Schleifpapier durch ein paar Striche in Längsrichtung entfernen.

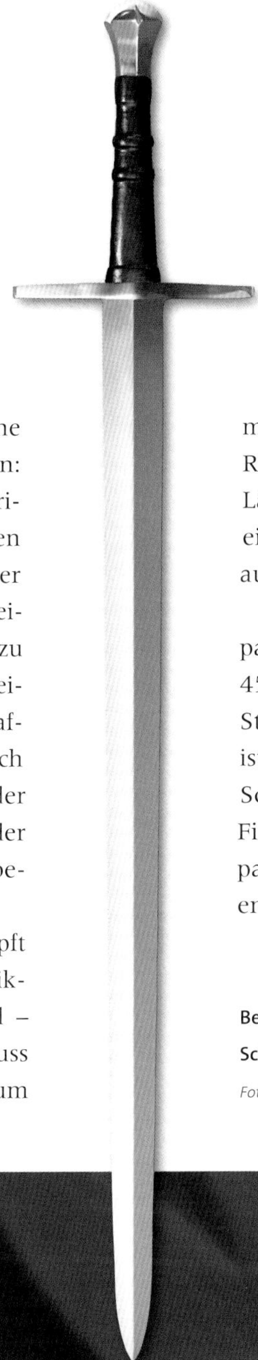

Bei Cold Steel sind auch viele europäische Schwerter auf Null geschliffen.

Foto: Cold Steel

Ein gefaltetes Katana so schleifen und polieren zu lassen, dass die Muster erhalten bleiben, kostet häufig mehr als ein neues Schwert.

Foto: Messer Magazin

Literatur

Tipps zum Weiterlesen und Weitersehen

Schwert / Schmiedekunst

Kapp / Yoshihara	**Japanische Schwertschmiedekunst**, ISBN: 978-3-613-30630-1
Grotkamp-Schepers et al.	**Das Schwert** – Gestalt und Gedanke, ISBN 978-3-930315406
Thomas Laible	**Das Schwert** – Mythos und Wirklichkeit, ISBN: 978-3938711057
Mike Loades	**Swords and Swordsmen**, ISBN: 978-1848841338
Gunther Löbach	**Damaszenerstahl** – Theorie und Praxis, ISBN: 978-3-938711-31-6
Müller / Kölling	**Europäische Hieb- und Stichwaffen** – aus der Sammlung des Museums für Deutsche Geschichte,
Clive Sinclaire	**Samurai** - Die Waffen und der Geist des japanischen Kriegers, ISBN: 978-3613305106

Schwertkampf

Agilitas.tv (Hrsg.)	**Langes Messer Teil 1** – nach Johannes Lecküchner (DVD)
Agilitas.tv (Hrsg.)	**Langes Messer Teil 2** – nach Johannes Lecküchner (DVD)
Agilitas.tv (Hrsg.)	**Langes Schwert Teil 1** – nach Johannes Liechtenauer (DVD)
Agilitas.tv (Hrsg.)	**Langes Schwert Teil 2** – nach Johannes Liechtenauer und anderen Meistern (DVD)
Agilitas.tv (Hrsg.)	**Mittelalterlicher Kampf mit Schwert & Schild** – Grundlagen des Bucklerfechtens (DVD)
Agilitas.tv	**Traditioneller Schaukampf für Anfänger nach Dreynschlag** – Anleitungen für spektakuläre und sichere Schaukämpfe (DVD)
Babin / Elder	**Cutting Targets with the Japanese Sword** – Practical Tameshigiri and Battodo for the Modern Swordsman, ISBN: 978-58160-485-6
Herbert Schmidt	**Schwertkampf** – Der Kampf mit dem langen Schwert nach der deutschen Schule , ISBN: 978-3938711194
Herbert Schmidt	**Schwertkampf Band 2** – Der Kampf mit Kurzschwert und Buckler nach der deutschen Schule, ISBN: 978-3938711293
Christian Tobler	**Modernes Training mit dem Langen Schwert** – nach Liechtenauer, ISBN: 978-392569805
Christian Tobler	**Modernes Training mit dem Langen Schwert** – nach Liechtenauer, ISBN: 978-392569805
Guy Windsor	**Handbuch Schwertkampf** – Ein Lehrbuch für den Kampf mit dem langen Schwert nach Fiori dei Liberi und Filippo Vadi, ISBN: 978-3938711279
Guy Windsor	**Schwertkampf Band 3** – Der Kampf mit dem langen Schwert nach der Italienischen Schule, ISBN: 978-3938711798

Pflege

Rudolf Dick	**Japanmesser schärfen**, ISBN: 978-3938711552
Steigerwald / Fronteddu	**Messer schärfen leicht gemacht** – Praktische Tipps für Einsteiger und Profis, ISBN: 978-3938711521

Index

Ebenfalls im
Wieland Verlag erschienen

Direktbestellung:
www.wieland-verlag.com

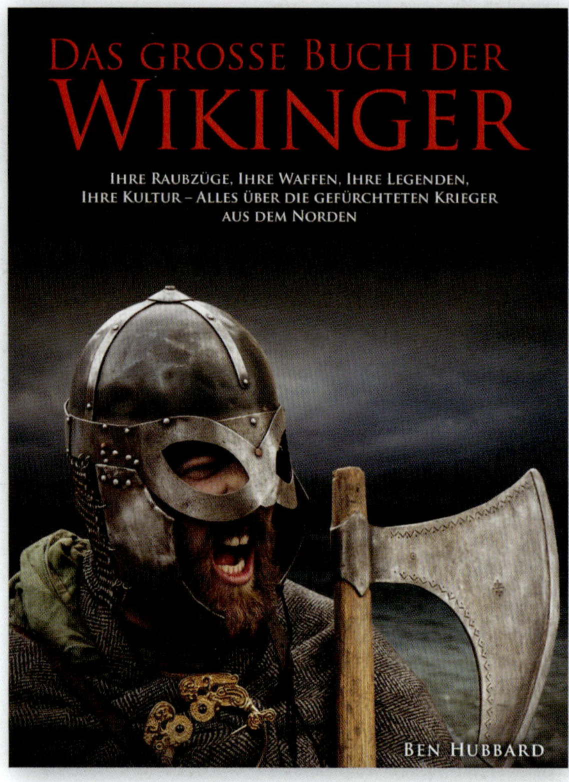

Ben Hubbard

DAS GROSSE BUCH DER WIKINGER

Ihre Raubzüge, ihre Waffen, ihre Legenden, ihre Kultur –
alles über die gefürchteten Krieger aus dem Norden

224 Seiten, Format 213 x 285 mm, Hardcover

ISBN 978-3-938711-92-7

EUR 39,90

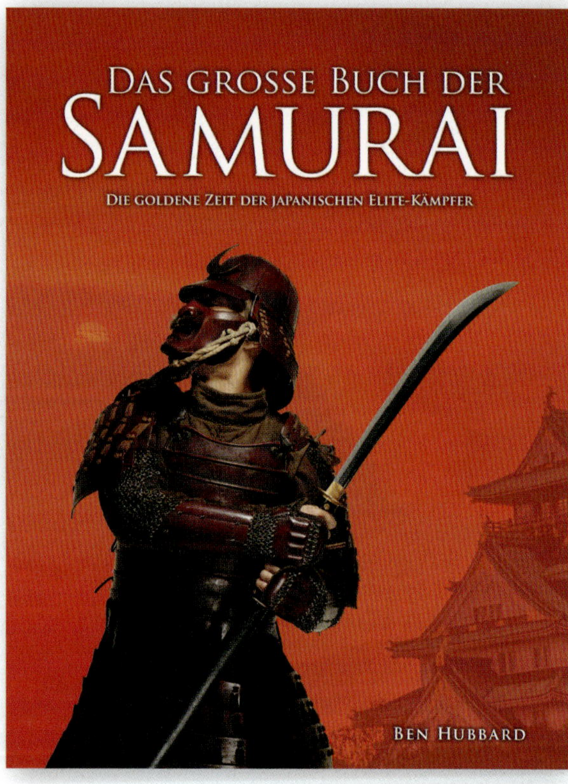

Ben Hubbard

DAS GROSSE BUCH DER SAMURAI

Die goldene Zeit der japanischen Elite-Kämpfer

224 Seiten, Format 213 x 285 mm, Hardcover

ISBN 978-3-938711-93-4

EUR 39,90

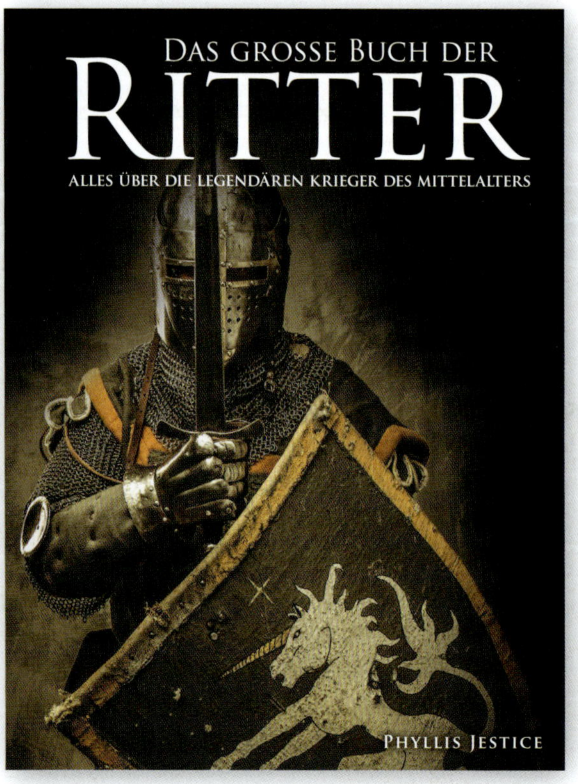

Phyllis Jestice

DAS GROSSE BUCH DER RITTER

Alles über die legendären Krieger des Mittelalters

224 Seiten, Format 213x 285 mm, Hardcover

ISBN 978-3-938711-97-2

EUR 39,90